现代学徒制建筑设备工程技术专业教材

制冷系统及设备

主　编　祝春华
副主编　邓志均　庄中霞　彭南西　刘买花　罗志标
主　审　吴伟涛

中国水利水电出版社
www.waterpub.com.cn
·北京·

内 容 提 要

本书依据现代学徒制教学改革特点，整合制冷技术的核心内容，结合广东申菱环境系统股份有限公司技术人员提供的宝贵资料，将制冷技术的内容分为七个项目，项目下又分为任务。本书的主要内容包括：项目一制冷剂、载冷剂、蓄冷剂及润滑油；项目二单级蒸气压缩制冷循环；项目三双级压缩及复叠式制冷循环；项目四制冷压缩机；项目五冷凝器及蒸发器；项目六节流机构及辅助设备；项目七制冷机组。每个项目后面配有思考与练习题。

本书可作为高职高专建筑设备工程技术、供热通风与空调技术、制冷与空调技术等专业的现代学徒制试点教材，也可作为中等职业学校、函授等相关专业师生用书，还可作为企业中工程技术人员的参考书。

图书在版编目（CIP）数据

制冷系统及设备 / 祝春华主编. -- 北京 : 中国水利水电出版社, 2020.6
现代学徒制建筑设备工程技术专业教材
ISBN 978-7-5170-8593-5

Ⅰ. ①制… Ⅱ. ①祝… Ⅲ. ①制冷系统－技术培训－教材 Ⅳ. ①TB657

中国版本图书馆CIP数据核字(2020)第092555号

书　　名	现代学徒制建筑设备工程技术专业教材 **制冷系统及设备** ZHILENG XITONG JI SHEBEI
作　　者	主　编　祝春华 副主编　邓志均　庄中霞　彭南西　刘买花　罗志标 主　审　吴伟涛
出版发行	中国水利水电出版社 （北京市海淀区玉渊潭南路1号D座　100038） 网址：www.waterpub.com.cn E-mail：sales@waterpub.com.cn 电话：（010）68367658（营销中心）
经　　售	北京科水图书销售中心（零售） 电话：（010）88383994、63202643、68545874 全国各地新华书店和相关出版物销售网点
排　　版	中国水利水电出版社微机排版中心
印　　刷	北京瑞斯通印务发展有限公司
规　　格	184mm×260mm　16开本　13.5印张　329千字
版　　次	2020年6月第1版　2020年6月第1次印刷
印　　数	0001—1500册
定　　价	**38.00**元

前言

为满足建筑设备工程技术、制冷与空调技术等相关专业课程教学的需求，编者结合我国制冷空调行业发展现状及相关职业技术岗位的需求，本着“必需、够用”的原则，选取与制冷技术相关的内容编写本书。

为检验学生的学习效果、引导学生自主学习，本书每个项目均配有思考与练习题，且有部分习题要求学生到制冷设备现场、企业（事业）单位冷库及中央空调现场完成。

全书由广东水利电力职业技术学院祝春华任主编，由广东水利电力职业技术学院吴伟涛任主审。其中祝春华编写项目一制冷剂、载冷剂、蓄冷剂及润滑油，项目三双级压缩及复叠式制冷循环，项目四制冷压缩机及附录；广东交通职业技术学院刘买花编写项目二单级蒸气压缩制冷循环；广东申菱环境系统股份有限公司罗志标编写项目五冷凝器及蒸发器；广东水利电力职业技术学院庄中霞、彭南西编写项目六节流机构及辅助设备；广东水利电力职业技术学院邓志均编写项目七制冷机组，全书由祝春华统稿。

由于编者水平有限，书中不足之处在所难免，恳请广大读者批评指正。

编者

2020年3月

目录

项目一　制冷剂、载冷剂、蓄冷剂及润滑油

本项目重点介绍制冷系统中常用的制冷剂、载冷剂、蓄冷剂及润滑油。

任务一　制　冷　剂

学习目标

1. 通过学习，能够掌握制冷系统常见的制冷剂种类及编号方法。
2. 掌握制冷剂的分类、特性及评价指标。
3. 掌握制冷剂的选用原则与技术要求。
4. 会用常用制冷剂的压-焓图。

一、制冷剂的种类及编号方法

任何制冷循环系统都要依靠一种工作物质（工质）来达到制冷的目的，蒸气压缩制冷循环系统中所用的工质，称为制冷剂或冷媒。

为了书写方便，《ASHRAE Standard 34（美国供暖、制冷和空调工程师学会标准34）》规定了各种制冷剂的编号规则，我国《制冷剂编号方法与安全性分类》（GB/T 7778—2017）也采纳了这种规则。

ASHRAE 制冷剂的编号规则规定：以字母 R 和它后面的一组数字与字母作为制冷剂的简写编号，字母 R 作为制冷剂（refrigerant）的代号，后面的数字或字母则根据制冷剂的种类及分子组成按一定的规律进行编写，具体如下。

1. 无机化合物

属于无机化合物的制冷剂有氨、水、二氧化碳等。无机化合物的序号以 700 表示，化合物的分子量（取整数部分）加上 700 就是该制冷剂的编号。例如氨（NH_3）分子量的整数部分为 17，其编号则为 R-717。水（H_2O）和二氧化碳（CO_2）的编号分别为 R-718 和 R-744。

2. 氟烃

包含氟原子的“卤烃”，包括氯氟烃（CFC）、氢氯氟烃（HCFC）、氢氟烃（HFC）和全氟代烃（PFC）。卤烃是包含碳原子、一个或多个卤素如氯（Cl）、氟（F）、溴（Br）和碘（I）原子的化合物。完全卤化的氟烃只包含碳原子和卤素原子，而部分卤化的卤烃还包含氢（H）原子。用作制冷剂的主要是甲烷（CH_4）、乙烷（C_2H_6）、丙烷（C_3H_8）系的卤化物质，详见表 1－1。

饱和碳氢化合物分子式的通式为：C_mH_{2m+2}。氟烃的分子通式为：$C_mH_nF_xCl_yBr_z$，其原子数 m、n、x、y、z 之间有下列关系：

$$2m+2=n+x+y+z$$

表 1-1　　　　氟烃物质的划分

序号	系列名称	示例			置换情况
		制冷剂编号	分子式	化学名称	
1	全氟代烃（PFC）	R-14	CF_4	四氟甲烷	饱和碳氢化合物中的氢完全被氟置换
		R-116	C_2F_6	全氟乙烷	
2	氯氟烃（CFC）	R-11	CCl_3F	三氯氟甲烷	饱和烃中的氢元素完全被氯元素和氟元素置换
		R-12	CCl_2F_2	二氯二氟甲烷	
3	氢氟烃（HFC）	R-32	CH_2F_2	二氟甲烷	饱和烃中的氢元素只有部分被氟元素置换
		R-134a	CH_2FCF_3	四氟乙烷	
4	氢氯氟烃（HCFC）	R-22	$CHClF_2$	一氯二氟甲烷	饱和烃中的氢元素被氯、氟置换
		R-123	$C_2HCl_2F_3$	二氯三氟乙烷	

化合物中不含有溴原子，即 $z=0$ 时，其编号为 R-×××，其中字母 R 后面的第一位数字是化合物中碳（C）原子数减 1 的数，即（$m-1$）。当该数字为零时，则略去；第二位数字是化合物中氢（H）原子数加 1 的数，即（$n+1$）；第三位数字是化合物中氟（F）原子数，即 x。例如（HCF_2Cl）的编号表示为 R-22。

如在化合物中溴部分或全部代替氯，仍采用同样的编号规则，但在原来氯-氟化合物的编号后面加字母 B，表示溴（Br）的存在；字母 B 后的数字表示溴原子个数。例如三氟一溴甲烷，分子式为 CF_3Br，$m-1=0$，$n+1=1$，$x=3$，$z=1$，编号表示为 R-13B1。

环状衍生物的编号采用同一规则，但在字母 R 后加一个字母 C。例如八氟环丁烷，分子式为 C_4F_8，$m-1=3$，$n+1=1$，$x=8$，编号表示为 RC-318。

乙烷系同分异构体都具有相同的编号，但是对称的一种编号后面不带任何字母，而随着同分异构体变得越来越不对称时，就加 a、b、c 等字母。例如四氯二氟乙烷，分子式为 CCl_2FCCl_2F，编号表示为 R-112；其同分异构体分子式为 CCl_3CClF_2，编号表示为 R-112a。

必须指出，目前有不少人误解或误用“氟利昂”这个名词，甚至出现了“我国在 2010 年前要淘汰氟利昂”的错误报道。其实，氟利昂来自英文“freon”的音译，是杜邦（Dupnt）公司注册的氟产品系列，包括 R-11、R-12、R-22 等。常用的 R-123 和 R-134a 制冷剂并不属于氟利昂系列，而是归属于“舒瓦”（Suva）系列，而我国正在淘汰的并不是氟利昂，而是 CFC（氯氟烃）。

3. 碳氢化合物

碳氢化合物主要有饱和碳氢化合物（甲烷、乙烷、丙烷等）和非饱和碳氢化合物（乙烯、丙烯等），甲烷、乙烷、丙烷的编号方法与氟烃相同，例如甲烷的分子式为 CH_4，$m-1=0$，$n+1=5$，$x=0$，编号表示为 R-50。乙烯、丙烯等烯烃的编号规则中，字母后面的第一位数字是 1，后面的数字组合方法与氟烃相同，例如乙烯的分子式为 C_2H_4，编号表示为 R-1150。

4. 混合制冷剂

混合制冷剂是由两种或两种以上制冷剂按一定比例溶解而成的一种混合物。要了解混合制冷剂，必须明确以下术语：

始沸点（bubble point）或饱和液体温度，是指（恒压下）开始蒸发的温度。

结露点（dew point）或饱和气体温度，是指（恒压下）开始凝结的温度。

始沸点及结露点是相当于单一制冷剂的沸点及凝结点，在蒸发或凝结时混合制冷剂温度改变，所以不适合用沸点和凝结点。

分馏（fractionation）是指混合制冷剂在始沸点与结露点之间的成分常变，因为各组分的液化或气化速度不一样，易挥发组分优先蒸发，或不易挥发组分优先凝结（图 1-1）。

滑移（clide）是指分馏引致混合制冷剂在蒸发器出入口的温差（图 1-1）。

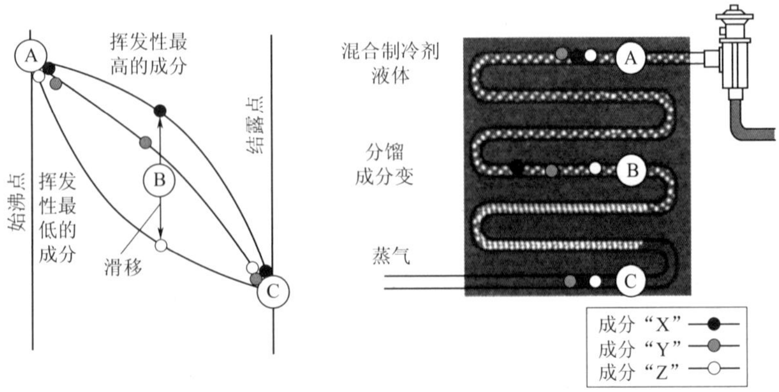

图 1-1 混合制冷剂的分馏与滑移

混合制冷剂分为下列三种：

（1）共沸（azeotropic）混合制冷剂。在一定压力下具有一个共同的沸点，因此液化或气化过程的温度不发生滑移。共沸混合制冷剂以 500 系列命名，如 R-500、R-502 等。

（2）接近共沸（near-azeotropic）混合制冷剂。由于沸点不一样引致有少许滑移，最多 2℃，如 R-410A（R-32/R-125）（50/50 质量%）。

（3）非共沸（zeotropic）混合制冷剂。在一定压力下没有共沸点，液化或气化过程的温度滑移较大，最少 4℃。非共沸（及接近共沸混合制冷剂）以 400 系列命名，如 R-407C（R-32/R-125/R-134a）（23/25/52 质量%）。

由于非共沸混合制冷剂没有共同的沸点，液化或气化过程的温度将相应变化，因此在变温热源的制冷循环中使用时，能减少蒸发器和冷凝器中的传热温差，提高制冷装置的运行性能。不过，当泄漏发生时，由于各组分的泄漏速度不同，故不能像常规制冷剂（如 R-22）那样作补充性充注，必须先回收剩余的制冷剂，然后再（以液态）重新充注。

二、制冷剂的分类、特性及评价指标

1. 制冷剂的分类

根据制冷剂在标准大气压下的饱和温度 t_z（简称标准蒸发温度或沸点）和 30℃时的冷凝压力 p_1 的高低，可分为高温（低压）、中温（中压）、低温（高压）三大类，详见表 1-2。

表 1-2　　制冷剂的分类

类别	温度范围/℃	压力范围/MPa	制冷剂编号	主要用途
高温制冷剂（低压制冷剂）	$t_z>0$	$p_1\leqslant0.3$	R-11，R-21，R-113，R-114，R-123	空调系统离心式冷水机组
中温制冷剂（中压制冷剂）	$60<t_z\leqslant0$	$p_1=0.3\sim2$	R-12，R-22，R-717，R-134a，R-142b	空调系统冷水机组及－70℃以上单级、双级压缩制冷装置
低温制冷剂（高压制冷剂）	$t_z\leqslant60$	$p_1>2$	R-13，R-14，R-23，R-1150，R-290	低于－70℃的低温制冷或复叠式制冷装置的低温部分

2. 常用制冷剂的物理特性

制冷剂的种类很多，在普冷范围（－120～5℃）所应用的制冷剂约有十多种。它们的物理特性见表1-3。

表 1-3　　常用制冷剂的物理特性

编号	名称	分子式	分子量 M	标准沸点/℃	凝固温度/℃	临界压力/℃	临界温度/MPa	临界比容/($10^{-3}m^3/kg$)
R-123	三氟二氯乙烷	CF_3CHCl_2	152.93	27.82	－107.2	183.7	3.66	1.818
R-134a	四氟乙烷	CF_3CH_2F	102.03	－26.07	－103.31	101.1	4.06	1.953
R-11	一氟三氯甲烷	$CFCl_3$	137.37	23.71	－110.5	198.0	4.41	1.805
R-12	二氟二氯甲烷	CF_2Cl_2	120.91	－29.75	－157.1	112.0	4.14	1.770
R-22	二氟一氯甲烷	CHF_2Cl	86.47	－40.81	－157.4	96.1	4.99	1.908
R-113	三氟三氯乙烷	CCl_2FCClF_2	187.38	47.59	－36.2	214.1	3.39	1.786
R-114	四氟二氯乙烷	$CClF_2CClF_2$	170.92	3.59	－94.2	145.7	3.26	1.724
R-115	五氟一氯乙烷	$CClF_2CF_3$	154.47	－38.94	－99.4	80.0	3.12	1.631
R-142b	二氟一氯乙烷	$CClF_2CH_3$	100.50	－9.15	－130.4	137.1	4.70	2.242
R-152a	二氟乙烷	CHF_2CH_3	66.05	－24.02	－118.6	113.3	4.51	2.717
R-32	二氟甲烷	CH_2F_2	52.02	－51.65	－136.8	78.1	5.78	2.358
R-407C	R-32/R-125/R-134a（23/25/52，质量%）	—	86.20	－43.63	—	86.0	4.63	2.065
R-410A	R-32/R-125（50/50，质量%）	—	72.59	－51.44	—	71.4	4.90	2.176
R-500	R-12/R-152a（73.8/26.2，质量%）	—	99.30	－33.60	—	102.1	4.17	2.020
R-502	R-22/R-115（48.8/51.2，质量%）	—	111.63	－45.17	—	80.1	3.92	1.767
R-290	丙烷	C_3H_8	55.10	－42.09	－187.7	96.7	4.247	4.577
R-600	丁烷	C_4H_{10}	58.12	－0.55	－138.3	152.0	3.80	4.389
R-600a	异丁烷	C_4H_{10}	58.12	－11.67	－159.6	134.7	3.64	4.457
R-717	氨	NH_3	17.03	－33.33	－77.7	132.3	11.33	4.444
R-718	水	H_2O	18.02	99.97	0.0	374.0	22.06	3.106
R-729	空气	—	28.96	－194.25	—	－140.6	3.79	2.977
R-744	二氧化碳	CO_2	44.01	－78.40	－56.6	31.0	7.38	2.139

3. 制冷剂的评价指标

（1）制冷剂的环境评价指标。

1）全球变暖潜值（global warming potential，GWP）。比较一种温室气体排放相对于等量二氧化碳排放所产生的气候影响的指标。GWP 被定义为在固定时间范围内 1kg 物质与 1kg CO_2 的脉冲排放引起的时间累积（如 100 年）的辐射力的比率。

2）等效增暖影响总量（total equivalent warming impact，TEWI）。对设备运行期间以及使用期限结束时运行工质废弃期间相关温室气体总排放的全球增暖总体影响的度量。TEWI 考虑工质直接排放（包括所有泄漏和耗损）及设备运行期间所产生的间接排放，TEWI 一般用 kg CO_2 当量的单位来度量。

3）消耗臭氧层物质（ozone depleting substances，ODS）。已知的消耗平流层臭氧的物质，包括哈龙、CFC、HCFC、甲基溴（CH_3Br）、四氯化碳（CCl_4）等。平流层臭氧（即臭氧层）在平流层的辐射平衡中起主要作用。

4）消耗臭氧层潜值（ozone depletion potential，ODP）比较一种 ODS 体排放相对于 CFC-11 排放所产生的臭氧层消耗的指标。

5）大气寿命。任何物质排放到大气层被分解一半（数量）所需的时间。

6）寿命周期气候变化性能（life cycle climate performance，LCCP）。一种对基于整个生命周期内相关温室气体总排放的设备的全球增暖总体影响的度量。LCCP 是对 TEWI 的扩充，考虑了制造期间产生的直接逃逸排放以及与其所包含能源相关的温室气体排放。

7）理论 COP。在不受设备或运行工况影响下，工质理想制冷循环的性能表现（即 COP），以每一个单位的能耗给出多少单位的制冷量计算。

关于保护臭氧层和抑制全球气候变暖方面的内容，将在后续进行详细介绍。

表 1-4 给出了常用制冷剂四个主要的环境评价指标。

表 1-4　　常用制冷剂的环境评价指标

压力	制冷剂名称	ODP	GWP_{100Y}	大气寿命	理论 COP
低压	CFC-11（R-11）	1.0	4680	45.0	7.57
	HCFC-123（R-123）	0.012	76	1.3	7.44
中压	CFC-12（R-12）	1.0	10720	100.0	7.06
	HFC-134a（R-134a）	0	1320	14.0	6.94
高压	HCFC-22（R-22）	0.034	1780	12.0	6.98
	HFC-125（R-125）	0	3450	29.0	6.08
	HFC-32（R-32）	0	543	4.9	6.74
混合制冷剂	R-410A（R-32/R-125）	0	1674	—	6.56
	R-407C（R-32/R-125/R-134a）	0	1997	—	6.78

注　1. ODP、GWP、大气寿命数据来源：联合国《蒙特利尔议定书》臭氧层科学评估报告书，2003。

2. 理论 COP 来源：REFPROP program from NIST，1994（工况：蒸发温度 40 ℉，冷凝温度 100 ℉饱和条件）。

（2）制冷剂的安全性。表1－5列出了安全性方面常见的一些指标及其定义。

表1－5　　安全性（毒性、可燃性）方面的一些名词术语

名词术语	定　义	备　注
有毒（toxic）	LC_{50}（1h）≤2000ppm	国际通用的定义，是对毒性的最基本判断
高毒性（highly toxic）	LC_{50}（1h）≤2000ppm	
IC_{50}：50%动物致命浓度（lethal concentration for 50% of tested animals）	在此浓度环境中，持续4h或1h有50%的动物死亡	一般用老鼠做实验。持续1h的LC_{50}大约为持续4h的LC_{50}的两倍
对生命和健康有危险的极限（immediately dangerous to life and health，IDLH）	人们可以在30min内脱离的最高浓度	没用任何呼吸器，不会产生伤害症状或不会对健康有不可恢复的影响
允许暴露极限（permis－sible exposure limit，PEL）最低可燃极限（燃烧下限）（lower flammable limit，LFL）	在一天工作8h和一周工作40h的情况下，日复一日地人可以耐受且无有害影响的时间加权平均（TWA）浓度；相同定义的其他术语：安全阈值（threshold limit value，TLV）、可接受的暴露极限（allowable exposure limit，AEL）、工作环境可暴露极限（workplace environmental exposure limit，WEEL）	这些极限值表示可以安全耐受的最大值
	在特定试验条件下，可燃制冷剂在它与空气的均匀混合气中能够维持火焰传播的最低比例（体积比或摩尔比）；相同定义的其他术语：最低可爆极限（爆炸下限）（lower explosive limit，LEL）	LFL一般以制冷剂在空气中的体积分数表示，也可用kg/m^3来表示（换算关系：在25℃和101kPa时，体积百分数乘以0.0004141和制冷剂的摩尔质量）
最高可燃极限（燃烧上限）（upper flammable limit，UFL）	在特定试验条件下，可燃制冷剂在它与空气的均匀混合气中能够维持火焰传播的最高比例	在空气中可燃的范围为从LFL到UFL，浓度低于LFL或高于UFL，则不能维持火焰传播
燃烧热（heat of combustion，HOC）	1kg可燃制冷剂，在25℃和101kPa条件下，完全燃烧且燃烧生成物均处于气相状态时所放出的热量（kJ）	
可燃性的最不利分馏成分	在分馏（fractionation）时气相或液相易燃组分最高浓度时的构成	
毒性的最不利分馏成分	在分馏（fractionation）时气相或液相最高浓度时的构成	这时：TLV－TWA<400ppm
ppm（parts per million）	气体浓度单位，每百万份中占了几份（$\times10^{-6}$）	一般在25℃和标准大气压力下的空气

表1-6说明了我国标准与相关国际标准如何对制冷剂安全性等级划分。

表1-6　　制冷剂的安全等级划分

依据标准	安全等级分类	备　　注
《Refrigerating Systems Part1: Refrigerant Classification》(AS 1677.1: 1998)(澳大利亚标准局)	可燃性分类 1. 不可燃 2. LFL≥3.5%体积分数 3. LFL<3.5%体积分数 毒性分类 A. LC_{50}≥10000ppm B. LC_{50}<10000ppm	可燃性分类根据制冷剂在气压101kPa和温度21℃的空气中的试验。 毒性分类根据4h的LC_{50}老鼠实验。 安全等级共6个，参照英国的BS 4434: 1995、美国的ANSI/ASHRAE 34—1992和ISO 817制定
《Designation and Safety Classification of Refrigerants》(ANSI/ASHRAE 34—2001)(美国国家标准)	可燃性分类 (制冷剂在气压101.3kPa和温度21℃的空气中试验时) 1. 无火焰传播 2. LFL>0.1kg/m³，且燃烧热HOC<19000kJ/kg 3. LFL≤0.1kg/m³，或燃烧热HOC≥19000kJ/kg 毒性分类 A. 基于制冷剂毒性指标TLV-TWA≤400ppm B. 基于制冷剂毒性指标TLV-TWA>400ppm	该标准是国家和国际标准编制时参照使用最多的文件。 安全分类由毒性和可燃性两个特征符组成，从而制冷剂分成了6个独立的安全等级，如图2-2所示。 LFL值应按照ASTM(美国试验和材料协会)的E681-85的方法测定。 燃烧热的计算是假设燃烧生成物都是气相，并处于它们的最稳定状态。 ANSI/ASHRAE 34—2001标准在安全分类方面提出了：不论是共沸混合物抑或非共沸混合物，只要在分馏过程中可燃性或毒性特征随成分变化发生了变化，它的安全分类都将基于分馏后的最不利情况，根据纯制冷剂的相同标准来决定其安全分类
《Mechanical Refrigeration Systems used for Cooling and Heating-safety Requirements》(ISO 5149: 1993)(国际标准化组织)	1. 人类健康没有较大危害的不可燃制冷剂 2. 与空气混合的可燃性试验中，最低可燃体积分数不小于3.5%的有毒或有腐蚀性制冷剂(如氨) 3. 与空气混合的可燃性试验中，最低可燃体积分数小于3.5%的制冷剂	该标准编制时参照ASHRAE 34—1989版的标准，当时安全分类只有1、2、3级。 我国国家标准《制冷和供热用机械制冷系统安全要求》(GB 9237—2001)编制时对照此ISO标准
《Refrigeration Systems and Heat Pumps-Safety and Environmental》(EN 378-1: 2000)(欧洲标准委员会)	可燃性分类 1. 气相时任何浓度与空气混合均不可燃 2. 与空气的混合物的最低可燃体积分数≥3.5% 3. 与空气的混合物的最低可燃体积分数<3.5% 毒性分类 A. 当制冷剂的时间加权平均浓度≥400ppm时，对长期在此环境中每天工作8h、每周工作40h的职工身体没有不利影响的制冷剂 B. 当制冷剂的时间加权平均浓度<400ppm时，对长期在此环境中每天工作8h、每周工作40h的职工身体没有不利影响的制冷剂	该标准对制冷剂的选择规定了最低的ODP、GWP、TEWI值及良好的系统能效。 对于制冷剂混合物，分馏过程中其可燃性或毒性特性可能发生变化，需要把名义配比和最不利分馏成分时的分类特性表示出来，中间用“/”分开

表1-7给出了常用制冷剂的安全性数据与安全等级。

表1-7　　常用制冷剂的安全性数据与安全等级

制冷剂编号	LC50 (4h)	TLV-TWA	LFL		UFL		HOC	相关标准的安全等级			
	ppm	ppm	kg/m³	% (V/V)	kg/m³	% (V/V)	(MJ/kg)	澳	美	欧	ISO
R-11	26200	1000	—	—	—	—	0.9	A1	A1	A1	1
R-12	800000	1000	—	—	—	—	−0.8	A1	A1	A1	1
R-22	220000	1000	—	—	—	—	2.2	A1	A1	A1	1
R-32	760000	1000	0.270	12.7	0.710	33.4	9.4	A2	A2	A2	※
R-123	32000	50	—	—	—	—	2.1	A1	B1	B1	※
R-124	262500	1000	—	—	—	—	0.9	A1	A1	A1	※
R-125	800000	1000	—	—	—	—	−1.5	A1	A1	A1	※
R-134a	567000	1000	—	—	—	—	4.2	A1	A1	A1	※
R-141b	61647	500	0.268	5.6	0.847	17.7	9.8	A2	※	A2	※
R-142b	128000	1000	0.247	6.0	0.740	18.0	10.3	A2	A2	A2	※
R-152a	383000	1000	0.137	5.1	0.462	17.1	17.4	A2	A2	A2	※
R-290	—	1000	0.038	2.1	0.171	9.6	50.3	A3	A3	A3	3
R-600	280000	800	0.036	1.5	0.202	10.1	49.5	A3	A3	A3	3
R-600a	520000	800	0.043	1.7	0.202	9.7	49.4	A3	A3	A3	3
R-404A	500000	1000	—	—	—	—	−6.6	A1	A1	A1	※
R-405A	—	—	—	—	—	—	—	A1	※	A1	※
R-407C	—	—	—	—	—	—	−4.9	A1	A1	A1	※
R-410A	—	—	—	—	—	—	−4.4	A1	A1	A1	※
R-411A	—	—	wff	wff	wff	wff	—	A2	A2	A2	※
R-411B	—	—	wff	wff	wff	wff	6.5	A2	A2	A2	※
R-502	200000	1000	—	—	—	—	—	A1	A1	A1	1
R-717	4067	25	0.104	15.0	0.195	28.0	—	B1	B1	B1	2

注　1. 带※者表示标准制定时，该制冷剂的研究还未完成。

2. wff表示最不利分馏成分时是可燃的。

3. 澳＝AS 1677.1：1998；美＝ANSI/ASHRAE 34—2001；欧＝EN 378-1:2000；ISO＝ISO 5149:1993。

4. %（V/V）指爆炸性气体的爆炸体积浓度百分比。

ANSI/ASHRAE 15—2001标准对制冷剂毒性分类，只用相对性“较低”和“较高”来划分（表1-8）。A、B不是无毒、有毒或低毒性、高毒性的意思；制冷剂的毒性划分的根据，主要是制冷剂的TLV-TWA（threshold limit value-time weighted average）指标。TLV-TWA指标是一个表明对长期不断地暴露在该浓度下，每周工作40h、终生在此环境中工作员工的健康没有不良影响的临界极限时间加权平均值，详见表1-6和表1-7。

表1-8 制冷剂的安全分类（ANSI/ASHRAE 15—2001）

安全分类	较低毒性	较高毒性	高毒性
较高可燃性	A3	B3	C3
较低可燃性	A2	B2	C2
不传播火焰	A1	B1	C1

必须指出，对制冷剂安全性的评估，仅考虑其毒性和可燃性是不够全面的，还必须具体分析和考察其相关的物理性能。

低压制冷剂如R-123，由于其沸点较高（27.82℃）、压力较低，正常运行时，设备内的压力低于大气压力，制冷剂一般不会漏出，相反只会有空气流进去。因此，尽管其可接受的暴露极限AEL仅为50ppm，但通常不可能达到此浓度。测试证明，即使在最不利的条件下——R-123不断地从钢瓶中向没有通风的机房里泄漏，室内的最高浓度也只能达到12ppm。而且，钢瓶一旦搬离现场，室内浓度很快就降到无法测量的水平。而在正常情况下，R-123冷水机组机房内的浓度值低于0.5ppm。

相反，中、高压制冷剂由于沸点很低（如R-22为－40.81℃，R-134a为－26.07℃），压力较高，一旦泄漏，室内浓度会很快超越其安全浓度上限。由于制冷剂的相对密度大于空气，所以能很快的取代室内空气占有的容积；这时，室内人员将会因窒息而导致死亡。

表1-9给出了一些关于不同压力冷媒泄漏时间的实例。

表1-9 冷水机组泄漏一半制冷剂所需时间

制冷剂	高压侧		停机		低压侧	
	压力/kPa	泄漏时间/min	压力/kPa	泄漏时间/min	压力/kPa	泄漏时间/min
R-11	61	22	－6	—	－55	—
R-123	42	25	－19	—	－63	—
R-12	808	4	502	9	243	11
R-134a	856	5	511	7	228	13
R-22	1351	3	867	4	452	8
R-410A	2183	2	1428	3	786	5

注 1. 500冷吨冷水机组主机约需680kg制冷剂。
2. 裂缝大小或孔洞直径为2.5cm（阀门或连接管道）。

为了确保安全，美国制冷系统安全设计标准（ANSI/ASHRAE 15—2001）第8.11.2.1条规定：不论属于哪个安全分组的制冷剂，在制冷机房内均需设置与安装和所使用制冷剂相对应的泄漏检测器及报警装置。对于A1组制冷剂，应选用含氧量传感器和报警装置。

关于事故通风量的确定，ANSI/ASHRAE 15 标准并没有区分制冷剂的安全分组，不管采用哪一种制冷剂，事故通风量 Q（L/s）统一按下列公式计算：

$$Q=70\times G^{0.5} \tag{1-1}$$

式中　G——机房中最大制冷系统灌注的制冷剂重量，kg。

设计制冷机房时，在安全性方面还应考虑以下三点：

1）根据不同的制冷剂，选择采用不同的检漏报警装置，并与机房内的通风系统连锁，测头应安装在制冷剂最易泄漏的部位。

2）各台制冷机组的安全阀出口或安全爆破膜出口，应用钢管并联起来，并接至室外，以便发生超压破裂时将制冷剂引至室外上空释放，确保冷冻机房运行管理人员的人身安全。

3）在冷冻机房两个出口门外侧，应设置紧急手动启动事故通风的按钮。

三、制冷剂的选用原则与技术要求

1. 对制冷剂特性的要求

（1）制冷剂选择与研发的历程（表 1-10）。

表 1-10　　制冷剂选择与研发的历程

阶　段	主要工作与过程	认 识 及 结 果
19 世纪 30 年代至 20 世纪 20 年代末	主要从自然界的无机化合物与碳氢化合物中选择制冷剂。 开始选择制冷剂主要考虑其是否具有合适的热力学性能，能否与研发的压缩机配套工作，获得较好的制冷效果	在此期间，曾先后采用过的制冷剂有：乙醚丙烷、二氯乙烯、二氧化碳、氨、二氧化硫、氯甲烷等。但在这 100 年的实践中，这些制冷剂的毒性与可燃性始终是困惑与干扰着制冷技术发展的一大隐患，人们逐渐认识到选择制冷剂时安全性的重要程度
20 世纪 30 年代至 20 世纪 80 年代末	自 1931 年人工合成 CCl_2F_2（R-12）之后，R-11 于 1932 年、R-114 于 1933 年、R-113 于 1934 年、R-22 于 1936 年、R-13 于 1945 年、R-14 于 1955 年相继问世	CFC 的优良热力学性能和不燃无毒的安全性，能适于不同温度区域中作蒸气压缩循环的工作流体，所以很快替代了几乎所有的原来这些无机化合物与碳氢化合物的制冷剂，开创了制冷领域的“氟利昂（freon）”时代。被认为较彻底地解决了 19 世纪遗留下来的安全性问题
20 世纪 90 年代初开始	1990 年与 1992 年国际上先后通过《蒙特利尔议定书》的伦敦修正案与哥本哈根修正案，制冷空调业广泛使用的 CFCs 与 HCFCs 制冷剂被列为要控制并限期淘汰的物质；1997 年《京都议定书》又把 HFCs 与 PFCs 列为 6 种要减少排放的温室气体之中，而 HFCs 制冷剂当时又是被制冷空调行业看作为替代 CFCs 与 HCFCs 的主要替代物	在这种保护臭氧层与防止全球气候变暖的要求下，欧洲制冷界又提出了重新启用已被弃用的所谓“天然工质”（即氨、氢烃、CO_2 等），主张大力推行采用“环境友善性”制冷剂
结论	过去 180 年制冷剂发展史告诉人们：既具有优良的热力学性能，使用又十分安全，对环境又全面友善的理想制冷剂，实际上是不存在的。关键在于如何去认识和处理好对三者的要求：热力学性能、安全性与环境友善性之间的辩证关系	

注　6 种要减少排放的温室气体为：CO_2、CH_4、N_2O、HFC、PFC、SP_6。PFC 即全氟代烃，见表 1-1。

（2）制冷剂的热力学特性、安全性与环境友善性的辩证关系（表 1－11）。

表 1－11　　制冷剂的热力学特性、安全性与环境友善性的辩证关系

项目	重要性	说　明
热力学性能	热力学性能是基础	热力学性能的优劣，不但直接影响到设备与系统的能效，而且还影响到空调制冷设备的间接温室气体排放，所以是基础。研究表明，空调制冷设备的直接温室气体排放占 5%～15%，而间接排放要占 95%～85%，因此，热力学性能的好坏也关系到保护全球环境问题
安全性	安全性是保证	确保安全是制冷空调系统运行的保证，但是，有条件的启用那些易燃、易爆的制冷剂，并不意味着忘记了过去血的教训。 正如 ANSI/ASHRAF 15 标准所规定，采用任何安全级别的制冷剂，就必须在外部使用条件上增加更严格的限制，以弥补制冷剂本身在安全性上的缺陷。这些条件是：①系统必须密闭；②严格规定确保安全的充液量；③大容量制冷空调设备必须远离人群密集场所；④采用复叠式系统或二次载冷剂系统；⑤在制冷机房内必须装有完善的报警与安全排放系统
环境友善性	环境友善性是条件	地球是我们人类赖以生存的唯一星球，保护全球环境是各个国家、各种行业的共同责任，研发与制造制冷空调设备时，也必须履行保护全球环境的责任，所以在选用与使用任何制冷剂时，必须把其环境友善性作为一种必要的制约条件来考虑

（3）政治与政策方面的问题。《蒙特利尔议定书》与《京都议定书》之所以能得到广大发展中国家的核准与参与，成为拥有 100 多个缔约国的国际条约，关键在于发达国家承认了：在对待保护臭氧层与防止全球气候变暖的两大全球环境问题上，发展中国家与发达国家负有“相同而又有区别的责任”这个大原则。此原则包含了以下两层含义：

1）在淘汰 ODSs 时间表上，应给予发展中国家 10 年的宽容期，以不影响这些国家的发展与工业化的进程。

2）发达国家应给予发展中国家技术上与经济上的无偿援助。

但在实际执行的过程中，一些发达国家往往不愿承认这种差别，要求发展中国家承担更多的责任。例如，欧盟等国已多次要求修改发展中国家淘汰 HCFCs 的时间表；不愿提供技术援助，只愿提供经济援助（在经济援助中又要求用援助款项去购买他们的技术装备）；美国政府为逃避承担原定的温室气体减排指标，借口中国没有减排责任而退出了《京都议定书》。因此，我们应清醒地看到执行贯彻《蒙特利尔议定书》与《京都议定书》过程中存在着尖锐的斗争。

（4）必须澄清的一些认识。在淘汰消耗臭氧层物质和选用替代制冷剂的问题上，目前国内存在一些模糊和混乱的认识。这种现象的产生，主要与对政策的宣传不到位和有些企业有意混淆是非的宣传是分不开的。为了还事实的本来面貌，必须予以澄清。

1）混淆淘汰物质、淘汰阶段、淘汰时间表。例如，1999 年我国政府颁布的《中国逐步淘汰消耗臭氧层物质国家方案》，由于当时我国政府只是核准与参加了《蒙特利尔议定书》伦敦修正案，尚未核准与参加哥本哈根修正案，故该方案所指的消耗臭氧层物质（ODSs）仅指氯氟烃（CFCs），并不包括氢氯氟烃（HCFCs），并且明确规定了采用 HCFCs 技术淘汰 CFCs 的技术路线，只规定了在 2010 年全部终止 CFCs 的生产与消费。但是国内的某些企业非要把淘汰 CFCs 说成是要淘汰“氟利昂”，把“氟”说成是破坏臭

氧层的罪魁祸首，甚至别有用心地鼓动某些省市地方政府出台政府文件，提前淘汰“氟利昂”，搞“无氟省市”。前文已经指出：我国要淘汰的是 CFC，而不是“氟利昂”。

2）利用“环保制冷剂”与“绿色制冷剂”的名称与概念，模糊与混淆我们发展中国家现阶段的环保责任与环保政策。国内某些企业不愿用含有混合配比的科学编号名称，而只公布其商品名，并冠以“环保制冷剂”与“绿色制冷剂”的美称来宣传推广；而国外一些拥有 HFCs 及其混合制冷剂专利权的化学公司和空调制冷设备制造商，则竭力模糊发展中国家与发达国家的区别，大力宣传唯有采用其 HFCs 制冷剂或其混合制冷剂的设备才是“环保的”与“绿色的”。

其实，我国早已明确规定：凡是 ODP 值小于等于 0.11 的制冷剂，在现阶段都是环保的。其中当然就包括了我们目前常用的 HCFC-22（R-22）与 HCFC-123（R-123）。

3）有意散播中国要提前淘汰 HCFCs 制冷剂的舆论。以大型空调制冷设备的使用寿命长达 20～30 年为理由，宣传大型工程与标志性建筑必须选择采用氢氟烃（HFCs）类制冷剂的空调设备，否则到 2020 年后就买不到所需要补充的 HCFCs 制冷剂了。从商业上的竞争演变发展到歪曲政策与谣言惑众的地步。

实际上，《蒙特利尔议定书》及其后来的修正案与调整案，对发展中国家淘汰 HCFCs 的时间表早有明确规定：到 2016 年，把 HCFCs 的生产量与消费量冻结在 2015 的水平上；到 2040 年，停止其全部新的 HCFCs 的生产与消费。也就是说，在 2015 年以前，不但不限制发展中国家继续生产与消费 HCFCs，而且还允许自由发展和有所增长。这里需要指出：在《蒙特利尔议定书》官方文件中，所谓“消费”是指新生产制冷剂的泄漏、释放与排放排空或补充。并不限制或禁止采用回收再生的 ODSs，让原有的 CFC 或 HCFC 制冷空调设备能继续使用。这种政策完全符合发展中国家的国家利益和实际的工业技术发展水平。

（5）专业（行业）特点。作为制冷空调行业，是把 ODSs 当作制冷剂来使用的。它与发泡剂、清洗剂、灭火剂等的使用方法与功能有本质上的区别。前者都是在密闭系统中循环使用，而后者大都是开放性使用。制冷空调设备的充液量是一种库存量，并不等于其消费用量；实际消费量仅仅是设备经过泄漏、释放、排放后需要补充才能恢复正常运行的补液量。因此，在制冷空调系统中，通过改善与提高设备和系统的密闭性，不但可减少 ODSs 与温室气体的直接排放，保护全球环境；同时还能提高系统的安全性与经济性。为此，国际制冷界提出了“零排放”的目标口号，制定了负责任使用制冷剂的下列共同约定：

1）提高设备与系统的密闭性，降低泄漏率。

2）减少设备与系统中的充液量。

3）健全设备的维修回收与退役报废回收制度，严禁任意排放排空。

4）组建回收，循环处理再利用与再生的体制与体系。

此四项共同约定，对制冷空调行业来说，符合多、快、好、省原则，是比寻找新的替代制冷剂可能更有效、更现实、更根本的环保措施。

（6）与科学发展，技术进步的关系。科学研究与大气观测在不断地监测全球平流层的臭氧损耗与臭氧空洞，并且，已发现和确定了全球气候变暖与温室气体排放的关系，从而在全球范围内开展了淘汰 ODSs 的行动和温室气体的减排行动。

大气科学研究已经证明：气候变化与臭氧消耗是两个相互关联的全球问题，全球气候的变暖会推迟臭氧空洞的恢复速度，各种消耗臭氧的化合物对于全球气候变暖又具有不同的正的、负的辐射力影响，具有不同的大气寿命周期。因此，一些大气学专家和诺贝尔奖获得者认为在寻找与筛选替代制冷剂时，应尽量选用大气寿命短的、ODP 值接近于零的、GWP 值低的化合物。切忌片面性、简单化和绝对化，极端地采取 ODP=0 的政策来淘汰所有的 HCFCs，采取 GWP=0 的政策，淘汰所有的 HFCs，盲目要求采用天然工质，回归自然。

目前在筛选与推荐替代制冷剂的时候，国内往往存在着一些片面性或本位主义倾向，有些部门只考虑履行《蒙特利尔议定书》的责任，把 ODP≠0 的物质都淘汰，不管其大气寿命有多长和其 GWP 值有多高，认为用 ODP=0 的 HFCs 替代 CFCs 与 HCFCs 制冷剂就是环保。我国汽车空调在 2002 年全部停止了R-12汽车空调器的生产，改用 R-134a 制冷剂；而现在欧盟各国已规定在 2010 年后汽车空调不准再使用 R-134a，推荐采用 R-152a、CO_2 与氢烃。原因是 R-134a 的大气寿命为 13.4 年，GWP 值达 1300。

另外，还需看到，即使在制冷空调行业内部，在 20 世纪中，普遍认为 R-407C 是替代 R-22 的最佳替代制冷剂，因为它的热力学特性最接近于 R-22，原有制冷空调设备设计不经重大修改就可以使用。但是经过近 10 年的实践证明，它与 R-410A 相比，存在着能效低、容积大、温度滑移大等缺点，因而很快将被 R-410A 全面替代。

从使用功能上讲，制冷剂的科学选择与合理使用，直接影响制冷空调设备整个使用寿命期的能效与能耗量，而且由于寿命期的间接温室气体排放量远高于其直接排放量，因此在比较与衡量某种替代制冷剂或替代技术方案对全球气候变暖影响时，不但要看其 ODP 和 GWP，更重要的是要比较它们的大气寿命和理想循环 COP，以及温室气体的直接与间接排放综合指标——总当量变暖影响（Total Equivalent Warming Impact，TEWI）和寿命周期气候变化性能（Life Cycle Climate Performance，LCCP）。

2. 选择制冷剂的具体技术要求

选择制冷剂时，除必须从通用选择原则上考虑其特性要求，正确处理好热力学特性、安全性及环境友善性三者的辩证关系外，还应认真考虑以下各项具体技术要求：

（1）冷凝压力与蒸发压力之比不要过大，以免压缩机排气温度过高、输气系数过低。

（2）制冷剂的临界温度要高，以便于利用常温水或空气进行冷却（凝）。

（3）制冷剂的凝固温度要适当低一些，以便得到较低的蒸发温度。

（4）制冷剂的单位容积制冷量要大，这样可以减小压缩机的尺寸。

（5）制冷剂的热导率要高，这样可以提高换热器的传热系数，减少传热面积，使换热设备的金属耗量减少。

（6）密度和黏度都小，这样有利于减少在系统中的流动阻力。

（7）制冷剂对金属设备、管路和附件没有腐蚀和浸蚀作用。

（8）稳定性好，在高温下不分解，不改变其物理-化学性能，与润滑油不起化学作用。

（9）不燃、不爆，不具毒性和刺激性，对人的生命和健康无危害。

（10）易于取得，且价格便宜。

应该指出，完全满足以上要求的制冷剂是没有的，在实践中只能根据用途和工作条件，在保证满足主要要求的前提下，对于其他不足之处，则采取其他措施予以弥补。

3. 空调用“天然”制冷剂

为了解决和克服臭氧层消耗、全球变暖等环境问题，近年来古老的天然制冷剂重新引起了制冷界的关注。所谓“天然”是指“源于自然界”的意思，这种制冷剂通常有：空气（R-729）、水（R-718）、二氧化碳（R-744）、氨（R-717）以及烃类物质，如：丙烷（R-290）、丙烯（R-1270）、丁烷（R-600）、异丁烯（R-600a）等。

其实，这些制冷剂并不全都真正是天然的，如氨，是由人工制造的化学品；又如烃类物质，源于石油。还应该看到，天然制冷剂（工质）并不一定就更环保。

天然制冷剂的概况汇总见表1-12。

表1-12 天然制冷剂的概况汇总

名称	特性	应用情况	前景
碳氢化合物（HC）	可燃易爆	北欧国家开始应用于家用电冰箱，美国只允许在充注量小于50g的设备中使用，欧盟标准规定为150g以下	不大可能用于大中型空调制冷系统
二氧化碳（CO_2）	循环效率低、工作压力高；具有良好的传热性能、较低的流动阻力、相当大的单位容积制冷量	由于它的临界温度低，采用跨临界制冷循环，是目前国内外的研究热点。理论循环效率低、高的工作压力和高的蒸气密度可以导致系统主要部件尺寸小型化的紧凑设计，紧凑式逆流换热器的换热性能良好，有助改进实际的COP值。高压侧大的温度变化，可使进口空气温度与CO_2排气温度非常接近，因而可减少不可逆传热损失	由于在热泵方面的特殊优越性，可以解决现代汽车冬天不能向车厢提供足够热量的缺陷。德国已有民用汽车采用CO_2工质。 高压侧具有80～100℃的温度变化，特别适合用于热水的加热，这种系统还可以回收余热。日本成功研制了家用CO_2热泵水加热器
氨（NH_3）	可燃、有毒性，但价廉、传热性能好、含水量余地大、管径小	由于其腐蚀性，不能用铜制造的换热器，传热性能受到影响。氨还具有特殊味道，使工作人员比较容易检漏，这种难受的味道也成为民用空调的障碍	在低温（－40～－10℃）下效率是很高的，在民用空调的应用主要取决于设备的密封性；氨制冷系统常应用于较大的工业场合，如食物处理和冷库储存
水（H_2O）	环保绿色，易于获得	正常沸点高，在制冷领域的温度范围内，具有极低的蒸气压。这种热物性导致压缩机的压比很高	在安全性、环境保护及热工性能方面都有很大的优越性
空气	理论循环效率低、噪声大	在整体制冷过程中，空气通常能保持气体的形态，因此，空气循环的能效比比常规蒸气压缩循环大	在空中和地面运输、建筑物和食品冷冻方面，空气作为制冷剂已有一些实际应用

4. 吸收式制冷剂

在吸收式制冷系统中，一般都需应用氨或溴化锂（LiBr）的水溶液。但必须注意，氨和溴化锂溶液并不是制冷剂而是吸收剂（水才是制冷剂）。

国内有些城市，由于电力供应不足，要采取限电措施，这时，吸收式制冷是一种满足空调需求的方案，但不一定是环保的解决途径。吸收式制冷只是溶液循环泵用电，相比容积式蒸气压缩制冷，省电很多。不过，如果采用燃气进行加热，它的全球变暖效应将远远超过容积式蒸气压缩制冷系统；如果利用废热进行加热，则的确是环保的。

四、常用制冷剂的热力特性及压焓图

附录列出了 R-12、R-22、R-32、R-123、R-125、R-134a、R-245fa、R-404A、R-407C、R-410A 和 R-717 共计 11 种制冷剂的压-焓图及其热力特性，详见附图及附表，上列制冷剂的压-焓图及其热力特性表引自《实用供热空调设计手册》第二版。

任务二　载　冷　剂

学习目标

1. 学习载冷剂的特点及应用。
2. 掌握载冷剂的选择要求。
3. 掌握常用载冷剂。

载冷剂是用来先接受制冷剂的冷量而后去冷却其他物质的媒介物质，又称冷媒。它在间接制冷系统中起着传递制冷剂冷量的作用。它是将制冷系统产生的冷量传递给被冷却物体的中间介质，这种中间介质在制冷工程中也称为第二制冷剂。载冷剂在蒸发器中被制冷剂冷却后，送到冷却设备中，吸收被冷却物体或环境的热量，再返回蒸发器被制冷剂重新冷却，如此不断地循环，以达到连续制冷的目的。采用载冷剂的制冷系统，被称为间接式制冷系统，如图 1-2 所示。

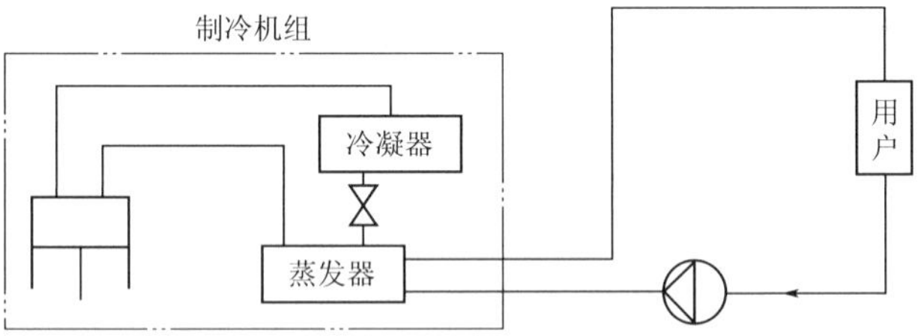

图 1-2　间接式制冷系统

一、对载冷剂的选择要求

选择载冷剂时应考虑的因素有：冰点、比热、对金属的腐蚀性和价格等。

(1) 载冷剂是依靠显热来运载热量的，所以要求载冷剂在工作温度下处于液体状态，不发生相变。要求载冷剂的凝固温度至少比制冷剂的蒸发温度低 5～8℃，沸点比制冷系统所能达到的最高温度高。

(2) 比热大，载冷量就大，在传递一定热量时，可使载冷剂的循环量减少，使输送载冷剂的泵耗功减少，管道的耗材量减少，从而提高循环的经济性。

(3) 热导率要大，可增加传热效果，减少换热设备的传热面积。

(4) 密度要小，黏度要小，以减少流动阻力和输送泵功率。

(5) 化学性能要求稳定，载冷剂在工作温度内不分解；不与空气中的氧化合，不改变其物理化学性能；不燃烧，不爆炸，挥发性要小，载冷剂与制冷剂接触时化学性质稳定，不发生化学反应。

（6）要求对人体、食品及环境无毒、无害，不会引起其他物质的变色、变味、变质。

（7）要求不腐蚀设备和管道，如果载冷剂稍具有腐蚀性，应添加缓蚀剂阻止腐蚀。

（8）要求价格低廉，易于获得。

二、常用载冷剂

载冷剂分为有机载冷剂和无机载冷剂。常用的无机载冷剂有水、空气、氯化钙水溶液和氯化钠水溶液等；常用的有机载冷剂有乙二醇水溶液、丙三醇（甘油）水溶液、乙醇水溶液、二氯甲烷、甲醇等。

1. 无机载冷剂

（1）空气和水。空气或水是最廉价、最易获得的载冷剂。都具有密度小、安全无害、对设备几乎无腐蚀性等优点。但空气的比热小，所以只有利用空气直接冷却时才采用空气作载冷剂。水虽有比热大的优点，但水的冰点高，所以水仅能用作制出0℃以上的载冷剂。0℃以下应采用盐水作载冷剂。

水的相对密度小，黏度小，流动阻力小，所采用的设备尺寸较小。水的比热大，传热效果好，循环水量少。水的化学稳定性好，不燃烧，不爆炸，纯净的水对设备和管道的腐蚀小，系统安全性好。水无毒，对人、食品和环境都是无害的，所以在空调系统中，水不仅可作为载冷剂，也可直接喷入空气中进行调湿和空气洗涤。

（2）盐水。盐水是最常用的载冷剂，由盐溶于水制成。常用的盐水主要有氯化钠（$NaCl_2$）水溶液和氯化钙（CaCl）水溶液。盐溶液有较低的凝固温度，适用于在中低温制冷装置中载冷。

盐水的性质与溶液中的盐量多少有关。图1-3所示为氯化钠水溶液的凝固点（冰点）与浓度的关系。图中左边的曲线表示随着盐水浓度的增加，盐水的凝固温度（冰点）会降低，一直降低到冰盐共晶点为止。此点的全部盐水冻结成一块冰盐结晶体。冰盐共晶点是最低的冰点，如果盐水的浓度不变，而温度降低，低于该浓度所对应的冰点时，则有冰从盐水中析出，所以共晶点左面的曲线就是析冰线。可见，当盐水浓度一定时，其凝固点的温度也是一定的。在一定范围内，浓度增加，冰点降低。当浓度超过共晶点时，就会有结晶盐从盐溶液中析出而冰点升高，所以冰盐共晶点右面的曲线又称为析盐线。不同的盐溶液的共晶点是不同的。例如，氯化钠水溶液中氯化钠的质量分数为23.1%时，其共晶点温度为－21.2℃；氯化钙水溶液中氯化钙的质量分数为29.9%时，其共晶点温度为－55℃。图1-4所示为氯化钙水溶液浓度与冰点的关系。

上述盐水浓度与凝固点的关系说明，凝固点取决于盐水的浓度，当载冷剂传送冷量时，其凝固点必须低于工作温度。因此，必须合理地选择盐水的浓度。若浓度选得太小，凝固点就高，如果蒸发温度稍低于规定值，就有可能使盐水冻结。若浓度选得较大，凝固点就低，这样虽然可以使工作温度有余量，但由于盐水浓度增大而使盐水循环的耗功增加。因此，盐水浓度过大或过小都是不利的。一般情况取盐水凝固点比系统中制冷剂的蒸发温度低5～8℃。氯化钠水溶液的最低使用温度为－16～－13℃。氯化钙水溶液的最低使用温度为－50～－47℃。

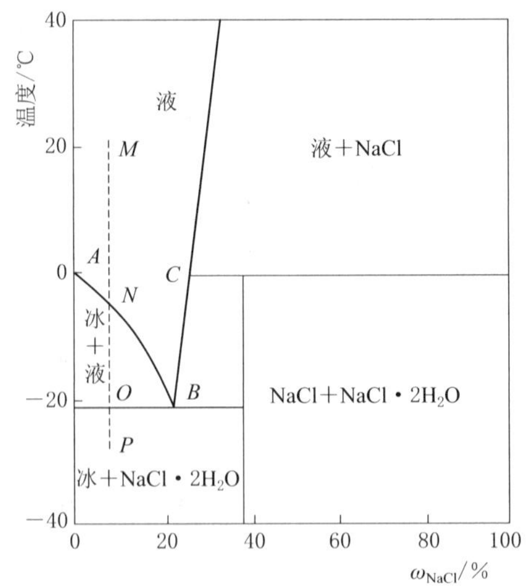

图 1-3　氯化钠水溶液的凝固点与浓度的关系

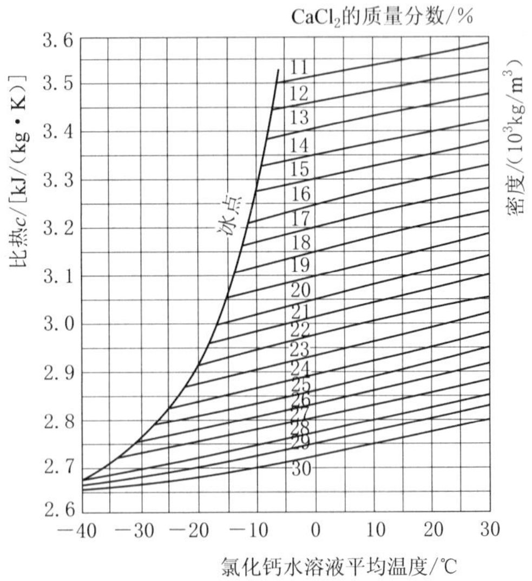

图 1-4　氯化钙溶液浓度与冰点的关系

盐水虽具有原料充沛、成本低、凝固点可调等优点，但由于盐水的浓度对盐水溶液的性质具有很大影响，故盐水作为载冷剂时应注意以下问题：

第一，要合理地选择盐水的浓度。盐水的浓度增高，虽可降低凝固点，但使盐水密度加大、比热减小。而盐水密度加大与比热减小，都会使输液泵的功率消耗增大。因此，不应选择过高的盐水浓度，而应根据使盐水的凝固点低于载冷剂系统中可能出现的最低温度为原则来选择盐水的浓度。目前一般在选择盐水浓度时，使其凝固温度比制冷剂的蒸发温度低 5～8℃为宜。

第二，注意盐水对设备及管道的腐蚀问题。盐水对金属的腐蚀随溶液中含氧量的减少而变慢。为此，最好采用闭式盐水系统，以减少盐水与空气的接触机会，从而降低对设备及管道的腐蚀。此外，盐水的含氧量随盐水浓度的降低而增高。因而，从含氧量与腐蚀性来要求，盐水浓度不可太低。另外，为了减轻盐水的腐蚀性，还应在盐水中加入一定量的防腐剂并使其具有合适的酸碱性。一般 $1m^3$ 氯化钠水溶液中应加 3.2kg 重铬酸钠和 0.88kg 氢氧化钠；$1m^3$ 氯化钙水溶液中应加 1.6kg 重铬酸钠和 0.44kg 氢氧化钠。加入防腐剂后，必须使盐水呈弱碱性（pH=7.5～8.5），这可通过氢氧化钠的加入量进行调整。添加防腐剂时应特别小心并注意毒性。

第三，盐水载冷剂在使用过程中，会因吸收空气中的水分而使其浓度降低。为了防止盐水的浓度降低，引起凝固点温度升高，必须定期检测盐水的比重。若浓度降低，应适当补充盐量，以保持在适当的浓度。

2. *有机溶液载冷剂*

用作载冷剂的有机溶液有乙二醇、丙三醇、甲醇、乙醇、二氯甲烷等。有机溶液的凝固点普遍比水和盐水溶液的凝固点低，所以被广泛用于低温制冷装置中。

（1）乙二醇水溶液。纯乙二醇（CH_2OHCH_2OH）具有无色、无味、无电解性、不燃烧、化学性质稳定的特性。乙二醇水溶液略有毒性，但无危害，不损害食品，并略具腐蚀性，对金属无腐蚀作用，使用时需加缓蚀剂。乙二醇水溶液的凝固点随浓度增大而降低。当浓度为45%时，其使用温度可达－35℃，但－10℃时效果最好，其共晶温度为－60℃。

（2）丙三醇水溶液。丙三醇（$CH_2OHCHOHCH_2OH$）是无色、无味、无电解性、无毒、对金属不腐蚀且极稳定的化合物，可与食品直接接触而不引起腐蚀，并有抑制微生物生长的作用，所以常被用于啤酒、制乳工业以及某些接触式食品冷冻装置中。

（3）乙醇水溶液。乙醇（C_2H_5OH）是具有芳香味的无色易燃液体。无水乙醇的凝固点为－117℃，可用作－100℃以上的低温载冷剂。通常使用纯乙醇或乙醇水溶液作载冷剂。乙醇可以任意比例溶于水，易挥发，无毒，对金属无腐蚀性，常用于食品加工业。乙醇可燃，所以适用于密闭循环系统。

（4）二氯甲烷。二氯甲烷（CH_2Cl_2）的标准沸点为40.7℃，凝固点为－96.7℃，无色，并带有少许丙酮臭味。纯净的二氯甲烷和带水的（水在二氯甲烷中的溶解度很小）二氯甲烷对铝、铜、锡、铅和铁不起腐蚀作用。二氯甲烷在80℃时能腐蚀黄铜中的锌（青铜也相同）；高温下带有大量水分时，会腐蚀铁。纯净的二氯甲烷在120℃时开始分解，在400℃时呈现最大分解。二氯甲烷可燃性很小、无毒，空气中浓度达5.1%～5.3%时，会使人窒息。

（5）甲醇。在制冷系统中，有时也使用和乙醇性质近似的甲醇。甲醇的冰点为－97.5℃，对金属无腐蚀性、有毒、可燃、价格便宜。甲醇作为水溶液使用，当浓度为15%～40%时，其温度范围为－35～0℃。

任务三　蓄　冷　剂

学习目标

1. 学习蓄冷剂的特点及应用。
2. 掌握蓄冷剂的选择要求。
3. 掌握常用蓄冷剂。

一、蓄冷剂空调系统

由于工业发展和人民物质文化生活水平的提高，空调的普及率逐年增长，电力消耗增长迅速，高峰电力紧张，高峰电力又得不到充分的应用。因此，如何转移高峰电力需求，“移峰填谷”，平衡电力供应，提高电能的有效利用，就成为当前许多国家重视解决的问题。采用“分时电价”政策以及某些鼓励性政策进一步推动了使用离峰电力的积极性。这就使离峰蓄冷技术得到重视和发展。其中蓄冷技术在空调系统中应用较多且相对成熟，无蓄冷与有蓄冷的空调系统如图1－5所示。蓄冷空调的蓄冷方式有两种：一种是显热蓄冷，即蓄冷介质的状态不改变，降低其温度蓄存冷量；另一种是潜热蓄冷，即蓄冷介质的温度不变，其状态变化，释放相变潜热蓄存冷量。

二、常用蓄冷剂

根据蓄冷介质的不同，常用蓄冷系统又可分为三种基本类型：第一类是水蓄冷，即

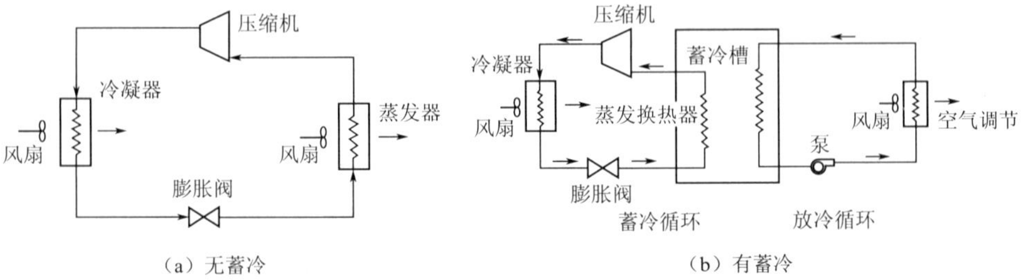

图 1-5　无蓄冷与有蓄冷的空调系统

以水作为蓄冷介质的蓄冷系统；第二类是冰蓄冷，即以冰作为蓄冷介质的蓄冷系统；再一类是共晶盐蓄冷，即以共晶盐作为蓄冷介质的蓄冷系统。水蓄冷属于显热蓄冷，冰蓄冷和共晶盐蓄冷属于潜热蓄冷。水的热容量较大，冰的相变潜热很高，而且都是易于获得和廉价的物质，是采用最多的蓄冷介质，因此水蓄冷和冰蓄冷是应用最广的两种蓄冷系统。

(1) 水。水是利用显热来蓄冷的蓄冷剂，水的比热为 4.18kJ/(kg·K)，蓄冷温度为 4～6℃。其主要特点是易于利用现有空调用常规冷水机组。蓄冷槽的体积和效率取决于供冷回水与蓄冷槽供水之间的温差，受蓄冷水和回水之间分层程度的影响。为减小并充分利用蓄冷水槽的体积，应该尽可能提高空调的回水温度。对于大多数建筑的空调系统来说，供冷回水与蓄冷槽供水之间的温差可为 8～11℃，蓄冷水槽的体积可为 0.086～0.118m^3/(kW·h)。

(2) 冰。冰属于潜热式蓄冷剂，是利用水的相态变化，结冰时吸收冷量，融冰时释放冷量。冰的融化潜热为 331kJ/kg，由于水的凝固点为 0℃，因此蓄冷温度为－9～－3℃。冷水机组的供水温度大大低于常规空调使用的冷水机组，导致 COP 值下降，而且需要换热流体-载冷剂。蓄冷冰槽的体积一般为 0.02～0.025m^3/(kW·h)，只有水槽的 1/6 左右，设备占用体积大大减小。蓄冰装置可以提供较低的冷媒水供空调系统使用，有利于提高空调供回水温差，同时可与低温送风技术相结合，进一步降低空调系统的配管尺寸和输送电耗，同时完成对空气进行降温和除湿的功能。

(3) 共晶盐。这是一种以硫酸钠无水化合物为主要成分，与水及添加剂调配而成的混合物。这种无机盐类混合物的冻结和融解温度，可随配比的改变而变化。如今市场上常见的共晶盐有 5.5℃和 8℃两种相变温度。

任务四　润　滑　油

学习目标

1. 学习润滑油的特点及作用。
2. 掌握润滑油的性能指标。
3. 掌握润滑油的分类与特性。
4. 不同类型润滑油的选择。

一、冷冻机润滑油的作用

润滑油在制冷工程上通常称为冷冻机润滑油，在制冷装置中，润滑油保证压缩机正常运转，对压缩机各个运动部件起润滑与冷却作用，对保证压缩机运行的可靠性和使用寿命起着极其重要的作用，主要有如下几方面：

（1）起润滑作用。减小机器运动部件的摩擦和磨损，延长使用寿命。

（2）降低温度。冷冻机润滑油在制冷压缩机内不断循环，能够带走制冷压缩机工作过程中产生的许多热量，使机器保持较低的温度，从而提高制冷压缩机的效率和使用可靠性。

（3）起密封作用。冷冻机润滑油在轴封及气缸与活塞间起密封作用，防止制冷剂泄漏。

（4）提供卸载机构的动力。带有卸载装置的制冷压缩机中，利用冷冻机润滑油的油压作为卸载机构的动力。

（5）清洗作用。润滑油流经润滑面时，可带走各种机械杂质和油污。

（6）防腐作用。润滑油能在各零件表面形成油膜保护层。

二、润滑油的性能指标

（1）黏度。黏度是润滑油的一个主要性能指标，不同制冷剂对黏度有不同要求，如R-12与润滑油能相互溶解，会使润滑油黏度降低，故应选用黏度较高的润滑油。压缩机中润滑油的黏度过大和过小都不好。黏度过大会使压缩机摩擦功率和摩擦发热量增加，启动力矩增大，机器效率降低；黏度过小，则因不能建立起所需油膜而加速轴承等处的磨损。因此黏度必须适中。

润滑油的黏度随温度变化而有很大变化（例如温度由50℃升高到100℃时，矿物油的黏度值降低到原来值的1/3～1/6）。故应选用温度对黏度影响小的润滑油。

（2）浊点。润滑油的浊点是表示当温度降低到某一数值时，润滑油中开始析出石蜡（即润滑油变得混浊）时的温度。制冷压缩机中所使用的润滑油，其浊点应低于制冷剂的蒸发温度。特别在氟系统中，一部分润滑油溶解于制冷剂中而随制冷剂流到制冷系统各处，若油中有石蜡析出，它会积存在节流阀处引起堵塞，或积存在蒸发器的传热表面，减弱传热效果。

（3）凝固点。润滑油在试验条件下，冷却到停止流动的温度，称为凝固点。用于制冷压缩机的润滑油，凝固点应越低越好。一般凝固点应低于−40℃。当润滑油与制冷剂互相溶解时，凝固点将会降低。

（4）闪点。润滑油（在开口盛油器内）加热到它的蒸气与火焰接触时，发生闪火的最低温度称为闪点。制冷压缩机所用的润滑油其闪点应比排汽温度高25～35℃，以免引起润滑油的燃烧与结焦。通常对氨、R-12和R-22用的润滑油，其闪点应在160℃以上。

（5）化学稳定性及抗氧化性。润滑油应具有良好的化学稳定性和抗氧化性，否则在高温或金属的催化作用下，与制冷剂等接触反应，会生成焦炭、酸性物等有害物质。

（6）含水量与机械杂质。润滑油中不应含有水分，因为水分不但会使蒸发压力下降、蒸发温度升高，而且会加剧油的化学变化及腐蚀金属的作用。水分在氟利昂压缩机中还会引起“镀钢现象”，使铜零件与氟利昂发生作用而分解出铜，并积聚在轴承、阀门等零件的钢质表面上。结果使这些表面的厚度增加，破坏了轴承的间隙，使机器运转不良。这种现象出现在封闭式和半封闭式压缩机中较多。

一般新油中不含有水分和机械杂质，因为用于制冷机的润滑油，在生产过程中都经过了严格的脱水处理。但脱水润滑油具有很强的吸湿性，所以在储运、加油时，应尽量避免和空气接触。

用汽油或苯将润滑油溶解稀释，并用滤纸过滤后所残存的物质称为润滑油的机械杂质。润滑油中的机械杂质会加速零件的磨损和油的绝缘性能的降低、堵塞润滑油通道，所以杂质也是越少越好，一般规定不超过0.01%。

(7) 击穿电压。击穿电压是一个表示润滑油绝缘性能的指标，纯润滑油绝缘性能很好，但当其含有水分、纤维、灰尘等杂质时，绝缘性能就会降低。半封闭式和全封闭式压缩机，一般要求润滑油的击穿电压在25kV以上。因为润滑油直接和电机绕组接触。

(8) 价格低廉，容易获得。

三、冷冻机润滑油的分类与特性

冷冻机润滑油按制造工艺可分为天然矿物油和人工合成油两大类。

1. 天然矿物油

天然矿物油简称矿物油，即从石油中提取的润滑油。作为石油的馏分，矿物油通常具有较小的极性，它们只能溶解在极性较弱或非极性的制冷剂中，如R-600a、R-12等。

2. 人工合成油

人工合成油简称合成油，即按照特定制冷剂的要求，用人工化学的方法合成的润滑油。合成油主要是为了弥补矿物油难以与极性制冷剂互溶的缺陷而提出来的，因此，合成油通常都有较强的极性，它们能溶解在极性较强的制冷剂中，如R-134a、R-717等。人工合成润滑油主要有聚醇类、聚酯类和极性合成碳氢化合物等。

过去冷冻机润滑油命名编号是根据该润滑油在一定的温度下其黏度值确定的，现在的国家标准《冷冻机油》(GB/T 16630—2012)将矿物油分成4种：L-DRA/A、L-DRA/B、L-DRB/A和L-DRB/B，并给出了这4种矿物油的具体要求。

四、润滑油的选择

润滑油的选择主要取决于制冷剂种类、压缩机形式和运转工况（蒸发温度、冷凝温度）等，一般是使用制冷机制造厂推荐的牌号。选择润滑油时，首先要考虑的是润滑油的低温性能和对制冷剂的相溶性。从压缩机出来随制冷剂一起进入蒸发器的润滑油由于温度的降低，如果制冷剂对润滑油的溶解性能不好的话，则润滑油要在蒸发器传热管壁面上形成一层油膜从而增加热阻，降低系统性能。由于润滑油的存在，R-22的表面传热系数明显比纯制冷剂的表面传热系数要低；此外，由于R-22对矿物油的溶解能力大于酯类油，因此，酯类润滑油对R-22的传热性能影响更大。从传热角度看，应该选取与制冷剂互溶性好的润滑油。根据制冷剂和润滑油溶解性大小可把润滑油分为3类：完全溶油、部分溶油、难溶或微溶油。制冷剂与润滑油互溶性见表1-13。

表 1-13　　制冷剂与润滑油互溶性

润滑油种类	完全溶油	部分溶油	难溶或微溶油
矿物油	R-11、R-12、R-600a	R-22、R-502	R-717、R-134a、R-407C
聚酯类油	R-134a、R-407C	R-22、R-502	R-11、R-12、R-600a
聚醇类油	R-717	R-134a、R-407C	R-11、R-12、R-600a
烷基苯油	R-134a、R-407C	R-22、R-502	R-11、R-12、R-600a

制冷系统中的膨胀阀和蒸发器对润滑油也有一定的要求，见表 1-14。

表 1-14　　制冷系统对润滑油的要求

制冷循环系统	性　能　要　求
压缩机	与制冷剂共存时具有优良的化学稳定性
	有良好的润滑性
	与制冷剂有极好的互溶性
	对绝缘材料和密封材料具有优良的适应性
	有良好的抗泡沫性
冷凝器	与制冷剂有优良的相溶性
膨胀阀	无蜡状物絮状分离
	不含水
蒸发器	有优良的低温流动性
	无蜡状物絮状分离
	不含水
	与制冷剂有极好的互溶性

需要指出的是，极性润滑油如聚酯类油和聚醇类油都具有很强的吸水性，这一特性对制冷系统极其不利，在使用时要特别注意。极性合成碳氢化合物油，虽然对极性制冷剂的溶解性没有聚酯类油好，但由于在这些油里加入了一定的添加剂，使该类润滑油能溶于极性制冷剂但又不太吸收水分，可以避免因吸水而引起的一系列问题。

选择润滑油除了要考虑与制冷剂的互溶性以外，还要考虑润滑油的黏度。一般来说，在较高温度范围内工作的制冷系统选用黏度较高的润滑油；反之，选用较低黏度的润滑油。运动速度较高的压缩机选用黏度较低的润滑油；反之，选用黏度较高的润滑油。

思考与练习题

1. 对制冷剂的基本要求和选用原则是什么？
2. 如何表示各种制冷剂的种类和代号？

3. 什么是共沸制冷剂和非共沸制冷剂？它们各有哪些特点？

4. 载冷剂在制冷系统中起什么作用？常用的载冷剂有哪些？

5. 常用的蓄冷剂有哪些？

6. 不同类型的润滑油与制冷剂的相溶性如何？

7. 社会调查：深入学校所在市区各大制冷空调设备商场及专卖店，了解不同类型、不同品牌制冷设备所用的制冷剂类型。

8. 试写出下列几种化合物是哪种制冷剂：H_2O；$CHClF_2$；CHF_3；$C_2H_2ClF_2$；$C_2HCl_2F_3$。

9. 什么叫共沸溶液？

10. 为什么要严格控制氟利昂制冷剂中的含水量？

项目二 单级蒸气压缩制冷循环

本项目重点介绍蒸气压缩式制冷原理、单级压缩式制冷循环的热力计算以及制冷系统。

任务一 蒸气压缩式制冷原理

学习目标

1. 学习制冷工作原理及制冷系统。
2. 掌握理想制冷循环——逆卡诺循环。
3. 掌握有温差的制冷循环。

一、制冷工作原理及制冷系统

液体的汽化过程要吸收热量，我们就利用这个原理来达到制冷的目的。一个最简单的固体或液体汽化实现制冷的装置如图 2-1 所示。

这种装置的问题是：

(1) 不能连续制冷，制冷效应只能维持到氨液全部汽化为止。

(2) 流体汽化后被排入大气，既浪费了工质，又污染了环境。

(3) 汽化时的温度不易控制。

如果把上述装置改造成如图 2-2 所示的系统，则可以解决这些问题。这个系统主要由四大部件组成，通过管路把它们联结在一起。系统内充有一种易挥发的工质，称为制冷剂。如氨（NH_3）、二氟一氯甲烷（$CHClF_2$）等都可以作为制冷剂。

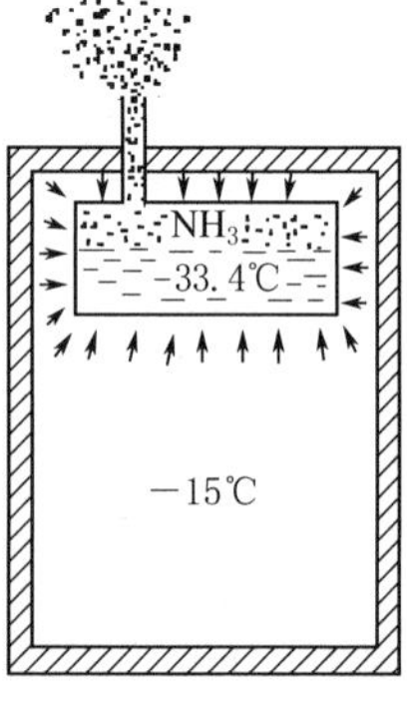

图 2-1 汽化制冷装置

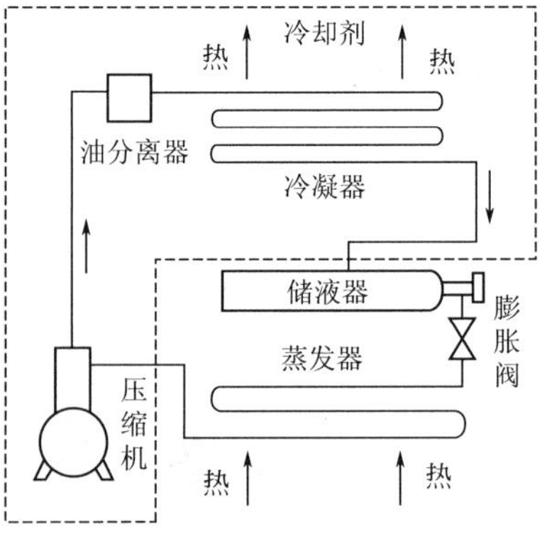

图 2-2 蒸气压缩制冷系统

图 2-2 为液体汽化制冷的工艺流程。图中虚线以外部分为制冷段，制冷剂从储液器经膨胀阀，降低了压力和温度。低压低温的制冷剂流入蒸发器，吸收外界的热量而汽化，从而使外界的温度降低，以达到制冷的目的。图中虚线以内的部分为液化段，它的作用是：一方面使蒸发器内保持一定的低压力；另一方面使在蒸发器中汽化了的制冷剂液化，重新流回储液器。液化的方法是使来自蒸发器的低压制冷剂增压，提高它的饱和温度，再利用自然界中大量存在的常温空气或水，使之在冷凝器内冷凝液化。由于采用压缩机使气态制冷剂增压，故称为蒸气压缩式制冷。其工作原理是使制冷剂在压缩机、冷凝器、膨胀阀和蒸发器等热力设备中进行压缩、放热、节流和吸热四个主要热力过程，以完成制冷循环。

二、理想制冷循环——逆卡诺循环

卡诺循环分为正卡诺循环和逆卡诺循环。正卡诺循环是正向循环，它是使高温热源的工质通过动力装置对外做功，然后再流向低温热源，使热能转化为机械能，也称动力循环；逆卡诺循环是逆向循环，它是使制冷剂在吸收低温热源的热量后通过制冷装置，并以消耗机械功作为补偿，然后流向高温热源。制冷循环就是按逆向循环进行的。

逆卡诺循环是可逆的理想制冷循环，实现逆卡诺循环的重要条件是：高、低温热源温度恒定；工质在冷凝器和蒸发器中与外界热源之间的换热无传热温差，制冷工质流经各个设备时无摩擦损失及其他内部不可逆损失。

逆卡诺循环由两个定温和两个绝热过程组成。在湿蒸气区区域内进行的逆卡诺循环的必要设备是压缩机、冷凝器、膨胀机和蒸发器，其制冷循环以及循环过程的 $T-S$ 图如图 2-3 所示。

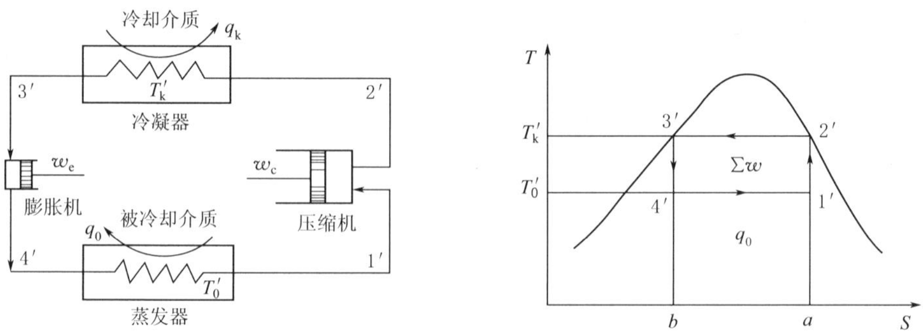

图 2-3　逆卡诺循环过程

由图 2-3 可知，制冷剂在逆卡诺制冷循环中包括四个热力过程。1′—2′为绝热压缩过程，制冷剂由状态 1′经过绝热压缩（等熵压缩）到状态 2′，消耗机械功 w_c，制冷剂的温度由 T'_0 升至 T'_k；2′—3′为等温冷凝过程，制冷剂在温度 T'_k 下向冷却剂放出冷凝热量 q_k，然后被冷却到状态 3′；3′—4′为绝热膨胀过程，制冷剂由状态 3′绝热膨胀（等熵膨胀）到状态 4′，膨胀机输出功 w_e，制冷剂的温度由 T'_k 降到 T'_0；4′—1′为等温吸热过程，制冷剂由状态 4′在等温 T'_0 下从被冷却物体中吸取热量 q_0（即制取单位制冷量 q_0），这时制冷剂又恢复到初始状态 1′，这样便完成了一个制冷循环。如果循环继续重复进行，则要不断地消耗机械功，才能不断地进行制冷。由此可见，在制冷循环中，制冷剂之所以能从低温物体（被冷却物体）中吸取热量 q_0 送至高温物体（冷却剂），是由于消耗了能量（压缩功）的缘故。

在逆卡诺循环中，1kg 制冷剂从被冷却物体（低温热源）吸取的热量 q_0，连同循环所消耗的功 $\sum w$（即压缩机的耗功量 w_c 减去膨胀机膨胀时所做的功 w_e）一起转移至温度较高的冷却剂（高温热源），根据能量守恒，则

$$q_k = q_0 + \sum w \tag{2-1}$$

$$\sum w = w_c - w_e$$

制冷循环常用制冷系数 ε 表示它的循环经济性能，制冷剂从被冷却物体中吸取的热量 q_0 与循环中所消耗功 $\sum w$ 的比值称为制冷系数，即

$$\varepsilon = \frac{q_0}{\sum w}$$

对于逆卡诺循环，1kg 制冷剂从被冷却物体（低温热源）吸取的热量为

$$q_0 = T'_0(S_a - S_b)$$

向冷却剂（高温热源）放出的热量为

$$q_k = T'_k(S_a - S_b)$$

制冷循环中所消耗的净功为

$$\sum w = q_k - q_0 = (T'_k - T'_0)(S_a - S_b)$$

则逆卡诺循环制冷系数为

$$\varepsilon_c = \frac{q_0}{\sum w}\frac{T'_0(S_a - S_b)}{(T'_k - T'_0)(S_a - S_b)} = \frac{T'_0}{T'_k - T'_0} \tag{2-2}$$

从式（2-2）可知，逆卡诺循环的制冷系数只与被冷却物体的温度 T'_0 和冷却剂的温度 T'_k 有关，与制冷剂性质无关。当 T'_0 升高，T'_k 降低时，ε_c 增大制冷循环的经济性越好。而且，T'_0 对 ε_c 的影响要比 T'_k 大，这一点通过下式求两个偏导数的绝对值可以看出。

$$\left|\frac{\partial \varepsilon_c}{\partial T'_k}\right| = \frac{T'_0}{(T'_k - T'_0)^2}$$

$$\left|\frac{\partial \varepsilon_c}{\partial T'_0}\right| = \frac{T'_k}{(T'_k - T'_0)^2}$$

由于 $T'_k > T'_0$，所以

$$\left|\frac{\partial \varepsilon_c}{\partial T'_0}\right| > \left|\frac{\partial \varepsilon_c}{\partial T'_k}\right| \tag{2-3}$$

由式（2-3）可知，T'_0 与 T'_k 对制冷系数 ε 的影响不是相等的，T'_0 的影响大于 T'_k。

三、有传热温差的制冷循环

前面讲过实现逆卡诺循环的一个重要条件是制冷剂与被冷却物和冷却剂之间必须在无温差情况下相互传热，而实际的热交换器总是在有温差的情况下进行传热的，因为蒸发器和冷凝器不可能具有无限大的传热面积。所以，实际有传热温差的制冷循环，制冷系数 ε'_c 不仅与被冷却物体温度 T'_0 和冷却剂温度 T'_k 有关，还与热交换过程的传热温差有关。

例如被冷却物体（如冷冻水）在蒸发器中的平均温度为 T'_0，而冷却水在冷凝器中的平均温度为 T'_k 时，逆卡诺循环可用图 2-4 中的 1′—2′—3′—4′—1′表示。由于有传热温差存在，在蒸发器内制冷剂的蒸发温度应低于 T'_0，即 $T_0=T'_0-\Delta T_0$；而冷凝器内制冷剂的冷凝温度 T'_k 应高于 T'_k，即 $T_k=T'_k+\Delta T_k$。此时有传热温差的制冷循环可用图 2-4 中的 1—2—3—4—1 表示，所消耗的功量为面积 12341，比逆卡诺循环多消耗的功可用 2′233′2′和 11′4′41 表示，减少的制冷量为面积 11′4′41。同理可得具有传热温差的制冷循环的制冷系数为

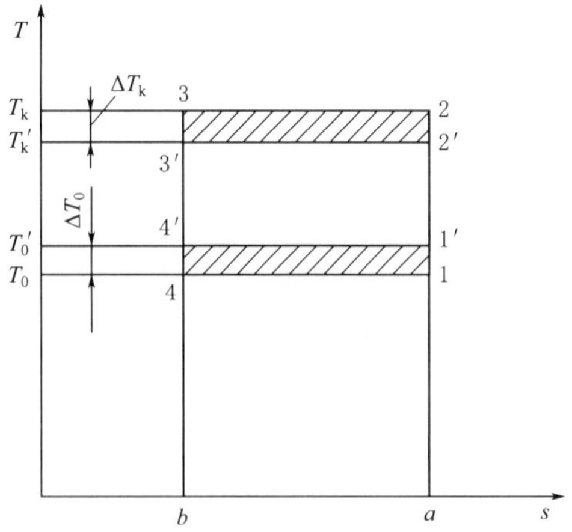

图 2-4　有传热温差的制冷循环

$$\varepsilon'_c=\frac{T_0}{T_k-T_0}=\frac{T'_0-\Delta T_0}{(T'_0+\Delta T_k)-(T'_0-\Delta T_0)}=\frac{T'_0-\Delta T_0}{(T'_k-T'_0)+(\Delta T_k+\Delta T_0)} \tag{2-4}$$

显然 $\varepsilon'_c<\varepsilon_c$，这表明具有传热温差的制冷循环的制冷系数总要小于逆卡诺循环的制冷系数，一切实际制冷循环均为不可逆循环，因此，实际循环的制冷系数总是小于工作在相同热源温度时的逆卡诺循环的制冷系数。实际制冷循环的制冷系数 ε 与卡诺循环的制冷系数 ε_c 之比称为热力完善度 η，即

$$\eta=\frac{\varepsilon}{\varepsilon_c} \tag{2-5}$$

热力完善度越接近 1，表明实际循环的不可逆程度越小，循环的经济性越好，它的大小反映了实际制冷循环接近逆卡诺循环的程度。

实际上，蒸气压缩式制冷采用逆卡诺循环有许多困难，主要有以下几点：

（1）压缩过程是在湿蒸气区中进行的，危害性很大。因为压缩机吸入的是湿蒸气，在压缩过程中必然产生湿压缩，而湿压缩会引起液击现象，使压缩机遭受破坏，因此，在实际蒸气压缩式的制冷循环中采用干压缩，即进入压缩机的制冷剂为干饱和蒸气（或过热蒸气）。

（2）膨胀机等熵膨胀不经济。这是因为进入膨胀机的是液态制冷剂，一则它的体积变化不大，再则机件特别小，摩擦阻力大，以致所能获得的膨胀功常常不足以克服机器本身的摩擦阻力。因此，在实际蒸气压缩式制冷循环中采用膨胀阀（也称节流阀）代替膨胀机。

（3）无温差的传热实际上是不可能的。因为冷凝器和蒸发器不可能有无限大的传热面积，所以实际循环只能使蒸发温度低于被冷却物体的温度，冷凝温度高于冷却剂的温度。

综上可知，虽然逆卡诺循环制冷系数最大，但只是一个理想制冷循环，在实际工程中无法实现，但是通过该循环的分析所得出的结论对实际制冷循环具有重要的指导意义，为提高制冷装置经济性指出了重要的方向。因此，要使实际制冷装置节能运行，必须严格遵循上述原则，这就是详细分析讨论蒸气压缩式制冷基本原理的主要目的。

任务二 单级蒸气压缩式制冷的理论循环

学习目标

1. 学习单级蒸气压缩式制冷的理论循环的原理。
2. 掌握压-焓图的结构。
3. 掌握单级蒸气压缩式制冷理论循环在压-焓图上的表示。
4. 掌握液体过冷的制冷循环。
5. 掌握液体过热的制冷循环。
6. 掌握液体回热的制冷循环。

一、单级蒸气压缩式制冷的理论循环

蒸气压缩式制冷的理论循环是由两个定压过程，即一个绝热压缩过程和一个绝热节流过程组成。它与逆卡诺循环（理想制冷循环）所不同的是：①蒸气的压缩采用干压缩代替湿压缩，压缩机吸入的是饱和蒸气而不是湿蒸气；②用膨胀阀代替膨胀机，制冷剂用膨胀阀绝热节流；③制冷剂在冷凝器和蒸发器中的传热过程均为定压过程，并且具有传热温差。

图 2-5 为蒸气压缩制冷理论循环图。它是由压缩机、冷凝器、膨胀阀、蒸发器四大设备组成，这些设备之间用管道依次连接形成一个封闭的系统。它的工作过程是：压缩机将蒸发器内所产生的低压低温制冷剂蒸气吸入气缸内，经过压缩机压缩后使制冷剂蒸气的压力温度升高，然后将高压高温的制冷剂蒸气排入冷凝器；在冷凝器内，高压高温的制冷剂蒸气与温度比较低的冷却水（或空气）进行热量交换，把热量传给冷却水（或空气），而制冷剂本身放出热量后由气体冷凝为液体，这种高压的制冷剂液体经过膨胀阀节流降压降温后进入蒸发器；在蒸发器内，低压低温的制冷剂液体吸收被冷却物体（食品或空调冷冻水）的热量而汽化，而被冷却物体（如食品或冷冻水）便得到冷却，蒸发器中所产生的制冷剂蒸气又被压缩机吸走。这样制冷剂在系统中要经过压缩、冷凝、节流、汽化（蒸发）四个过程，也就完成了一个制冷循环。

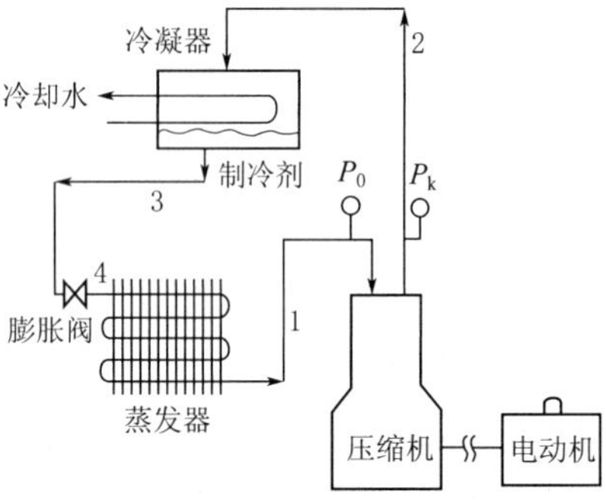

图 2-5 蒸气压缩制冷理论循环

综上所述，蒸气压缩式制冷的理论循环可归纳为以下四点：

（1）低压低温制冷剂液体（含有少量蒸气）在蒸发器内的定压汽化吸热过程，即从低温物体中夺取热量。该过程是在压力不变的条件下，制冷剂由液体汽化为气体。

（2）低压低温制冷剂蒸气在压缩机中的绝热压缩过程。这个压缩过程是消耗外界能量（电能）的补偿过程，以实现制冷循环。

（3）高压高温的制冷剂气体在冷凝器中的定压冷却冷凝过程。这个过程是将从被冷却物体（低温物体）中夺取的热量连同压缩机所消耗的功转化成的热量一起，全部由冷却水

（高温物体）带走，而制冷剂本身在定压下由气体冷却冷凝为液体。

（4）高压制冷剂液体经膨胀阀节流降压后，为液体在蒸发器内的汽化创造了条件。

因此，蒸气压缩式制冷循环就是制冷剂在蒸发器内夺取低温物体（空调冷冻水或食品）的热量并通过冷凝器把这些热量传给高温物体（冷却水或空气）的过程。

二、压-焓（lg*p*－*h*）图的结构

在制冷装置中，制冷剂的热力状态变化可以用其热力性质表来说明，也可用热力性质图来表示。用图来研究整个制冷循环，不仅可以简便地确定制冷剂的状态参数，而且还能直观地看到循环各状态的变化过程及其特点。

制冷剂的热力性质图主要有温-熵（$T-S$）图和压-焓（$\lg p-h$）图两种。由于制冷剂在蒸发器内吸热汽化，在冷凝器中放热冷凝都是在定压下进行的，而定压过程中所交换的热量和压缩机在绝热压缩过程中所消耗的功都可用焓差来计算，而且制冷剂经膨胀阀绝热节流后，焓值不变。所以在工程上利用制冷剂的 $\lg p-h$ 图来进行制冷循环的热力计算更为方便。

$\lg p-h$ 图的结构如图 2－6 所示。图中以压力为纵坐标（为了缩小图面，通常取对数坐标，但是从图面查得的数值仍然是绝对压力，而不是压力的对数值），以焓为横坐标，图中反映了一点、两线、三区、五态。k 点为临界点，k 点右边为干饱和蒸气线（称上界线），干度 $x=1$；k 点左边为饱和液体线（称下界线），干度 $x=0$。两条饱和线将图分成三个区域：下界线以左为过冷液体区，上界线以右为过热蒸气区，两者之间为湿蒸气区。图中包括一系列等参数线，如等压线 $p=c$，等焓线 $h=c$，等温线 $t=c$，等熵线 $S=c$，等容线 $v=c$，等干度线 $x=c$。

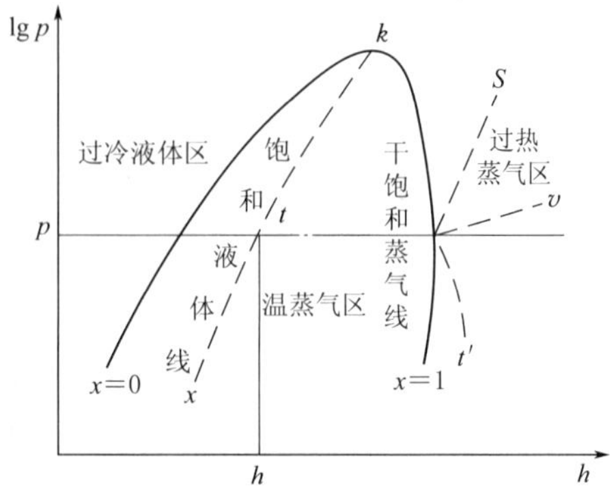

图 2－6　$\lg p-h$ 图的结构

在湿蒸气区内等压线与等温线重合。压-焓图中的各等参数线形状如图 2－6 所示。对于制冷剂的任一状态的有关参数，一般只要知道任何两个参数，即可在 $\lg p-h$ 图中找出代表这个状态的一个点，在这个点上可以读出其他参数值。

压-焓图是进行制冷循环分析和计算的重要工具，应熟练掌握。本书附录中列出了一些常用制冷剂的压-焓图。

三、单级蒸气压缩式制冷理论循环在压-焓图上的表示

为了进一步了解单级蒸气压缩式制冷装置中制冷剂状态的变化过程，现将制冷理论循环过程表示在压-焓图上（图 2－7），并说明如下。

1—2 过程为制冷剂在压缩机中的绝热压缩过程，该过程要消耗机械功。点 1 为制冷剂进入压缩机的状态。如果不考虑过热，进入压缩机的制冷剂为干饱和蒸气。它是根据已知的 t_0 找到对应的 p'_0然后根据 p_0 的等压线与 $x=1$ 的饱和蒸气线相交来确定的。点 2 高压制冷剂气体从压缩机排出进入冷凝器的状态。绝热压缩过程熵不变，即 $S_1=S_2$ 因此，由点 1 沿等熵线（$S=c$）向上与 p_k 的等压线相交便可求得点 2。

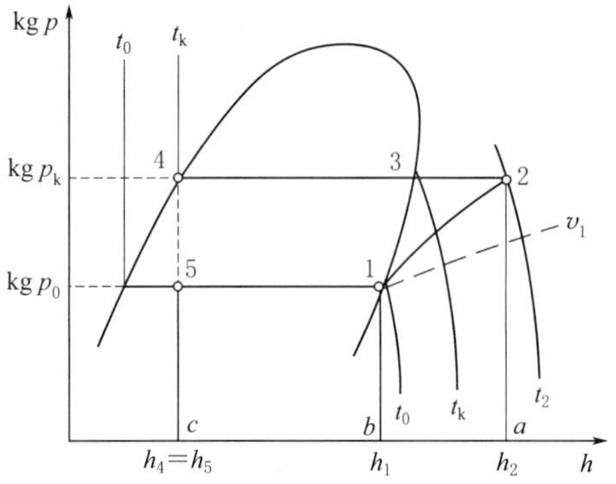

图 2-7　制冷理论循环在 $\lg p-h$ 图上的表示

2—3—4 过程为制冷剂蒸气在冷凝器内进行定压冷却（2—3）和定压冷凝（3—4）的过程。该过程制冷剂向冷却水（或空气）放出热量。点 4 为制冷剂在冷凝器内凝结成饱和液体的状态，也就是离开冷凝器时的状态。它是由 p_k 的等压线与饱和液体线（$x=0$）相交求得。

4—5 过程为制冷剂在膨胀阀中的节流过程。点 5 为制冷剂出膨胀阀进入蒸发器的状态，节流前后值不变（$h_4=h_5$），压力由 p_k 降到 p'_0 温度由 t_k 降到 t' 由饱和液体进入湿蒸气区，这说明制冷剂液体经节流后产生少量的闪发气体。由于节流过程是不可逆过程，因此在图上用一虚线表示。点 5 由点 4 沿等焓线与 p_0 等压线相交求得。

5—1 过程为制冷剂在蒸发器内定压蒸发吸热过程，在这一过程中 p_0 和 t_0 保持不变，低压低温的制冷剂液体吸收被冷却物体的热量使其温度降低而达到制冷的目的。

制冷剂经过 1—2—3—4—5—1 过程后，就完成了一个制冷理论基本循环。

四、液体过冷的制冷循环

制冷理论基本循环（即饱和循环）没有考虑制冷剂的液体过冷，而液体过冷直接影响到制冷装置的循环性能，因此必须加以分析和讨论。

实现液体过冷的办法有：①增设专门的过冷设备（即过冷器）；②适当增加冷凝器的传热面积，使一部分传热面积用于过冷；③采用回热循环（增加过冷度）。

图 2-8 所示为设有过冷器液体过冷的制冷循环，图 2-9 所示为液体过冷循环在 $\lg p-h$ 图上的表示。其工作过程是：将冷凝器排出的饱和液体制冷剂送入过冷器中进行过冷，利用深井水使饱和液体在定压下冷却到低于冷凝温度的过冷液体状态，我们把这个再冷却的过程称为液体过冷。如图 2-9 中的点 4′所示，该点的温度称为过冷温度 t_{rc}，其中 4—4′表示制冷剂液体在过冷器中的定压过冷过程。冷凝温度与过冷温度的差值称为过冷度 Δt_{rc}（$\Delta t_{rc}=t_k-t_{rc}$）。点 4′由 p_k 与 r_{rc} 相交求得，点 5′由点 4′作等焓线与 p_0 相交求得。

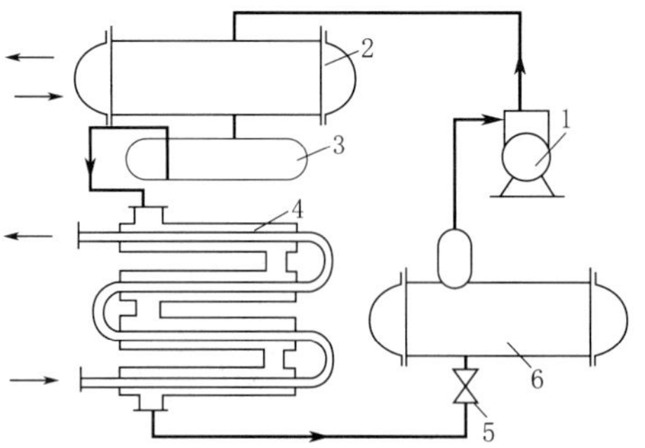

图 2-8　设有过冷器液体过冷的制冷循环

1—压缩机；2—冷凝器；3—储液器；4—过冷器；5—节流阀；6—蒸发器

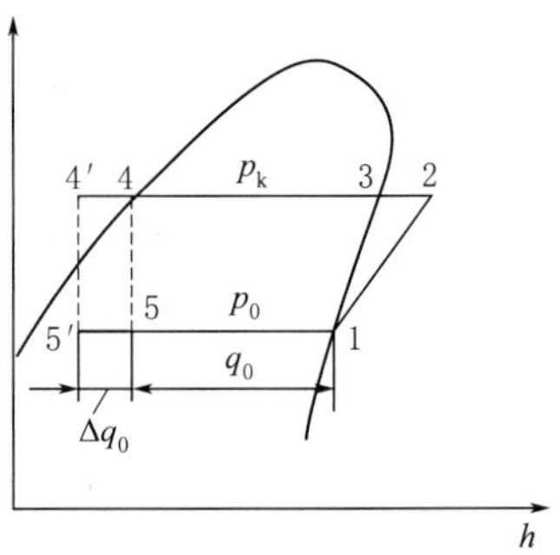

图 2-9　液体过冷循环在 $\lg p-h$ 图上的表示

将具有液体过冷循环 1—2—3—4′—5′—1 与无过冷循环 1—2—3—4—5—1 进行比较，可以看出，进入蒸发器的制冷剂状态点 5′的干度比点 5 的干度要小这说明节流后产生的闪发蒸气量减少，而单位质量制冷量增加了 Δq_0，即 $\Delta q_0 = h_5 - h_5'$。由于压缩过程中耗功相同，因而提高了循环的制冷系数，即 $\varepsilon_{rc} = \frac{q_0 + \Delta q_0}{w_{rc}}$提高了制冷循环的经济性。

从上面分析可以看出，应用液体过冷在理论上对改善循环是有利的。但是采用液体过冷需要增加初投资和设备运行费用，应进行技术经济指标的核算来确定是否采用液体过冷，一般来说，对于大型的氨制冷装置，蒸发温度 t_0 在－5℃以下时采用液体过冷比较有利；对于空气调节用的制冷装置，一般不单独设置过冷器，而是适当增加冷凝器的传热面积，实现制冷剂在冷凝器内过冷。

五、蒸气过热循环

对于制冷理论基本循环，压缩机吸入的是饱和蒸气，实际上压缩机吸入的制冷剂蒸气往往是过热蒸气。产生吸气过热的原因主要有：①蒸发器与压缩机之间的吸气管路因吸热而过热；②在蒸发器内汽化后的饱和蒸气继续吸热而过热。

图 2－10 所示为蒸气过热的制冷循环在 $\lg p - h$ 图上的表示。蒸气过热过程是等压过程，它是在蒸发压力下使饱和蒸气继续吸热而过热。图中 1—1′是蒸气过热过程。压缩机吸气状态点 1′是由 p_0 等压线与吸气温度 t_1'的交点来确定，由点 1′沿等熵线与 p_k 等压线相交求得点 2′，过热后的压缩机吸气温度 t_1'与蒸发温度 t_0 的差值称为过热度（$\Delta t_{sh} = t_1' - t_0$）。

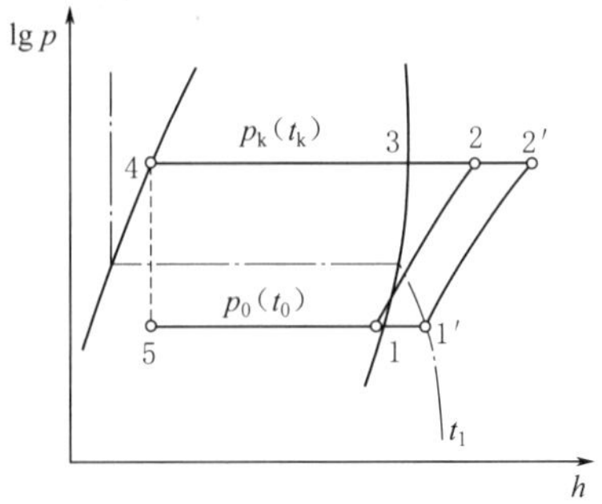

图 2－10　蒸气过热的制冷循环在 $\lg p - h$ 图上的表示

根据蒸气过热时所吸收的热量对循环性能的影响不同，蒸气过热分为无效过热和有效过热两种，下面分别介绍。

1. 无效过热（又称有害过热）

从蒸发器出来的低压低温制冷剂蒸气，在通过吸气管道进入压缩机之前，吸收周围空气的热量而过热，这种现象称为管路过热。由于管路过热对被冷却物体没有产生任何制冷效果，所以我们把这种过热称为无效过热。如果用 $\lg p - h$ 图上的蒸气过热循环 1′—2′—3—4—5—1′与理论基本循环进行比较，可以看出，两者的单位质量制冷量相同，但过热循环压缩机耗功 w_{sh}增加，制冷剂比体积 v 增加，q_v 减少，导致制冷剂质量循环量减少，制冷系数 ε_{sh}降低。

由以上分析可知，无效过热对循环是不利的，而且蒸发温度越低与环境空气温差越大，无效过热也越大，循环经济性越差。因此，对吸气管道要采取很好的保温隔热措施，以减少无效过热。

2. 有效过热

在制冷循环中为了防止湿蒸气进入压缩机造成液击事故，吸气少量过热对压缩机工作比较有利，所以在设计时要考虑吸入压缩机的制冷剂蒸气有适当的过热度，如 R-717 作制冷剂，其过热度一般取 5～8℃，用氟利昂作制冷剂时过热度较大，这时，吸入蒸气的过热发生在蒸发器本身的后部：其次，在使用热力膨胀阀的氟利昂制冷系统中，为了应用过热度来调节膨胀阀的开启度，制冷剂蒸气在离开蒸发器以前就已经过热。由于上述形式的过热所吸收的热量均来自被冷却空间，因此产生了有用的制冷效果，我们把这种过热称为有效过热。这部分热量应计入单位质量制冷量内，这时，有效过热循环的单位质量制冷量为 $q_{sh}=h'_1-h_5$。因过热增加的单位质量制冷量为 $\Delta q_{sh}=h'_1-h_1$。

从图 2-9 中可以看出，随着 Δt_{sh}增加，单位质量制冷量增加，压缩机耗功也在增加，但制冷系数 $\varepsilon_{sh}=\dfrac{q_0+\Delta q_0}{w+\Delta w}$是否也增加，应具体分析。它与制冷剂性质有关，理论计算与实验均可证明，对 R-717、R-22 制冷剂，吸入过热蒸气对制冷系数是不利的；而对 R-12、R-502 制冷剂，蒸气过热能使制冷系数有所提高。

六、蒸气回热制冷循环

它是利用气液热交换器（又称回热器）使节流前的制冷剂液体与蒸发器出来的低温制冷剂蒸气进行热交换，使液体过冷，低温蒸气过热，这样不仅可以增加单位质量制冷量，而且可以减少低温制冷剂蒸气与环境空气之间的传热温差减少甚至消除蒸发器与压缩机之间吸气管道的无效过热，这种循环称为蒸气回热制冷循环。

图 2-11、图 2-12 所示为蒸气回热制冷循环的系统图和压-焓图。图 2-12 中 1—2—3—4—5—1 为理论基本循环，1—1′—2′—3—4—4′—5′—1 表示蒸气回热循环。在回热循环中，来自蒸发器的低压低温制冷剂蒸气由点 1 进入热交换器，在热交换器中与来自冷凝器的高压液体进行热量交换，低压低温的制冷剂蒸气由点 1 定压过热到状态点 1′，而高压饱和液体由点 4 被定压过冷到点 4′。其中 1—1′为低压蒸气的过热过程，4—4′为液体的过冷过程。在无冷量损失的情况下，液体放出的热量应等于蒸气所吸收的热量，即为回热器的单位热负荷。

$$q_h=h_5-h'_5=h'_1-h_5 \tag{2-6}$$

回热循环中的单位质量制冷量为

$$q_{0h}=h_1-h'_5=h'_1-h_5 \tag{2-7}$$

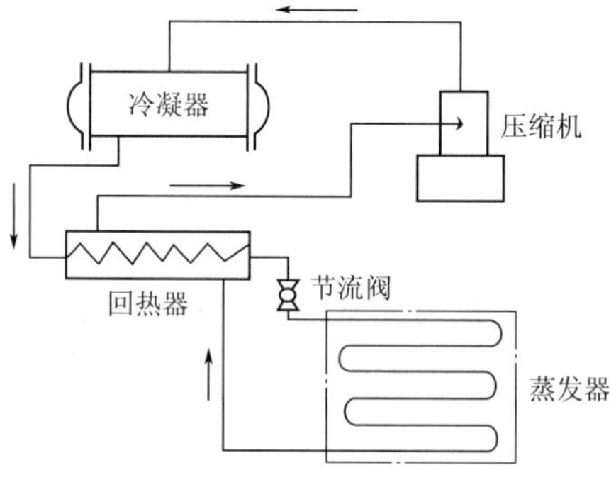

图 2-11　蒸气回热制冷循环的系统图

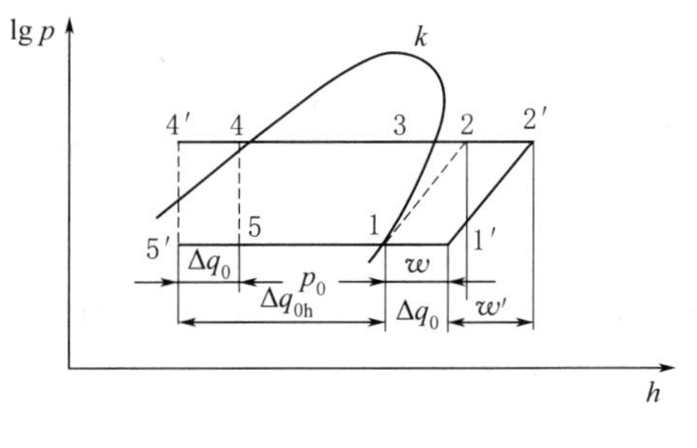

图 2-12　蒸气回热制冷循环的压-焓图

由图 2-12 可知，回热循环的单位质量增加了 $\Delta q_0=h_5-h'_5$，单位压缩功也增加了 $\Delta w=(h'_2-h'_1)-(h_2-h_1)$，因此，回热制冷循环的理论制冷系数是否提高，必须进行详细分析，它与 t_0、t_k 和制冷剂性质有关。理论计算结果表明，R-12 和 R-502 采用回热循环是有利的；R-717 制冷剂采用回热循环则不利，所以 R-717 不采用回热循环。

在回热循环中状态点 1′由 p_0 与压缩机的吸气温度 t_1' 相交求得，由点 1′沿等熵线与 p_k 相交求得点 2′，由于回热循环中 $h_4-h_4'=h_1'-h_1$，h_4' 为回热器出口处过冷液体的焓值，因此 $h_4'=h_4-(h_1'-h_1)$，点 4′由 h_4' 与 p_k 相交求得。

任务三　单级蒸气压缩式制冷理论循环的热力计算

学习目标

1. 学习单级蒸气压缩式制冷的理论循环已知条件的确定。
2. 掌握热力计算压-焓图状态参数的确定。

制冷理论循环热力计算的目的主要是计算出制冷循环的性能指标、压缩机的容量和功率以及热交换设备的热负荷，为选择压缩机和其他制冷设备提供必要的数据。

一、已知条件的确定

在进行制冷理论循环热力计算之前，首先需要确定以下几个条件：

（1）制冷装置的制冷量 ϕ_0。其单位为 kW。它由空调工程、食品冷藏及其他用冷工艺来提供。

（2）蒸发温度 t_0。指制冷剂在蒸发器中汽化时的温度，蒸发温度的确定与所采用的载冷剂（冷媒）有关，即与冷冻水、盐水和空气有关。

在冷藏库中以空气作载冷剂时，蒸发温度要比库内所要求的空气温度低 8～10℃，即

$$t_0=t'-(8\sim10℃) \tag{2-8}$$

在空调工程或其他用冷工艺中以水或盐水作载冷剂时，其蒸发温度比载冷剂温度低 4～6℃，即

$$t_0=t'-(4\sim6℃) \tag{2-9}$$

式中　t'——载冷剂所要求的温度，℃。

（3）冷凝温度 t_k。指制冷剂在冷凝器中液化时的温度，它的确定与冷凝器的结构形式和所采用的冷却介质（如冷却水或空气）有关。当用空气冷却时，冷凝温度比空气进口干球温度高 15℃，用水冷却时，可用下式确定：

$$t_k=t_{pj}+(5\sim7℃) \tag{2-10}$$

式中　t_{pj}——冷凝器中冷却水进出口平均温度，℃。

如进冷凝器的冷却水温度 $t_1=26℃$，采用立式壳管式冷凝器，水在冷凝器中的温升 $\Delta t=2\sim4℃$，出冷凝器的冷却水温度 $t_2=(26+3)℃=29℃$，则冷凝温度 $t_k=t_{pj}+(5\sim7℃)=\left(\frac{26+29}{2}+6\right)℃=33.5℃$，取 $t_k=34℃$。

蒸发式冷凝器的冷凝温度应比夏季室外计算湿球温度高 8～15℃。

（4）过冷温度 t_{rc}。制冷剂在冷凝压力 p_k 下，其温度低于冷凝温度时的温度称为过冷温度，过冷温度比冷凝温度低 3～5℃，即

$$t_{rc}=t_k-(3\sim5℃) \tag{2-11}$$

(5) 制冷压缩机的吸气温度 t_1。对于氨压缩机吸气温度比蒸发温度高 5～8℃，即 $t_1=t_0+(5\sim8℃)$；对氟利昂压缩机，如采用回热循环，其吸气温度为 15℃。

二、单级蒸气压缩式制冷理论循环的热力计算

根据上述已知条件，可在 $\lg p-h$ 图上标出制冷循环的各状态点，画出循环工作过程，并从图上查出各点的状态参数，使可进行热力计算。利用图 2-13 可对单级蒸气压缩式制冷理论循环进行热力计算。

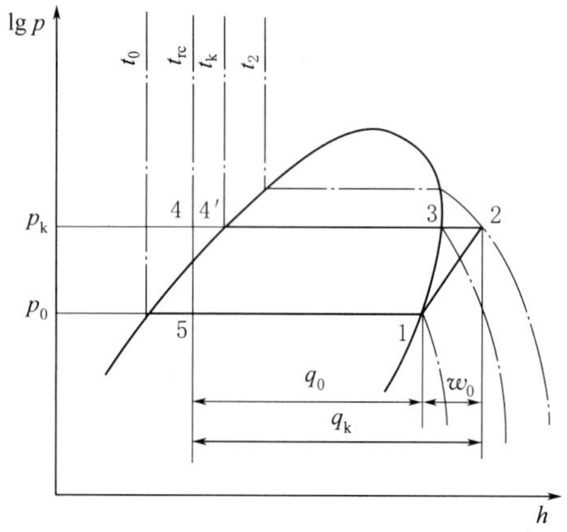

图 2-13　单级蒸气压缩式制冷循环在压焓图上表示

(1) 单位质量制冷量 q_0。指 1kg 制冷剂在蒸发器内所吸收的热量。在图 2-13 中可用点 1 和点 5 的焓差来计算，即

$$q_0=h_1-h_5 \tag{2-12}$$

(2) 单位容积制冷量 q_v。指 $1m^3$ 制冷剂在蒸发器内所吸收的热量

$$q_v=\frac{q_0}{v_1}=\frac{h_1-h_5}{v_1} \tag{2-13}$$

式中　v_1——压缩机吸入蒸气的比体积，m^3/kg。

(3) 制冷装置中制冷剂的质量流量 M_R。

$$M_R=\frac{\phi_0}{q_0} \tag{2-14}$$

式中　ϕ_0——制冷量，kJ/s 或 kW。

(4) 制冷装置中制冷剂的体积流量 V_R。

$$V_R=M_Rv_1\ \frac{\phi_0}{q_v} \tag{2-15}$$

(5) 冷凝器的热负荷 ϕ_k。指制冷剂在冷凝器中放给冷却水（或空气）的热量。如果制冷剂液体过冷在冷凝器中进行，那么冷凝器的热负荷在 $\lg p-h$ 图上可用点 2 和点 4 的焓差来计算，即

$$q_k=h_2-h_4 \tag{2-16}$$

$$\phi_k=M_kq_k=M_R(h_2-h_4) \tag{2-17}$$

(6) 压缩机的理论耗功率 P_{th}。

$$w_0=h_2-h_1 \tag{2-18}$$

$$P_{th}=M_Rw_0=M_R(h_2-h_1) \tag{2-19}$$

(7) 理论制冷系数 ε_{th}。

$$\varepsilon_{th}=\frac{\phi_0}{P_{th}}=\frac{q_0}{w_0}=\frac{h_1-h_5}{h_2-h_1} \tag{2-20}$$

【例 2-1】 某空气调节系统如图 2-14 所示，所需的制冷量为 25kW，采用氯作为制冷剂，空调用户要求供给 10℃的冷冻水，可利用河水作冷却水，水温最高为 32℃，系统

不专门设过冷器，液体过冷在冷凝器中进行，试进行制冷装置的热力计算。

解：(1) 确定制冷装置的工作条件。

1) 蒸发温度应比载冷剂温度低4～6℃，即

$$t_0=t'-(4\sim6℃)=(10-5)℃=5℃$$

与蒸发温度相应的 $p_0=0.5158\text{MPa}$。

2) 冷凝温度比冷却水进出口平均温度高5～7℃，即

$$t_k=t_{pj}+(5\sim7℃)$$

若采用立式壳管式冷凝器，冷却水在冷凝器中的温升取3℃，出冷凝器的冷却水温度为 $t_2=t_1+3℃=(32+3)℃=35℃$，则 $t_k=\left(\dfrac{32+35}{2}+6\right)=39.5℃$，取 $t_k=40℃$。与冷凝温度 t_k 相对应的 $p_k=1.5549\text{MPa}$。

3) 过冷温度比冷凝温度低3～5℃，取过冷度为5℃，则过冷温度 $t_{rc}=t_k-5℃=35℃$。

4) 压缩机的吸气温度比蒸发温度高5℃，即

$$t_1=t_0+5℃=(5+5)℃=10℃$$

(2) 确定各状态点的参数。根据上述已知条件，在R-717的 $\lg p-h$ 图上画出制冷循环工作过程，如图2-14所示，按此图在 $\lg p-h$ 图上查出各状态点的参数如下：

点1由 p_0 与 $t_1=10℃$ 相交求得，$h_1=1779\text{kJ/kg}$，$v_1=0.25\text{m}^3/\text{kg}$。由点1沿等熵线向上与 p_k 相交得点2，$h_2=1940\text{kJ/kg}$。

根据 $t_{rc}=35℃$ 与 p_k 相交得点4，$h_4=662\text{kJ/kg}$，由点4沿等焓线与 p_0 相交得点5，由于 $h_4=h_5$，所以 $h_5=662\text{kJ/kg}$。

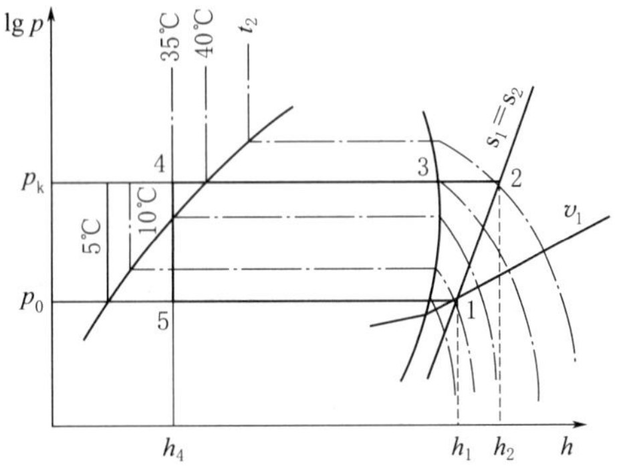

图2-14 [例2-1] 图

(3) 热力计算。

1) 单位质量制冷量：

$$q_0=h_1-h_5=(1779-662)\text{kJ/kg}=1117\text{kJ/kg}$$

2) 单位容积制冷量：

$$q_v=\frac{q_0}{v_1}=\left(\frac{1117}{0.25}\right)\text{kJ/m}^3=4468\text{kJ/m}^3$$

3) 制冷剂的质量流量和体积流量：

$$M_R=\frac{\phi_0}{q_0}=\left(\frac{25}{1117}\right)\text{kg/s}=0.0224\text{kg/s}$$

$$V_R=M_Rv_1=(0.0224\times0.25)\text{m}^3/\text{s}=0.0056\text{m}^3/\text{s}$$

4) 冷凝器的热负荷：

$$\phi_k=M_Rq_k=M_R(h_2-h_4)=[0.0224\times(1940-662)]\text{kW}=28.63\text{kW}$$

5）压缩机的理论耗功率：

$$P_{th}=M_R\omega_0=M_R(h_2-h_1)=[0.0224\times(1940-1779)]kW=3.61kW$$

6）理论制冷系数：

$$\varepsilon_{th}=\frac{\phi_0}{P_{th}}=\frac{25}{3.61}=6.93$$

【例 2-2】 某空调系统的制冷量为 22kW，采用 R-12 制冷剂，制冷系统采用回热循环，已知 $t_0=0℃$，$t_k=30℃$ 蒸发器、冷凝器出口的制冷剂均为饱和状态，吸气温度为 15℃，试进行制冷理论循环的热力计算。

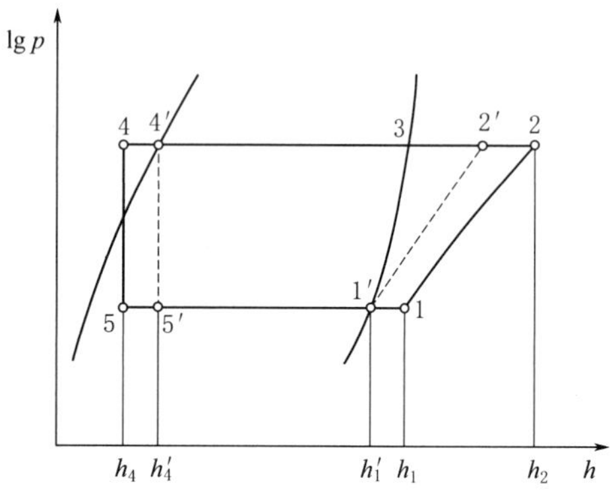

图 2-15 ［例 2-2］图

解：（1）在 lg$p-h$ 图上画出循环并确定各状态点参数。

图 2-15 所示为回热循环在 lg$p-h$ 图上的表示。

根据 t_0 找到对应的 $p_0=0.3089$MPa，t_k 找到对应的 $p_k=0.9066$MPa，点 1′由 p_0 与饱和蒸气线 $x=1$ 相交求得 $h_1'=351.48$kJ/kg，点 1 由 p_0 与 t_1 相交求得 $h_1=361.20$kJ/kg，$v_1=0.05952m^3/kg$，点 2 由点 1 沿等熵线与 p_k 相交求得 $h_2=382.88$kJ/kg，点 4′由 p_k 与饱和液体线相交求得 $h_4'=238.54$kJ/kg，点 4 的焓可用下式求得

$$h_4=h_4'-(h_1-h_4)=[238.54-(361.20-351.48)]kJ/kg=228.82kJ/kg$$

根据 h_4 沿等焓线与 p_0 相交求得点 5，点 4 由 h_4 与 p_k 相交求得 $t_{rc}=30.3℃$。

（2）进行热力计算。

1）单位质量制冷量：

$$q_0=h_1'-h_5=(351.48-228.82)kJ/kg=122.66kJ/kg$$

2）单位容积制冷量：

$$q_v=\frac{q_0}{v_1}=\left(\frac{122.66}{0.05952}\right)kJ/m^3=2060.82kJ/m^3$$

3）制冷剂的质量流量：

$$M_R=\left(\frac{\phi_0}{q_0}\right)=\left(\frac{22}{122.66}\right)kg/s=0.1794kg/s$$

4）制冷剂的体积流量：

$$V_R=M_Rv_1=0.0107m^3/s$$

5）冷凝器的热负荷：

$$\phi_k=M_R(h_2-h_4')=[0.1794\times(382.88-238.54)]kW=25.90kW$$

6）压缩机的理论耗功率：

$$P_{th}=M_R(h_2-h_1)=[0.1794\times(382.88-361.20)]kW=3.89kW$$

7）回热器的热负荷：

$$\phi_{sh}=M_R(h_4'-h_4)=[0.1794\times(238.54-228.82)]kW=1.74kW$$

8）理论制冷系数：

$$\varepsilon_{th}=\frac{\phi_0}{p_{th}}=\frac{22}{3.89}=5.66$$

【例 2-3】 假定循环为单级压缩的理论循环，蒸发温度 $t_0=-10℃$，冷凝温度 $t_k=35℃$，制冷剂为 R-22，循环的制冷量 $\Phi_0=55kW$，试对该循环进行热力计算。

解：要进行制冷循环的热力计算，首先需要知道制冷剂在循环各主要状态点的热力状态参数，如比焓、比体积等。这些参数值可根据给定的制冷剂种类、温度、压力，在相应的热力性质图和表中查到，或用公式求得。

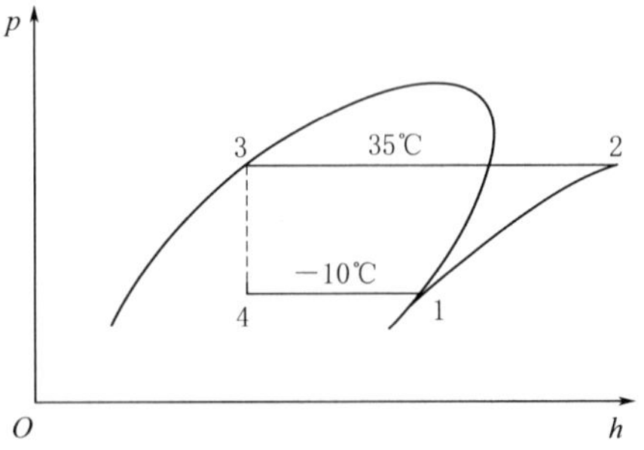

图 2-16 ［例 2-3］压-焓图

循环在压-焓图上的表示如图 2-16 所示。

根据 R-22 的热力性质表，查出处于饱和线上各点的有关状态参数：

$$h_1=401.555kJ/kg,\quad v_1=0.0653m^3/kg$$
$$h_3=h_4=243.114kJ/kg,\quad p_0=0.3543MPa$$
$$p_k=1.3548MPa$$

在 R-22 的 p-h 图上找到 $p_0=0.3543MPa$ 的等压线与饱和蒸气线的交点 1，由 1 点作等熵线，此线和 $p_k=1.3548MPa$ 的等压线相交于点 2，该点即为压缩机的出口状态，由图 2-16 可知

$$h_2=435.2kJ/kg,\ t_2=57℃$$

（1）单位质量制冷量：

$$q_0=h_1-h_4=158.441kJ/kg$$

（2）单位容积制冷量：

$$q_{zv}=\frac{q_0}{v_1}=2426kJ/m^3$$

（3）制冷剂质量流量：

$$q_m=\frac{\phi_0}{q_0}=0.3471kg/s$$

（4）理论比功：

$$w_0=h_2-h_1=33.645kJ/kg$$

（5）压缩机消耗的理论功率：

$$p_0=q_m w_0=11.68kW$$

（6）压缩机吸入的容积流量：

$$p_v=q_m v_1=0.0227m^3/s$$

（7）性能系数：

$$COP_0=\frac{q_0}{w_0}=4.71$$

（8）冷凝器单位热负荷：

$$q_k = h_2 - h_3 = 192.086\text{kJ/kg}$$

（9）冷凝器热负荷：

$$\Phi_k = q_m q_k = 66.67\text{kW}$$

【例 2-4】 某空调系统的制冷量为 22kW，采用 R-12 制冷剂，制冷系统采用回热循环，已知 $t_0 = 0℃$，$t_k = 30℃$，蒸发器、冷凝器出口的制冷剂均为饱和状态，吸气温度为 15℃，试进行制冷理论循环的热力计算。

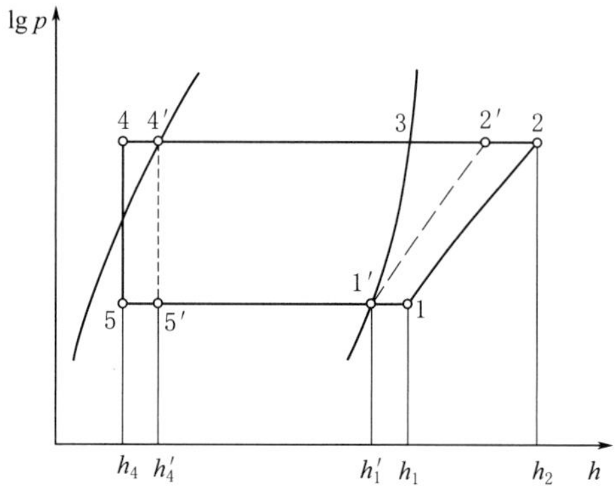

图 2-17 ［例 2-4］图

解：（1）在 lg$p$-h 图上画出循环并确定各状态点参数。

图 2-17 所示为回热循环在 lg$p$-h 图上的表示。

根据 t_0 找到对应的 $p_0 = 0.3089\text{MPa}$，t_k 找到对应的 $p_k = 0.9066\text{MPa}$，点 1′由 p_0 与饱和蒸气线 $x=1$ 相交求得 $h'_1 = 351.48\text{kJ/kg}$，点 1 由 p_0 与 t_1 相交求得 $h_1 = 361.20\text{kJ/kg}$，$v_1 = 0.05952\text{m}^3/\text{kg}$，点 2 由点 1 沿等熵线与 p_k 相交求得 $h_2 = 382.88\text{kJ/kg}$，点 4′由 p_k 与饱和液体线相交求得 $h'_4 = 238.54\text{kJ/kg}$，点 4 的焓可用下式求得：

$$h_4 = h'_4 - (h_1 - h'_1) = 238.54 - (361.20 - 351.48) = 228.82(\text{kJ/kg})$$

根据 h_4 沿等焓线与 p_0 相交求得点 5，点 4 由 h_4 与 p_k 相交求得 $t_{rc} = 30.3℃$。

（2）进行热力计算。

1）单位质量制冷量：

$$q_0 = h'_1 - h_5 = 351.48 - 228.82 = 122.66(\text{kJ/kg})$$

2）单位容积制冷量：

$$q_v = \frac{q_0}{v_1} = \frac{122.66}{0.05952} = 2060.82(\text{kJ/m}^3)$$

3）制冷剂的质量流量：

$$M_R = \frac{\phi_0}{q_0} = \frac{22}{122.66} = 0.1794(\text{kg/s})$$

4）制冷剂的体积流量：

$$V_R = M_R v_1 = 0.0107\text{m}^3/\text{s}$$

5）冷凝器的热负荷：

$$\phi_k = M_R(h_2 - h'_4) = 0.1794 \times (382.88 - 238.54) = 25.90(\text{kW})$$

6）压缩机的理论耗功率：

$$P_{th} = M_R(h_2 - h_1) = 0.1794 \times (382.88 - 361.20) = 3.89(\text{kW})$$

7）回热器的热负荷：

$$\phi_{sh}=M_R(h'_4-h_4)=0.1794\times(238.54-228.82)=1.74(kW)$$

8）理论制冷系数：

$$\varepsilon_{th}=\frac{\phi_0}{p_{th}}=\frac{22}{3.89}=5.66$$

任务四　单级蒸气压缩制冷的实际循环

学习目标

1. 学习实际循环与理论循环的主要差别。
2. 了解实际循环的温-熵图。

一、实际循环与理论循环的主要差别

前面所述的是蒸气压缩式制冷的理论循环，但实际循环和理论循环又有不少差别，表现在理论循环忽略了以下几项。

（1）在压缩过程中：①气体内部及气体与气缸壁之间的摩擦；②气体与外部的热交换。

（2）制冷剂进入吸气阀和排出时经排气阀有节流损失。

（3）制冷剂通过管道、冷凝器、蒸发器等设备时，制冷剂与管壁、器壁之间摩擦以及外部热交换。

二、实际循环

图 2-18 中过程线 1—2—3—4—1 所组成的循环是蒸发压力为 p_0，冷凝压力为 p_k 时，蒸气压缩制冷的理论循环。如果蒸发器入口制冷剂的压力仍为 p_0，冷凝器出口制冷剂的状态仍为点 3，考虑了上述三方面的影响后，采用活塞式压缩机时，蒸气压缩式制冷的实际循环应为：$1'—1''—a—b—c'—c—d—2'—3—4'—1'$。

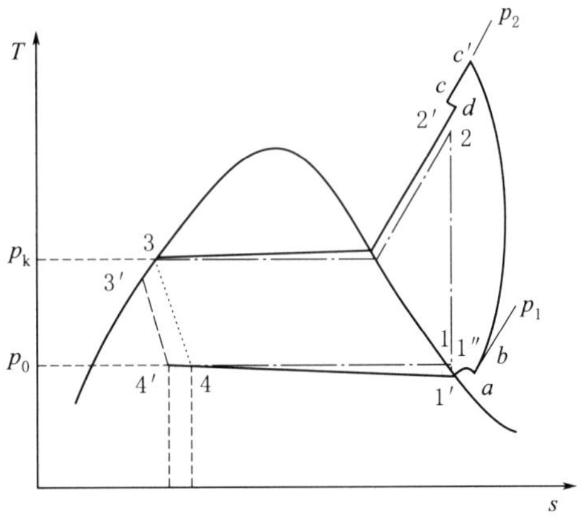

图 2-18　蒸气压缩式制冷实际循环

（1）过程线 $1'—1''$：低温低压气态制冷剂由蒸发器经管道流至压缩机进气阀过程中，由于沿途摩擦阻力、局部阻力以及吸收外界的热量，所以制冷剂的压力稍有降低，温度有所升高。

（2）$1''—a$：制冷剂蒸气经进气阀时节流，h 不变，压力降至 p_1。

（3）$a—b$：低温气态制冷剂进入气缸后至被压缩前（即压缩机的吸气过程），由于气缸壁（包括进气阀）温度较高，制冷剂吸收气缸壁的热量，故温度有所上升，而压力仍

为 p_1。

（4）$b—c'$：制冷剂在压缩机中的实际压缩过程线。开始被压缩时，由于制冷剂内部和制冷剂与气缸壁之间有摩擦，以及制冷剂的温度低于气缸壁的温度，所以，制冷剂处于吸热压缩过程，比熵有所增加。当制冷剂被压缩至高于气缸壁的温度时，制冷剂将向气缸壁散热，变为放热压缩过程，比熵有所减小，直到压力升至 p_2。对于氨压缩机，由于气缸头部被冷却水冷却，排气过程中高压气体被进一步冷却，制冷剂的比熵会减少得更多一些，如图中 $c'—c$。

（5）过程线 $c—d$：制冷剂从压缩机气缸排出时，经过排气阀被节流，其比焓基本不变，但压力有所降低。

（6）$d—2'$：高压气态制冷剂从压缩机气缸排出后，经管道至冷凝器，由于沿程存在摩擦阻力和局部阻力，以及对外散热，制冷剂的压力和温度均有所降低。

（7）$2'—3$：气态制冷剂在冷凝器中被冷凝成液态。由于制冷剂流经冷凝器的途中有摩擦和涡流，所以冷凝过程并不是定压过程，根据冷凝器形式的不同，其压力有不同程度的降低。

（8）$3—4'$：液态制冷剂通过膨胀阀减压、降温后，经管道进入蒸发器。由于减压后温度大幅度降低，尽管该段管道有保温，制冷剂还会从外部吸收一些热量，所以，制冷剂的比焓稍有增加。

（9）$4'—1'$：制冷剂经过蒸发器吸热变成气态，此时也与冷凝器相似，由于流动途中存在摩擦和涡流，蒸发过程也不是定压过程，随蒸发器形式的不同，压力有不同程度的降低。

综上所述，由于存在摩擦、涡流等阻力，以及与外界有热量交换，蒸气压缩式制冷的实际循环与理论循环相比，实际能够获得的制冷量稍有减少，实际所消耗的功率有所增加，因此，实际循环的制冷系数将小于理论循环的制冷系数。

由于蒸气压缩式制冷循环比较复杂，难于细致计算，所以一般均以理论循环作为计算基准。但是在选择压缩机及其配用的电动机、确定制冷剂管道直径、计算蒸发器和冷凝器的传热面积以及进行机房设计时，都应该考虑这些影响因素。

任务五　单级蒸气压缩式制冷系统

学习目标

1. 学习氨制冷系统流程图。
2. 掌握氟利昂制冷系统流程图。

将压缩机、蒸发器、冷凝器和节流机构四大部件以及必要的辅助设备用管道连接起来，就组成了蒸气压缩式制冷系统。本任务将介绍蒸气压缩式制冷系统的典型流程，制冷系统中的制冷剂管道和水系统、制冷机组以及制冷机房的设计。

一、氨制冷系统流程图

氨制冷系统流程图如图 2－19 所示，空调用氨蒸气压缩式制冷系统如 2－20 所示。

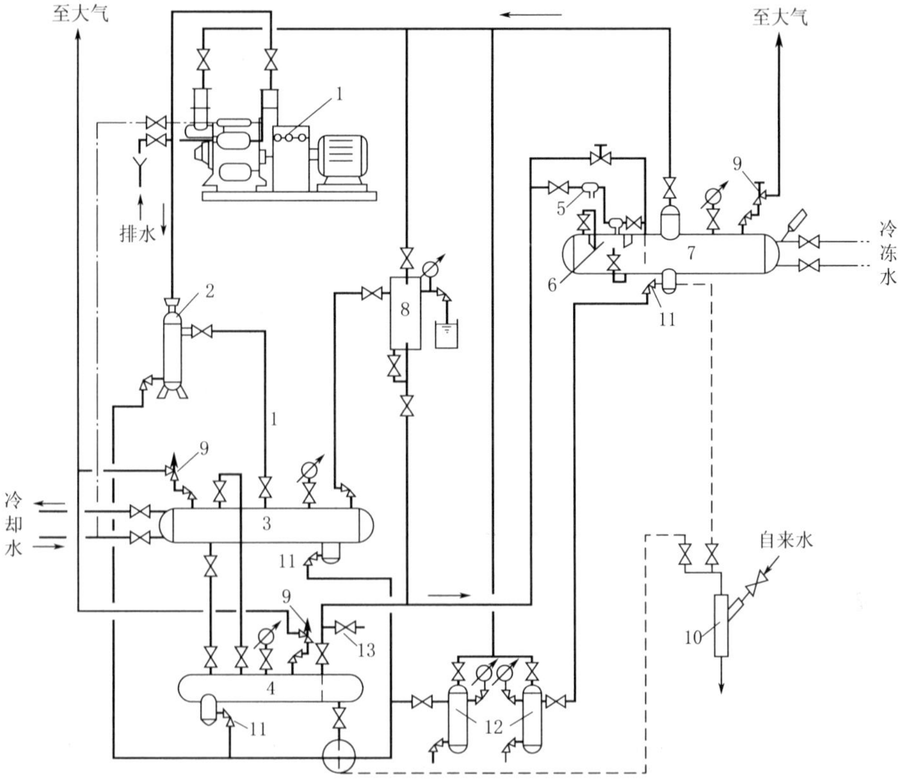

图 2-19　氨制冷系统流程图

1—压缩机；2—油分离器；3—卧式壳管式冷凝器；4—储液器；5—过滤器；6—膨胀阀；7—蒸发器；8—不凝性气体分离器；9—安全阀；10—紧急泄氨气；11—放油阀门；12—集油器；13—充液阀

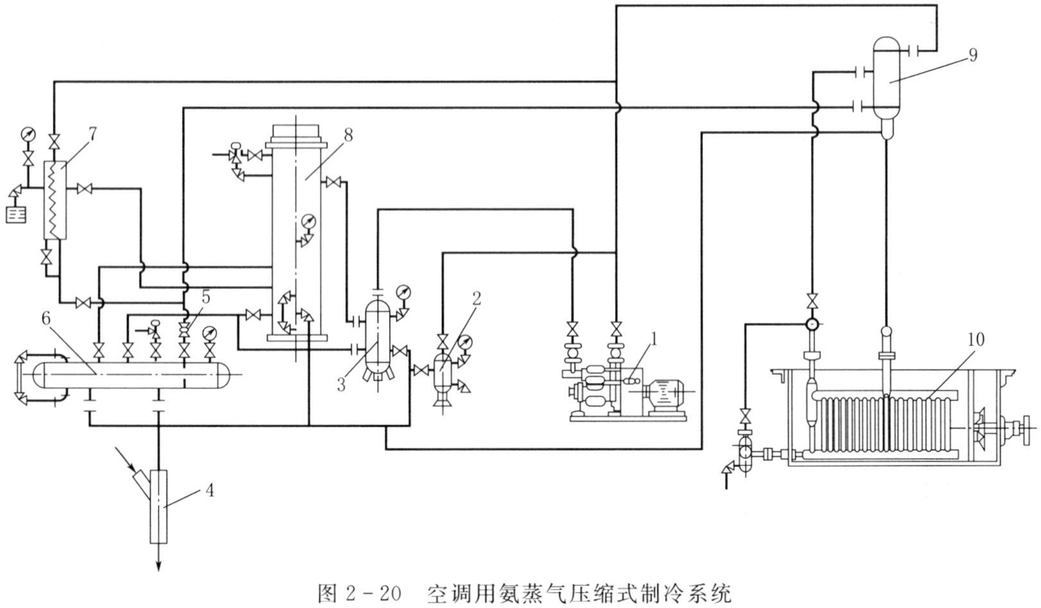

图 2-20　空调用氨蒸气压缩式制冷系统

1—压缩机；2—集油器；3—油氨分离器；4—紧急泄氨器；5—节流阀；6—储液器；7—空气分离器；8—冷凝器；9—氨液分离器；10—蒸发器

二、氟利昂系统流程图

直接冷却空气的氟利昂制冷系统如图 2－21 所示，氟利昂制冷系统流程图如图 2－22 所示。

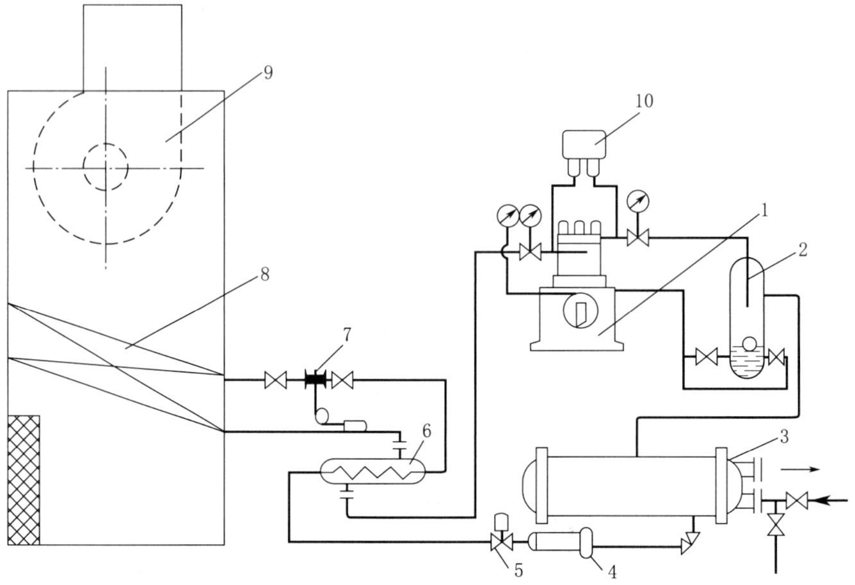

图 2－21　直接冷却空气的氟利昂制冷系统

1—压缩机；2—油分离器；3—冷凝器；4—干燥过滤器；5—电磁阀；6—气液热交换器；7—热力膨胀阀；8—蒸发器；9—风机；10—高低压力控制器

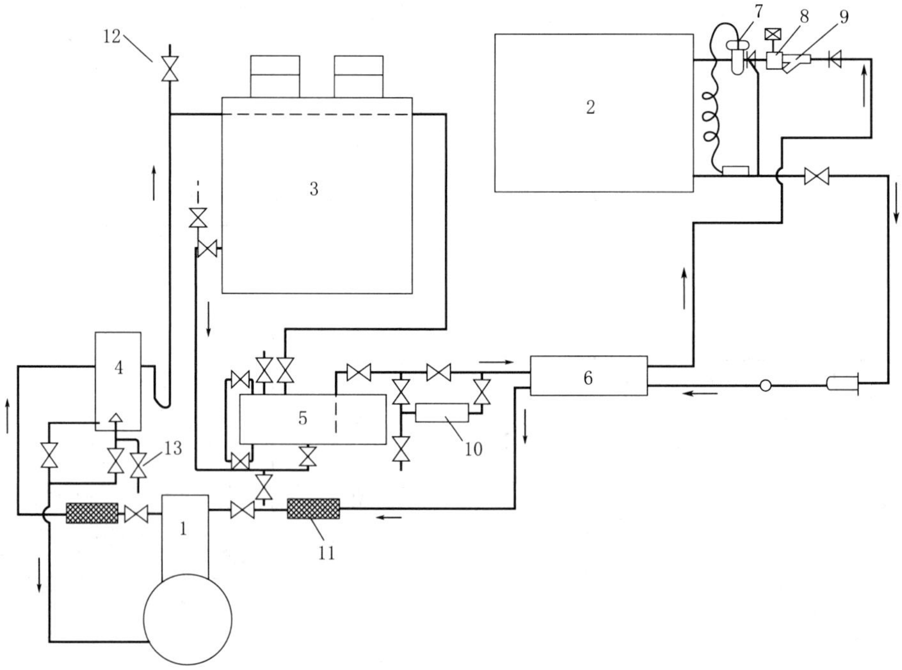

图 2－22　氟利昂制冷系统流程图

1—压缩机；2—空气分离器；3—蒸发式冷凝器；4—油分离器；5—储液器；6—回热器；7—热力膨胀阀；8—电磁阀；9—过滤器；10—干燥器；11—防振管；12—放气阀；13—放油阀

三、氨泵供液的典型流程

氨泵供液的制冷剂流程图如图 2-23 所示。

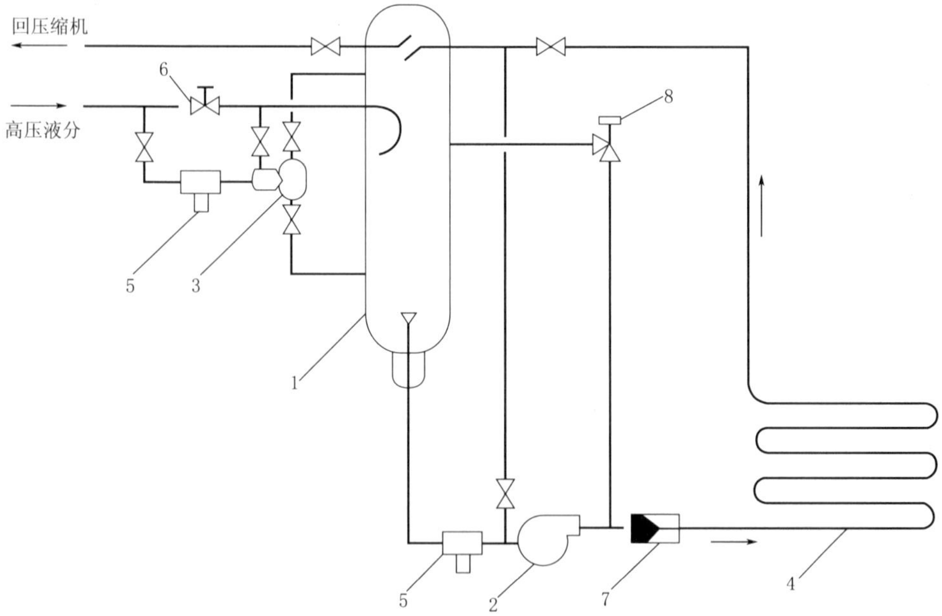

图 2-23 氨泵供液的制冷剂流程图

1—低压循环储液桶；2—氨泵；3—浮球膨胀阀；4—蒸发器；5—液体过滤器；6—手动膨胀阀；7—止回阀；8—自动膨胀阀

思 考 与 练 习 题

1. 正卡诺循环和逆卡诺循环有何不同？理想制冷循环属于哪一种卡诺循环？

2. 实现逆卡诺循环有哪几个重要条件？试分析逆卡诺循环的制冷系数及表示方法，并说明其制冷系数与哪些因素有关，与哪些因素无关。

3. 分析逆卡诺循环制冷系数时，能得出哪些结论？

4. 分析具有传热温差的制冷循环时得出了什么重要结论？

5. 蒸气压缩式制冷采用逆卡诺循环有哪些困难？

6. 蒸气压缩式制冷理论循环为什么要采用干压缩？

7. 试述液体的过冷温度、过冷度；吸气的过热温度、过热度。

8. 液体过冷在哪些设备中可以实现？

9. 什么叫无效过热？什么叫有效过热？过热对哪些制冷剂不利，对哪些制冷剂有利？

10. 在进行制冷理论循环热力计算时，首先应确定哪些工作参数？制冷循环热力计算应包括哪些内容？

11. 实际制冷循环与理论循环有什么区别？

12. 有一逆卡诺循环，其被冷却物体的温度恒定为 5℃，冷却剂的温度为 40℃，求其

制冷系数 ε_c。

13. 今有一理想制冷循环，被冷却物体的温度恒定为 5℃，冷却剂（即环境介质）的温度为 25℃，两个传热过程的传热温差均为 5℃，试问：

（1）逆卡诺循环的制冷系数 ε_c 为多少？

（2）当考虑传热温差时，制冷系数 ε_c' 为多少？

14. 某一 R-717 压缩制冷装置，蒸发器出口温度为－20℃的干饱和蒸气，被压缩机吸入经绝热压缩后，进入冷凝器，冷凝温度为 30℃，冷凝器出口为 25℃的氨液，试将该制冷装置与没有过冷时的单位质量制冷量、单位耗功量和制冷系数加以比较。

15. 某厂设有氨压缩制冷装置，已知蒸发温度 $t_0=-10$℃（相应的 $p_0=0.2908$MPa），冷凝温度 $t_k=40$℃、（相应的 $p_k=1.5549$MPa），过冷温度 $t_{rc}=35$℃，压缩机吸入干饱和蒸气，系统制冷量 $\phi_0=174.45$kW，试进行制冷理论循环的热力计算。

16. 某空调系统需要制冷量为 35kW，采用 R-22 制冷剂，采用回热循环，其工作条件是：蒸发温度 $t_0=0$℃（$p_0=0.498$MPa），冷凝温度 $t_k=40$℃、（$p_k=1.5769$MPa），吸气温度 $t_1=15$℃，试进行理论循环的热力计算。

项目三　双级压缩及复叠式制冷循环

本项目重点介绍双级压缩式制冷循环及复叠式制冷循环。

任务一　双级压缩制冷循环

学习目标

1. 了解采用多级蒸气压缩式制冷循环的必要性。
2. 认识掌握双级蒸气压缩式制冷循环的类型。
3. 掌握各双级蒸气压缩式制冷循环的工作过程。

为了满足生产工艺的要求，往往需要制冷循环能获得较低的蒸发温度。单级蒸气压缩式制冷循环所能达到的最低蒸发温度，因压缩机的工作原理和制冷剂的种类不同而有所差异。常用的单级活塞式制冷压缩机，在使用氨制冷剂时，所能达到的最低蒸发温度一般不超过－30℃。在前面我们也曾分析，随着蒸发温度的降低，制冷循环的效率将快速地下降。为了获得更低的蒸发温度，同时保证制冷循环的效率不至于下降，就需要采用双级或多级蒸气压缩式制冷循环。

一、双级制冷循环的必要性

1. 单级蒸气压缩式制冷循环的局限性

单级活塞式制冷循环在应用中温制冷剂时，根据冷凝温度和所用制冷剂的不同，蒸发温度只能达到－40～－20℃的低温。如果需要获得更低的温度，则冷凝温度与蒸发温度将相差很大，冷凝压力与蒸发压力之比 p_k/p_0 就会升高。这时，若仍然采用单级压缩，将会产生下列一些问题：

（1）循环的压力比增大，压缩机的输气系数减小，实际吸气容积减少，制冷量降低，而压缩机消耗功率增加，制冷系数降低。压力比越大，其影响也就越大。

（2）排气温度升高，润滑油变稀甚至炭化，使压缩机不能正常运行。

（3）实际压缩过程偏离等熵压缩程度更大，制冷效率降低。

因此，对于单级压缩制冷循环，其压力比不宜过大，对于氨压缩机，压力比应小于或等于 8；氟利昂压缩机，压力比应小于或等于 10。为了达到更低的蒸发温度，或者提高制冷系统的工作效率，就需要采用多级压缩制冷循环或复叠式制冷循环。

2. 采用多级蒸气压缩制冷循环的必要性

为了获得更低的蒸发温度（－70～－40℃），同时又能使压缩机的工作压力控制在一个合适的范围内，就要采用多级压缩循环。采用多级压缩可以从根本上改善制冷循环的性能指标。多级压缩制冷循环的基本特点是分级压缩并进行中间冷却。采用多级压缩后，每一级的压力比减小，提高了压缩机的输气系数和指示效率；同时，由于排气温度降低，润滑情况有了很大改善，保障了压缩机的运行安全。

从理论上讲，级数越多，节省的功也越多，制冷系数也就越大。如果是无穷级数，则整个压缩过程越接近等温压缩。然而，实际上并不采用过多的级数，因为每增加一级都需要增添设备，提高成本，也提高了技术复杂性；另外，由于压缩机不能保持很低的蒸发压力，在应用中温制冷剂时，三级压缩循环的蒸发温度范围与双级压缩循环相差不大，所以制冷循环中采用三级压缩循环很少，一般采用双级压缩循环。

3．双级蒸气压缩式制冷循环基本类型

双级压缩制冷循环是在单级压缩制冷循环的基础上发展起来的。单级压缩制冷循环是把来自蒸发器的气体直接压缩至冷凝压力；而双级压缩则分两个阶段进行压缩，将来自蒸发器的低温、低压制冷剂蒸气先用低压级压缩机（或低压缸）压缩到适当的中间压力之后，进入高压级压缩机（或高压缸）再次压缩到冷凝压力，排入冷凝器中。因此，双级压缩可以由两台压缩机完成，组成的系统称为两机双级系统（又称配组式双级系统），其中一台为低压级压缩机，另一台为高压级压缩机；也可以由一台压缩机完成，组成的系统称为单机双级系统，其中部分气缸作为高压缸，其余气缸作为低压缸。

由于双级压缩制冷循环的节流级数以及中间冷却方式不同，双级压缩制冷循环有不同的形式。节流级数分为一级节流和二级节流。中间冷却方式分为中间完全冷却、中间不完全冷却和中间不冷却三种。一级节流，是指由冷凝压力到蒸发压力由一个节流阀来完成；二级节流，是指由一个节流阀把冷凝压力节流到中间压力，再由另一个节流阀由中间压力节流到蒸发压力。中间完全冷却，是指将低压级压缩机的排气等压冷却成为中间压力下的饱和蒸气；中间不完全冷却，是指只将低压级压缩机的排气等压冷却降温，但并未达到饱和，仍是过热蒸气；中间不冷却，是指低压级压缩机的排气直接进入高压级压缩机，而不采用中间冷却的方式。因此，双级压缩制冷循环可组成以下五种形式：

（1）一级节流中间完全冷却循环。

（2）一级节流中间不完全冷却循环。

（3）一级节流中间不冷却循环。

（4）二级节流中间完全冷却循环。

（5）二级节流中间不完全冷却循环。

采用何种形式的双级压缩循环，与制冷剂的种类、制冷装置的容量及运行的具体条件有关。一般来说，节流方式的选择主要与制冷系统的大小以及设备的形式有关。一级节流方式简单、便于操作控制，应用十分广泛。二级节流的双级压缩制冷循环主要用于离心式制冷系统，以及具有多个蒸发温度的大型制冷系统中。下面会着重介绍几种常用的形式。

二、常用双级制冷循环的基本形式

1．一级节流中间完全冷却循环

一级节流中间完全冷却的双级压缩制冷循环是目前活塞式、螺杆式等制冷机中最常用的双级压缩制冷循环形式，使用氨制冷剂，其制冷循环原理图、相应的 lg$p$-h 图及外观图如图 3－1 所示。

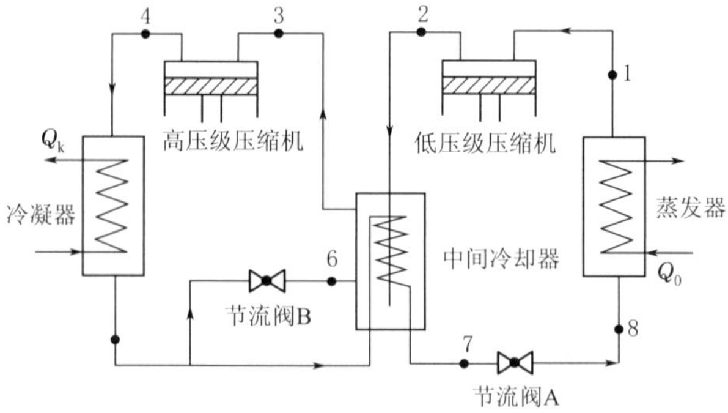

（a）原理图

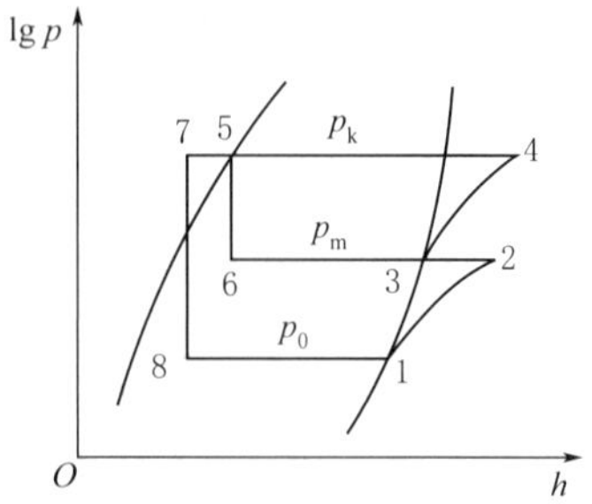

（b）lg p-h图

（c）外观图

图 3－1　一级节流中间完全冷却循环

一级节流中间完全冷却的双级压缩制冷循环的工作过程是：来自蒸发器的制冷剂蒸气（状态点 1）被低压级压缩机吸入，由蒸发压力 p_0 压缩至中间压力 p_m（状态点 2），进入中间冷却器；在中间冷却器中与中间压力下的该制冷剂饱和液体混合，由过热蒸气冷却成为中间压力 p_m 下的饱和蒸气（状态点 3），同时中间冷却器中部分饱和液体吸热汽化。冷却后的低压级排气与中间冷却器内产生的制冷剂蒸气一起进入高压级压缩机，被压缩至冷凝压力 p_k（状态点 4），排出后进入冷凝器，在冷凝器中被冷却冷凝成饱和液体（状态点 5）。冷凝器出来的制冷剂液体分成两路：主要一路液体经中间冷却器的盘管内放出热量，过冷后（状态点 7）经节流阀 A 直接节流至蒸发压力 p_0（状态点 8），进入蒸发器汽化吸热制冷；另一路少部分液体（状态点 5）经节流阀 B 由冷凝压力 p_k 节流至中间压力 p_m（状态点 6）后进入中间冷却器，利用这部分制冷剂的汽化来冷却低压级压缩机排入中间冷却器的过热蒸气和使中间冷却器盘管中的高压制冷剂液体过冷，然后与低压级排气和节流时闪发的气体一起进入高压级压缩机。从以上循环过程可知，高、低压压缩机的制冷剂循环量不相同，高压压缩机的流量大于低压压缩机的流量。这种循环虽然使高压压缩机的流量增加，但高压压缩机所吸入的不再是过热蒸气，而是饱和蒸气，因此，高压压缩机的排气温度不致过高，这对等熵指数较大的制冷剂（如氨）是有利的。

从图 3－1 的压-焓图中可以直接看出，双级压缩循环比单级循环在蒸发温度较低的情况下，有很大的改善。

（1）系统的压力比由单级压力比 p_k/p_0 降为高压级 p_k/p_m 和低压级 p_m/p_0，大大降低了压力比。

（2）高压压缩机所吸入的不再是过热蒸气，而是饱和蒸气，因此高压压缩机的排气温度不致过高。

（3）由于进入蒸发器的制冷剂节流前在中间冷却器中已充分预冷，所以节流后产生的闪发蒸气减少，单位质量制冷量提高。

2. 一级节流中间不完全冷却循环

一级节流中间不完全冷却的双级压缩制冷循环一般使用氟利昂制冷剂，主要用于中、小型制冷系统，其制冷循环原理图及相应的 lg$p$-h 图如图 3-2 所示。

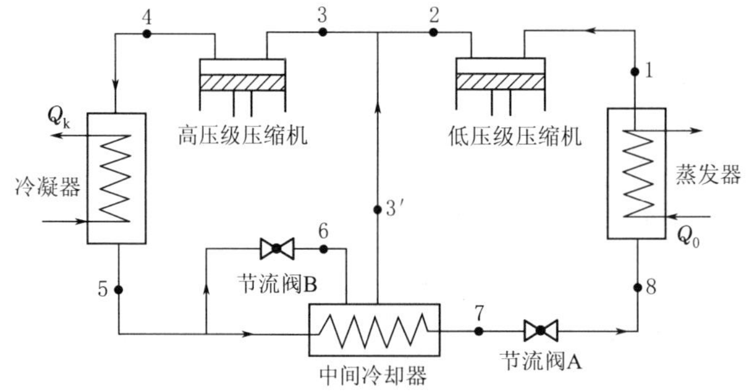

（a）制冷循环原理图

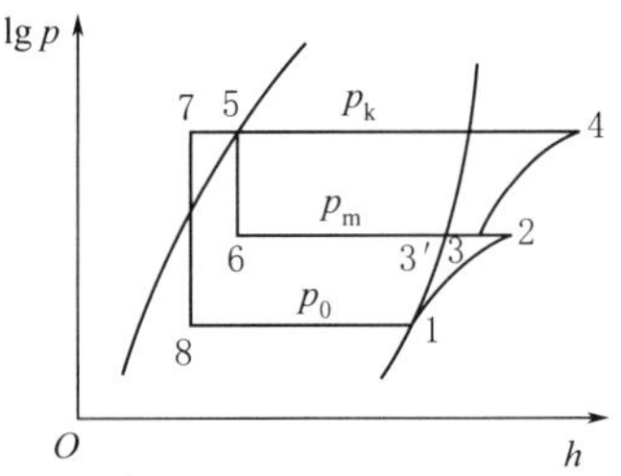

（b）lg$p$-h图

（c）制冷循环外观图

图 3-2　一级节流中间不完全冷却制冷循环

此类制冷循环与图 3-1 所示的循环主要区别在于：低压级压缩机排出的中压蒸气（状态点 2）不进入中间冷却器中冷却，而是与中间冷却器出来的制冷剂蒸气（状态点 3′）在管道中相互混合被冷却，然后一起（状态点 3）进入高压级压缩机压缩。理论循环一般认为中间冷却器出来的制冷剂状态为饱和蒸气，因此，与低压级排气混合后得到的蒸气具有一定的过热度，高压级压缩机吸入的是中间压力 p_m 下的过热蒸气，这就是所谓的“中间不完全冷却”。这种制冷循环特别适用于 R-22、R-134a 等氟利昂制冷系统。

3. 一级节流中间不冷却循环

所谓中间不冷却，是指在双级压缩循环中不采用中间冷却的方式。

在冷藏运输装置（如冷藏车、冷藏船等）以及某些特定的生产工艺制冷工段的制冷装置中，既要达到低温又要简化制冷系统，这时常采用一级节流中间不冷却双级压缩制冷循环。这种循环和前面所述的双级压缩比较，取消了中间冷却器，因而系统进一步简化。这种循环实际上与单级压缩制冷循环很相似，只不过一个压缩过程由高压级压缩机和低压级压缩机分开完成，如图 3 - 3 所示。

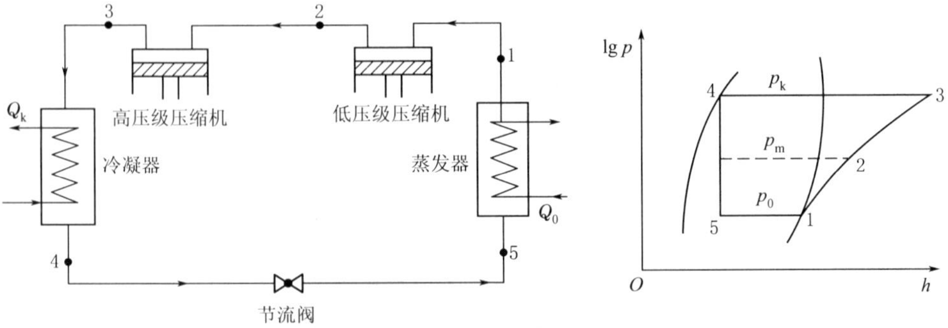

图 3 - 3　一级节流中间不冷却制冷循环

显然一级节流中间不冷却的双级压缩循环不能提高循环的制冷量和制冷系数，但在实际循环中是有利的，因为分级压缩可降低每一级的压力比，改善每一级制冷压缩机的工作性能，提高制冷压缩机的输气系数、指示效率，相应提高了循环的实际输气量，降低了轴功率，从而在一定程度上提高了制冷量和制冷系数。

4. 二级节流中间完全冷却循环

二级节流中间完全冷却的双级压缩制冷循环一般适用于氨离心式双级压缩制冷系统，其工作原理图、相应的 $\lg p$-h 图和外观图如图 3 - 4 所示。

二级节流中间完全冷却的双级压缩制冷循环的工作过程是：来自蒸发器的制冷剂饱和蒸气（状态点 1）被压缩机低压级吸入，并压缩到中间压力 p_m（状态点 2），排入中间冷却器被其中的制冷剂液体冷却成为饱和蒸气（状态点 3），同时中间冷却器中的一部分液体制冷剂吸热变为饱和蒸气，两者一起进入压缩机高压级，再次被压缩到冷凝压力 p_k（状态点 4），进入冷凝器并冷凝成饱和液体（状态点 5），经节流阀 A 降压到中间压力 p_m（状态点 6）并进入中间冷却器而分离成蒸气和液体两部分。在中间冷却器中，液体制冷剂的一小部分用于冷却低压级的排气变成蒸气，并随同低压排气、节流产生的蒸气一同被高压级吸回；液体制冷剂的大部分（状态点 7）则经节流阀 B 节流到蒸发压力 p_0（状态点 8），并进入蒸发器制取冷量，循环如此周而复始地进行。

二级节流中间完全冷却的优点是可以消除一级节流中间冷却器盘管的传热温差。因此，在其他参数相同时，循环的制冷系数比一级节流略高。它的缺点是当压缩机排气中含油时特别是对氨制冷机，会在中间冷却器中积油，对活塞式、螺杆式制冷系统不太适宜，而较适宜于氨离心式制冷系统。

5. 二级节流中间不完全冷却循环

这一循环适宜于氟利昂离心式制冷机。二级节流中间不完全冷却循环的系统原理图和

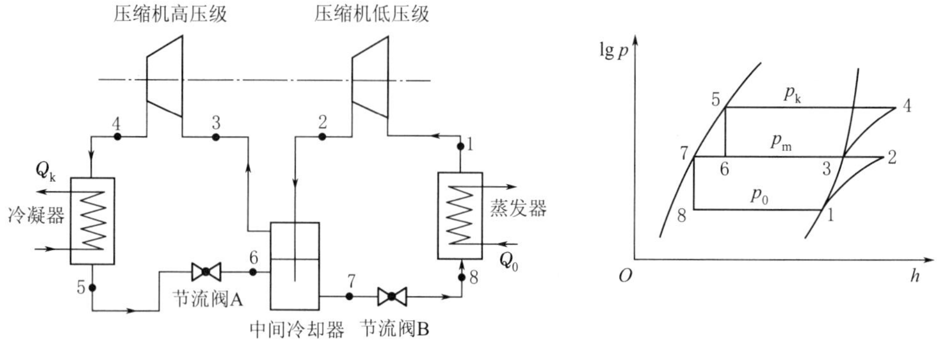

(a) 工作原理图　　(b) lg p-h图

(c) 外观图

图 3-4　二级节流中间完全冷却循环

压-焓图如图 3-5 所示。进入蒸发器的制冷剂先由节流阀 A 节流（状态点 6），再由节流阀 B 节流（状态点 8）。进入压缩机高压级的制冷剂蒸气是由中间冷却器出来的（状态点 3′）饱和蒸气和压缩机低压级排出的（状态点 2）过热蒸气相混合，其（状态点 3）为中间压力下的过热蒸气。

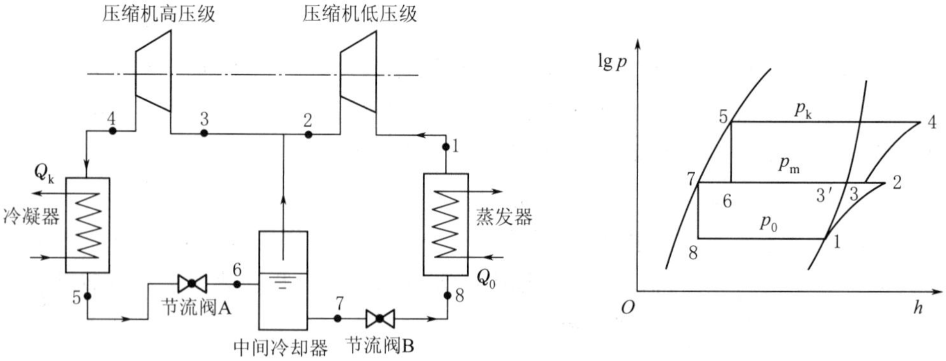

(a) 原理图　　(b) lg p-h图

图 3-5　二级节流中间不完全冷却循环

6. 中间压力与中间温度的确定

双级压缩制冷循环的中间压力 p_m 或中间温度 t_m 对循环的制冷系数和压缩机的制冷量、耗功以及结构都有直接的影响，因此，合理地选择中间压力 p_m 或中间温度 t_m 是双级压缩制冷循环的一个重要问题。中间压力的确定有两种情况，一种是从选定的循环出发去选配压缩机，或者说为压缩机的设计提供数据；另一种是根据已选定的压缩机去确定中间压力。

选配压缩机时中间压力的确定：选配压缩机时，中间压力 p_m 的选择，可以根据制冷系数最大这一原则去选取，这一中间压力 p_m 又称最佳中间压力。确定最佳中间压力 p_m 常用的方法有公式法，常用的公式法主要是比例中项公式法，用比例中项确定的中间压力为

$$p_m = \sqrt{p_0 p_k} \tag{3-1}$$

式中　p_m——中间压力，Pa；

p_0——蒸发压力，Pa；

p_k——冷凝压力，Pa。

式（3-1）是针对双级压缩的压缩机用理论方法推导得出的。推导时作了两个假设：一是压缩机的高压级与低压级的制冷剂流量相等；二是中间冷却后第二级的吸气温度等于第一级的吸气温度。在上述前提下，按耗功最小的条件导出式（3-1）。对于双级制冷压缩机来讲，上述两个条件是不存在的，因此，按式（3-1）确定的中间压力与最佳中间压力有一定的差距，但只要蒸发温度不是太低，这种差距就很微小。

7. 氨泵供液的双级压缩制冷循环

在大、中型氨制冷装置中，常采用氨泵将低压循环桶中的低温制冷剂液体强制送入蒸发器，以增加制冷剂在蒸发器内的流动速度，提高传热效率，缩短降温时间。其中一级节流循环的应用更为广泛。

氨泵供液的一级节流中间完全冷却制冷循环的系统原理图和压-焓图如图 3-6 所示。

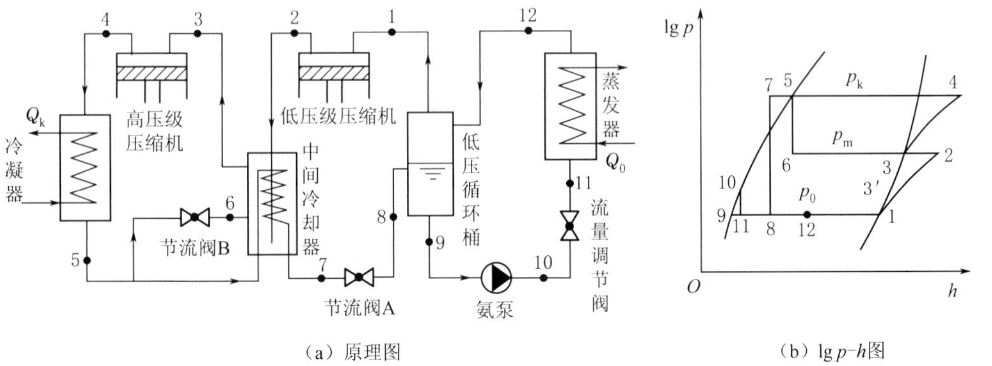

图 3-6　氨泵供液的一级节流中间完全冷却制冷循环

氨泵供液的一级节流中间完全冷却制冷循环与一级节流中间完全冷却制冷循环（图 3-1）不同之处在于给蒸发器供液的方式。在图 3-1 中，从冷凝器流出制冷剂液体，通过在中

间冷却器盘管达到过冷，再经节流阀A节流降压后，依靠冷凝和蒸发压差直接给蒸发器供液；而氨泵供液的系统中，节流降压后的制冷剂去了低压循环桶，通过低压循环桶给蒸发器供液。由于低压循环桶和蒸发器均为低压，因此，需要利用氨泵提供动力克服管路的流动阻力向蒸发器供液，而不再是利用制冷剂的压差。氨泵供液系统非常适合蒸发器多且系统管路较长的大型制冷系统。低压循环桶起到的第二个作用是分离节流后闪发性气体，使湿蒸气（状态点8）中的饱和蒸气经低压循环桶直接被低压级压缩机抽走，保证了蒸发器供液均匀。低压循环桶起到的第三个作用是使吸热蒸发完毕后的制冷剂（状态点12）气液分离（氨泵供液量是蒸发量的3～6倍），避免制冷压缩机的“湿冲程”。

图3-7　氨泵

氨泵（图3-7）供液制冷循环后半段的工作过程：中间冷却器盘管出来的制冷剂液体（状态点7）通过节流后（状态点8）进入低压循环桶内，气液分离为饱和液体（状态点9）及闪发性饱和蒸气（状态点1）两部分。其中饱和液体被氨泵增压（氨泵的扬程取决于氨泵与低压循环桶之间的管路与阀门的流动阻力大小）后（状态点10），再经流量调节阀节流（状态点11），进入蒸发器汽化制冷。蒸发器出来的气液混合制冷剂（状态点12）返回低压循环桶再次进行气液分离。在低压循环桶中先后两次分离出的低压蒸气（状态点1）进入低压级压缩机压缩，后面的循环过程与一级节流中间完全冷却制冷循环（压差式）一样。

8. 双级蒸气压缩式制冷循环的比较分析

比较上述各类双级蒸气压缩式制冷循环，在制冷剂、蒸发温度t_0，冷凝温度t_k及中间温度t_m分别相同的前提下，其不同点在于：

（1）中间不完全冷却循环的制冷系数要比中间完全冷却循环的制冷系数小，这是因为在其他条件相同的情况下，中间不完全冷却循环的耗功大。

（2）在相同的冷却条件下，一级节流循环要比二级节流循环的制冷系数小，这是因为，一级节流循环中，中间冷却器盘管具有传热温差Δt，而使循环的单位质量制冷量减小。通常中间冷却器盘管出液端传热温差比较小（$\Delta t=3\sim7$℃），因此，一级节流循环和二级节流循环实际的经济性差别是很小的。除多级离心式压缩制冷循环外，目前冷负荷变化较大的活塞式、螺杆式制冷机采用一级节流循环形式的较多，其原因在于：

1）一级节流可依靠高压制冷剂本身的压力供液到较远的用冷场所，适用于大型制冷装置。

2）盘管中的高压制冷剂液体不与中间冷却器中的制冷剂相接触，减少了润滑油进入蒸发器的机会，可提高热交换设备的换热效果。

3）蒸发器和中间冷却器分别供液，便于操作控制，有利于制冷系统的安全运行。

任务二　复叠式制冷循环

学习目标

1. 学习采用复叠式制冷循环的必要性。
2. 认识复叠式制冷循环。
3. 了解复叠式制冷循环存在的问题。

双级或多级压缩制冷循环可以获得较低温度，而且解决了压力比过大的问题，但是当需要－70℃以下的蒸发温度时，采用中温制冷剂的双级或多级蒸气压缩式制冷循环往往也不能满足要求，这时就需采用复叠式制冷循环。

一、采用复叠式制冷循环的原因

1. 制冷剂凝固点的限制

当制冷循环需要的蒸发温度低于制冷剂凝固点时，制冷剂就会因凝固不能流动而无法循环。例如，R-717的凝固点为－77.7℃，因而它很明显不适用于蒸发温度在－77.7℃以下的制冷循环。

2. 制冷循环压力比的限制

当需要的蒸发压力过低时，即便采用双级压缩也将使每一级的压力比超过规定值，使制冷循环的效率大大降低。而且即使采用多级压缩，循环压力比能够得到保证，也会使制冷系统很复杂，技术经济性指标不高。

3. 活塞式压缩机阀门结构特性的限制

过低的蒸发压力，会使往复活塞式压缩机气阀的自动开闭特性偏离设计范围。当吸气压力在10～16kPa时，压缩机的吸气阀门不能开启，以致压缩机无法吸气。另外，还会导致压缩机和系统低压部分在高真空下运行，增加不凝性气体渗入的可能。

由于上述原因，要想达到更低的温度，采用单一制冷剂的多级压缩制冷循环是不利的，或者说是不可能的。在一般情况下，当蒸发温度在－70℃以下时，就需要应用复叠式制冷装置或其他形式的制冷机。

二、复叠式制冷循环

复叠式制冷循环是由两种或两种以上不同的制冷剂，采用两个或两个以上的单级（也可以是双级）制冷系统组合而成，如图3-8所示。

在这两个制冷系统中使用两种热力性质不同的制冷剂，即在高温系统里通常使用中温制冷剂，如R-22等；在低温系统里一般用低温制冷剂，如R-13、R-14等。高温部分和低温部分都是一个完整的使用单一制冷剂的单级或双级蒸气压缩式制冷循环。高温系统的蒸发器就是低温系统的冷凝器，高温系统和低温系统就是通过它联系起来的，一般称它为冷凝蒸发器，只有低温系统的蒸发器才制取冷量，即吸收被冷却介质的热量，高温系统中制冷剂再将热量传给环境介质（空气或水）。

复叠式制冷机可制取的低温范围是相当广泛的，至于是采用由两个单级压缩循环的组合或由一个单级压缩循环和一个双级压缩循环的组合，还是由三个单级压缩循环的组合，

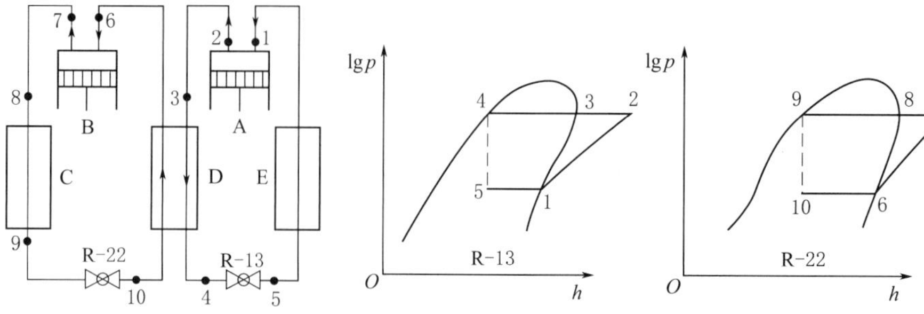

（a）系统原理图　（b）低温部分lg p-h图　（c）高温部分lg p-h图

（d）复叠式制冷机组

图 3-8　复叠式制冷循环

A—低温部分压缩机；B—高温部分压缩机；C—冷凝器；D—冷凝蒸发器；E—蒸发器

主要取决于所需制冷温度。不同组合的复叠式制冷循环组合形式与制冷温度和制冷剂种类的关系见表 3-1。复叠式制冷循环不仅可以采用不同的制冷剂，还可以用不同的制冷方法，例如低温部分用蒸气压缩式循环，而高温部分用吸收式制冷循环。

表 3-1　　复叠式制冷循环的组合形式与制冷温度和制冷剂种类的关系

最低蒸发温度/℃	制冷剂	制冷循环形式
−80	R-22-R-23	R-22 单级或双级压缩-R-23 单级压缩组合的复叠式循环
	R-507-R-23	R-507 单级或双级压缩-R-23 单级压缩组合的复叠式循环
	R-290-R-23	R-290 双级压缩-R-23 单级压缩组合的复叠式循环
−100	R-22-R-23	R-22 双级压缩-R-23 单级或双级压缩组合的复叠式循环
	R-507-R-23	R-507 双级压缩-R-23 单级或双级压缩组合的复叠式循环
	R-22-R-1150	R-22 双级压缩-R-1150 单级压缩组合的复叠式循环
	R-507-R-1150	R-507 双级压缩-R-1150 单级压缩组合的复叠式循环
−120	R-22-R-1150	R-22 双级压缩-R-1150 双级压缩组合的复叠式循环
	R-507-R-1150	R-507 双级压缩-R-1150 双级压缩组合的复叠式循环
	R-22-R-23-R-50	R-22 单级压缩-R-23 单级压缩-R-50 单级压缩组合的复叠式循环
	R-507-R-23-R-50	R-507 单级压缩-R-23 单级压缩-R-50 单级压缩组合的复叠式循环

三、复叠式制冷循环应用中的一些问题

1. 停机后低温制冷剂的处理

当复叠式制冷机在停止运转后，系统内部温度会逐渐升高到接近环境温度，低温部分的制冷剂就会全部汽化成过热蒸气，这时低温部分的压力将会超出制冷系统允许的最高工作压力，这是非常危险的情况。当环境温度为 40℃时，低温部分允许的最高绝对压力为 1.079MPa。为解决这一问题，大型系统采用高温系统定时开机，以维持低温系统较低压力，但这种方法耗功大；或者将低温制冷剂抽出装入高压钢瓶中。对于小型复叠式制冷装置，通常在低温部分的系统中连接一个膨胀容器，当停机后低温部分的制冷剂蒸气可进入膨胀容器，如系统中不设膨胀容器，则应考虑加大蒸发冷凝器的容积，使其起到膨胀容器的作用，以免系统压力过高。

2. 系统的启动

由于低温制冷剂的临界温度一般较低，所以复叠式制冷机在启动时，必须先启动高温部分，当高温部分的蒸发温度降到足以保证低温部分的冷凝压力不超过允许的最高压力时，才可以启动低温部分。例如，对于使用 R-22 与 R-13 的二元复叠式制冷循环，要先将 R-22 的蒸发温度降至－15℃以下，这时低温系统中 R-13 的最高冷凝温度大约为－10℃，相应的饱和压力为 1.5616MPa（在允许值内）。对于小型复叠式制冷循环，高低温部分可同时启动，但在低温系统上必须装设压力控制阀，以保证系统的安全。

3. 温度范围的调节

复叠式制冷循环的制冷温度是可以调节的，但有一定的温度范围。因压力比不能太大，所以吸气压力不能调节得太低，这就决定了它的下限温度不能太低。同时，吸气压力也不能调得太高，因为随着吸气压力的升高，蒸发温度也升高，当蒸发温度高到一定程度时，就失去了复叠式循环的意义。而且随着吸气压力的升高，冷凝压力也升高，一般压缩机的耐压为 2MPa。为使压缩机和制冷系统能正常工作，复叠式制冷循环的蒸发温度在调节时一般不高于－50℃，也不应低于－80℃。

思 考 与 练 习 题

1. 为什么单级压缩制冷压缩机的压力比一般不应超过 8～10?
2. 双级蒸气压缩式制冷循环的形式有哪些?
3. 一级节流与二级节流相比有什么特点? 中间不完全冷却与中间完全冷却相比又有什么特点?
4. 双级蒸气压缩式制冷系统制冷剂与循环形式如何选择?
5. 双级蒸气压缩式制冷循环需要确定的主要工作参数有哪些?
6. 如何确定最佳中间压力?
7. 蒸发温度、冷凝温度以及容积比的变化对中间压力各有何影响?
8. 什么是复叠式制冷循环? 为什么要采用复叠式制冷循环?

项目四　制冷压缩机

本项目重点介绍制冷系统中常用不同类型的压缩机，并详细介绍了活塞式制冷压缩机的性能及计算。

任务一　制冷压缩机概述

学习目标

1. 学习制冷压缩机在制冷系统中的作用。
2. 认识制冷压缩机的种类。

一、制冷压缩机的作用

在蒸气压缩式制冷装置中，采用着各种类型的制冷压缩机，它们是装置中的关键核心设备，对系统的运行性能、噪声、振动和使用寿命起着决定性的作用。制冷压缩机是制冷装置中最主要的设备，通常称为制冷装置中的主机。制冷剂蒸气从低压提高为高压以及气体的不断流动、输送，都是借助于压缩机的工作来完成的。

（1）蒸发器内吸取制冷剂蒸气，以保证蒸发器内一定的蒸发压力。

（2）提高压力将低温低压的制冷剂蒸气提高为高温高压的过热蒸气，以创造在较高温度（如夏季35℃左右的气温）下冷凝。

（3）输送并推动制冷剂在系统内流动，完成制冷循环。

二、制冷压缩机的种类

1. 按蒸气压缩的原理分类

根据蒸气压缩的原理，压缩机可分为容积型和速度型两种类型。容积型压缩机通过对运动机构做功，以减少压缩室容积，提高蒸气压力来完成压缩功能，速度型压缩机则由旋转部件连续将角动量转换给蒸气，再将该动量转为压力。

容积型压缩机是靠工作腔容积的改变实现吸气、压缩、排气等过程。容积型压缩机根据其工作部件的运动形式，又分为往复式和回转式，前者活塞在气缸内作往复运动，而后者是工作部件在气缸内作回转运动，如图4-1所示的螺杆式、滑片式等压缩机均为回转式。但目前制冷工业使用最广泛的为活塞式压缩机，且机型有几十种之多。

速度型压缩机是靠高速旋转的工作叶轮对蒸气做功，使压力升高，并完成输送蒸气的任务。离心式和轴流式属于此类。速度型压缩机是靠高速旋转的工作叶轮对蒸气做功，使压力升高并完成输送蒸气的任务。这类压缩机根据蒸气的流动方向分为离心式和轴流式两种，其中应用较广的是离心式。

图4-1所示为目前制冷和空调常用压缩机的分类及其结构示意图，图4-2所示为各

类压缩机在制冷和空调工程中的应用范围。

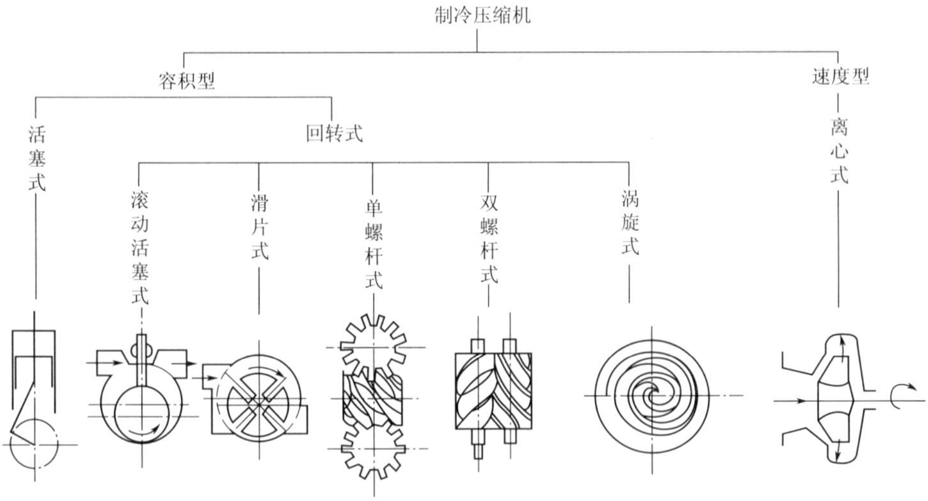

图 4－1　制冷和空调常用压缩机的分类及结构示意图

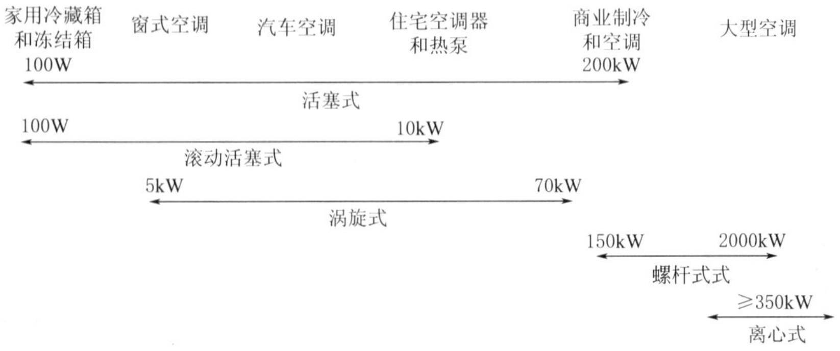

图 4－2　各类压缩机在制冷和空调工程中的应用范围

2. 按工作的蒸发温度范围分类

对于单级制冷压缩机，一般可按其工作蒸发温度的范围分为高温、中温和低温三种，但在具体蒸发温度区域的划分上并不统一。一般的温度范围为：高温制冷压缩机－10～10℃；中温制冷压缩机－20～－10℃；低温制冷压缩机－45～－20℃。

3. 按密封结构形式分类

为了防止制冷工质向外泄漏或外界空气渗入制冷系统内，制冷压缩机有着相应的密封结构。从采用的密封结构方式来看，制冷压缩机可分为开启式和封闭式两大类，而封闭式又可分为半封闭式和全封闭式。

（1）开启式压缩机。开启式压缩机与原动机分为两机，两机主轴靠传动装置连接传动，压缩机主轴外伸端设置轴封装置，以防泄漏。若原动机是电动机，因它与制冷剂和润滑油不接触而无需具备耐制冷剂和耐油的要求。因此，开启式压缩机可用于以氨为工质的制冷系统中。

（2）封闭式压缩机。封闭式压缩机采用封闭式结构，把电动机和压缩机连成一整体，装在同一机壳内共用一根主轴，因而可以取消开启式压缩机中的轴封装置，避免了由此产生的泄漏。半封闭式与全封闭式的区别是前者的机壳是可拆式法兰连接，以便维修时拆卸；后者的机壳分为两部分，压缩机与电动机装入后，壳体两部分用焊接连接。全封闭式压缩机露在机壳外表的只有一些吸、排气管、工艺管以及其他（如喷液管）必要的管道、输入电源接线柱和压缩机支架等。

无论是半封闭式还是全封闭式的制冷压缩机，由于氨含有水分时要腐蚀铜，因而都不能用于以氨为工质的制冷系统中。但是，出于替代 CFC 和 HCFC 和扩大天然制冷剂氨的使用的需要，采用能与氨制冷剂隔离的屏蔽式电动机的半封闭式压缩机已研制成功并获得运用。

任务二　活塞式制冷压缩机

学习目标

1. 学习活塞式制冷压缩机的基本结构与工作原理。
2. 掌握活塞式制冷压缩机的优缺点。
3. 掌握活塞式制冷压缩机的分类。
4. 掌握活塞式单级制冷压缩机型号表示方法。
5. 掌握活塞式制冷压缩机的总体结构与机组。

一、活塞式制冷压缩机的基本结构与工作原理

活塞式制冷压缩机的生产和使用历史较长，是目前应用最广的一种制冷压缩机，它是靠由气缸、气阀和在气缸中作往复运动的活塞所构成的可变工作容积，来完成制冷剂气体的吸入、压缩和排出过程的。活塞式制冷压缩机虽然种类繁多、结构复杂，但其基本结构和组成的主要零部件都大体相同，包括机体、曲轴、连杆组件、活塞组件、气缸及吸、排气阀等。

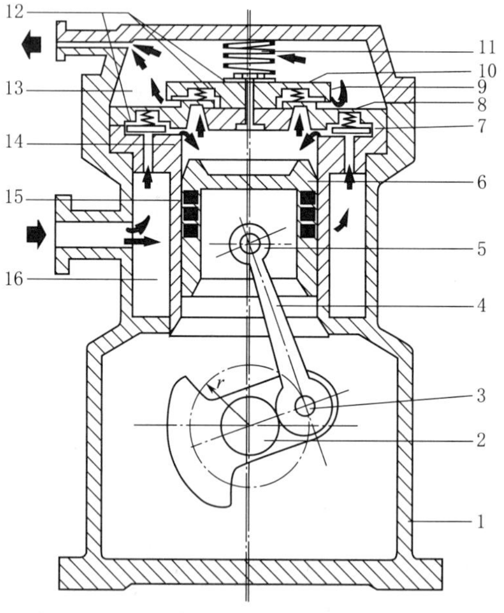

图 4-3　活塞式制冷压缩机基本结构示意图

1—机体；2—曲轴；3—曲柄销；4—连杆；5—活塞销；6—活塞；7—吸气阀片；8—吸气阀弹簧；9—排气阀片；10—排气阀弹簧；11—安全弹簧；12—气阀；13—排气腔；14—气缸；15—活塞环；16—吸气腔

活塞式制冷压缩机的基本结构如图 4-3 所示。圆筒形气缸的顶部设有吸、排气阀，与活塞共同构成可变工作容积。连杆的大头与曲轴的曲柄销连接，小头通过活塞销与活塞连接，当曲轴在原动机驱动下旋转时，通过曲柄销、连杆、活塞销的传动，活塞即在气缸中作往复直线运动。吸、排气阀的阀片被气阀弹簧压在阀座上，靠阀片两侧气体的压力差自动开启，控制制冷剂气体进、出气缸的通道。

活塞式制冷压缩机的工作循环分为以下

四个过程（图 4－4）。

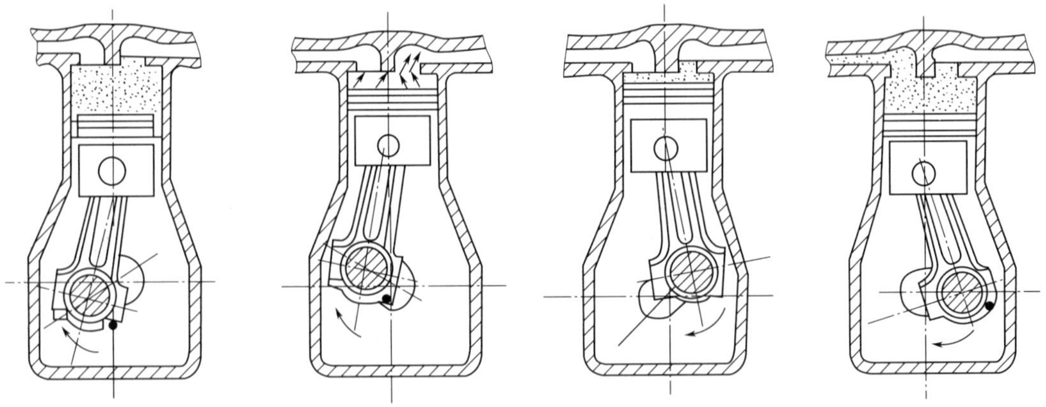

图 4－4　活塞式制冷压缩机的工作循环

1. 压缩过程

压缩机通过压缩过程将制冷剂的压力提高。当活塞处于最下端位置（称为内止点或下止点）时，气缸内充满了从蒸发器吸入的低压蒸气，吸气过程结束；活塞在曲轴-连杆机构的带动下开始向上移动，此时吸气阀关闭，气缸工作容积逐渐减小，处于缸内的制冷剂受压缩，温度和压力逐渐升高。当气缸内的气体压力升高到略高于排气腔中的制冷剂压力时，排气阀开启，开始排气。制冷剂在气缸内从吸气时的低压升高到排气压力的过程称为压缩过程。

2. 排气过程

压缩机通过排气过程使制冷剂进入冷凝器。活塞继续向上运动，气缸内制冷剂的压力不再升高，制冷剂不断地通过排气管流出，直到活塞运动到最高位置（称为外止点或上止点）时，排气过程结束。制冷剂从气缸向排气管输出的过程称为排气过程。

3. 膨胀过程

压缩机通过膨胀过程将制冷剂的压力降低。活塞运动到上止点时，由于压缩机的结构及制造工艺等原因，使气缸中仍有一些空间，该空间的容积称为余隙容积。排气过程结束时，在余隙容积中的气体为高压气体。当活塞开始向下移动时，排气阀关闭，吸气腔内的低压气体不能立即进入气缸，此时余隙容积内的高压气体因容积增加而压力下降，直至气缸内气体的压力降至稍低于吸气腔内气体的压力，即将要开始吸气过程时为止，此过程称为膨胀过程。

4. 吸气过程

压缩机通过吸气过程，从蒸发器吸入制冷剂。膨胀过程结束时，吸气阀开启，低压气体被吸入气缸中，直到活塞到达下止点的位置，此过程称为吸气过程。

完成吸气过程后，活塞又从下止点向上止点运动，重新开始压缩过程。如此周而复始，循环不已。曲轴每旋转一周，活塞往复运行一次，可变工作容积中将完成一个包括吸气、压缩、排气、膨胀四个过程在内的工作循环，将蒸发器内的低压蒸气吸入，使其压力升高后排入冷凝器，完成吸入、压缩和输送制冷剂的作用。

活塞在气缸内由上止点运动至下止点（或由下止点运动至上止点）所移动的距离，称为活塞行程，用 S 表示，显然它等于曲轴回转半径 r 的两倍，即 $S=2r$。

二、活塞式制冷压缩机的优缺点

1. 优点

活塞式制冷压缩机的主要优点有：①能适应较广阔的压力范围和制冷量要求；②热效率较高，单位耗电量相对较少，特别是偏离设计工况运行时更为明显；③对材料要求低，多用普通金属材料，加工比较容易，造价较低廉；④技术上较为成熟，生产使用上积累了丰富的经验；⑤装置系统比较简单。

2. 缺点

上述优点使活塞式制冷压缩机在中、小制冷量范围内，成为制冷压缩机中应用最广、生产批量最大的机型。但活塞式制冷压缩机也有不足之处，主要缺点是：①因受到活塞往复惯性力的影响，转速受到限制，不能过高，因此单机输气量大时，机器显得很笨重；②结构复杂，易损件多，维修工作量大；③由于受到各种力、力矩的作用，运转时振动较大；④输气不连续，气体压力有波动。

三、活塞式制冷压缩机的分类

活塞式制冷压缩机的类型和种类较多，而且有多种不同的分类方法，除了按工作的蒸发温度范围以及密封结构形式进行分类外，目前常见的分类方法还有以下几种。

1. 按制冷量的大小分类

迄今为止，制冷量的划分界限尚无统一标准。一般认为，单机标准工况制冷量在58kW以下的为小型制冷压缩机；58～580kW的为中型制冷压缩机；580kW以上的为大型制冷压缩机。我国的高速多缸系列产品均属中小型制冷压缩机的范围。

大型制冷压缩机多用于石油化工、大型空调；中型制冷压缩机则广泛应用于冷库、冷藏运输、一般工业和民用的制冷和空调装置；而小型制冷压缩机则多用于商业零售、公共饮食、科研、卫生和一般工业企业的小型制冷装置和空调。

2. 按压缩级数分类

按压缩级数不同可分为单级和单机双级压缩机。单级压缩机是指制冷剂气体由低压至高压状态只经过一次压缩；单机双级压缩机是指制冷剂气体在一台压缩机的不同气缸内由低压至高压状态经过两次压缩。

3. 按压缩机转速分类

按压缩机转速不同可分为高速、中速、低速三种。转速高于1000r/min为高速，低于300r/min为低速，在两者之间为中速。现代中小型多缸压缩机多属高速范围，它能以较小的外形尺寸获得较大的制冷量，而且便于和电动机直联。但是，随着转速的提高，对压缩机在减振、结构、材料及制造精度等各方面都提出了更高的要求。

4. 按气缸布置方式分类

活塞式制冷压缩机按气缸布置方式通常分为卧式、直立式和角度式三种类型。图4-5所示为压缩机气缸布置形式。

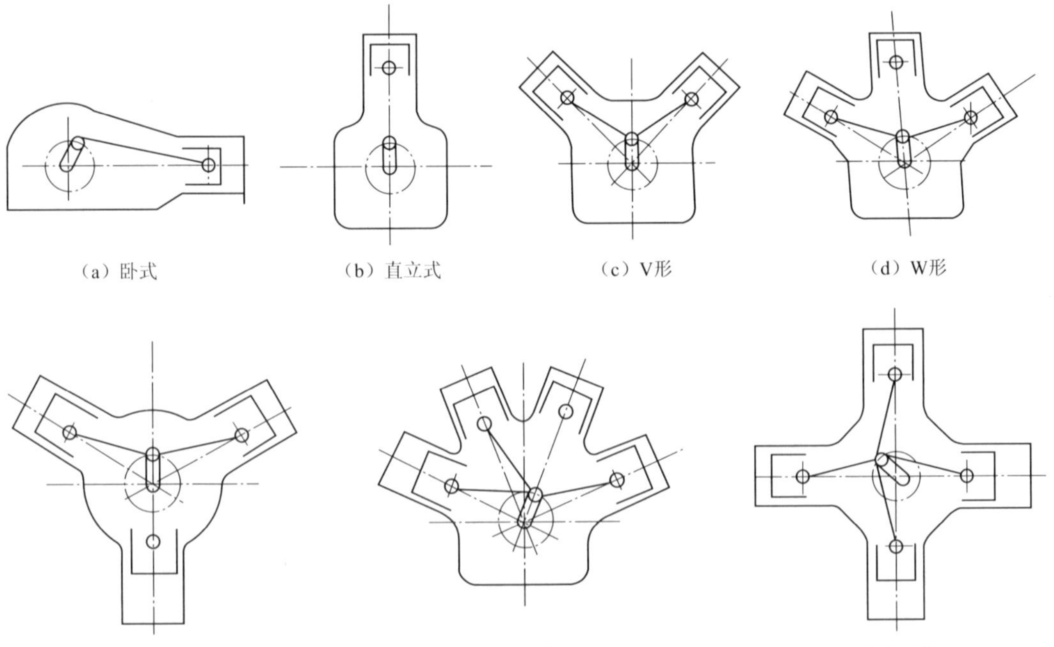

(a) 卧式　(b) 直立式　(c) V形　(d) W形

(e) Y形　(f) S形 (扇形)　(g) X形

图 4-5　压缩机气缸布置形式

卧式压缩机的气缸轴线呈水平布置，其管道部分和内部结构的拆装维修比较方便，多属大型低速压缩机。直立式压缩机的气缸轴线与水平面垂直，用符号 Z 表示。这类压缩机占地面积小，活塞重力不作用在气缸壁面上，因而气缸和活塞的磨损较小。机体主要承受垂直的拉压载荷，受力情况较好，因而形状可以简单些，基础尺寸也可以小些。但考虑大型直立式压缩机的高度，必须设置操作平台，否则安装、拆卸和维护管理均不方便，因而极少采用此种布置方式，即使是中小型压缩机，除单、双缸外，也很少采用直立式的。角度式压缩机的气缸轴线，在垂直于曲轴轴线的平面内具有一定的夹角，其排列形式有 V 形、W 形、Y 形、S 形（扇形）、X 形等。角度式压缩机具有结构紧凑、质量轻、动力平衡性好、便于拆装和维修等优点，因而在现代中、小型高速多缸压缩机中得到广泛应用。

5. 按气阀布置方式分类

压缩机气阀的不同布置方式会造成制冷剂气体进出气缸的不同流动方向。因此，压缩机可分为如图 4-6（a）所示的顺流式和图 4-6（b）、（c）所示的逆流式两种。顺流式压缩机的排气阀一般布置在气缸顶部的阀板上，吸气阀布置在活塞顶部，因气体吸入和排出气缸的流向不变、总是向上，故称为顺流式。由于顺流式压缩机活塞长而复杂，且质量大，又不能采用顶开吸气阀片的方式调节输气量，故现代高速制冷压缩机中很少采用这种气阀布置形式。逆流式压缩机的吸、排气阀如图 4-6（b）所示，都布置在气缸顶部阀板上或如图 4-6（c）所示把吸气阀布置在缸套上部的法兰周围，这样气体进出气缸的流向相反，故称为逆流式，其主要优点是活塞短而简单，可用铝合金制造，质量小，有利于提高转速，所以现代高速制冷压缩机中普遍应用逆流式气阀布置方式。

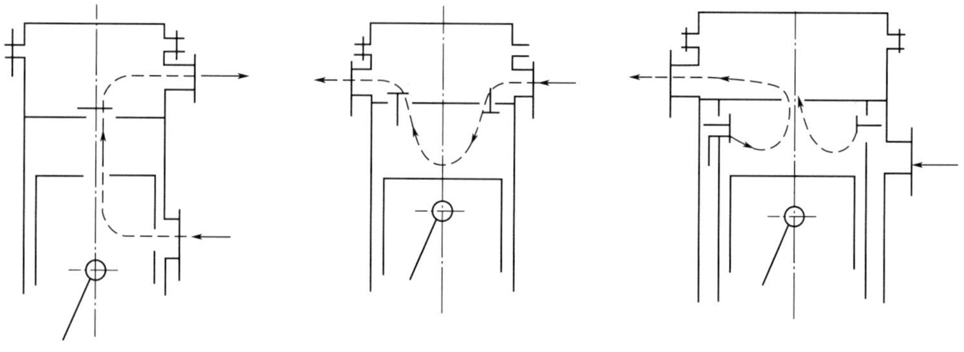

（a）顺流式　（b）逆流式（一）　（c）逆流式（二）

图 4－6　压缩机气阀的不同布置方式

此外，按使用的制冷剂不同可分为氨压缩机、氟利昂压缩机和使用其他制冷剂（如二氧化碳、乙烯等）的压缩机；按气缸作用方式分为单作用式、双作用式；按气缸数分为单缸、双缸和多缸压缩机；按运动机构形式分为曲柄连杆式、曲柄滑块式和斜盘式；按气缸的冷却方式分为空气冷却式、水冷却式和进气冷却式；按传动方式分为间接传动式和直接传动式等。

四、活塞式单级制冷压缩机型号表示方法

压缩机型号表示方法一：

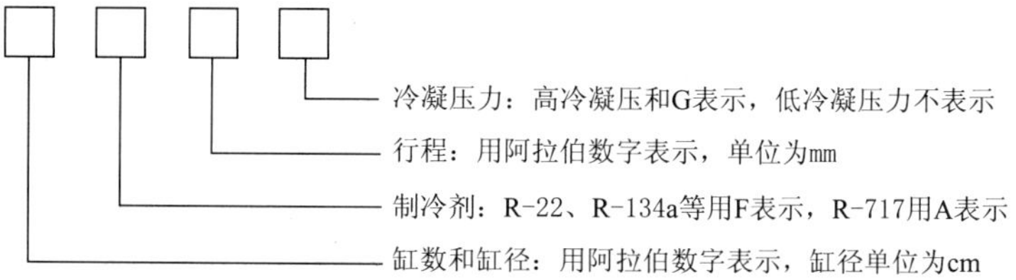

压缩机型号表示方法二：

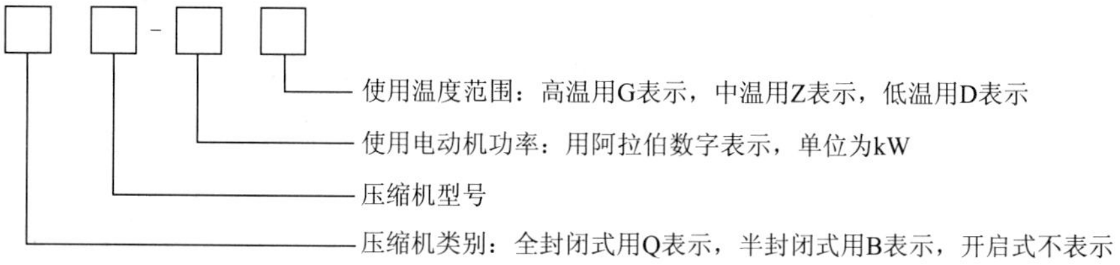

1. 新型号标记示例

（1）812.5A110G 表示 8 缸扇形角度式布置，气缸直径为 125mm，制冷剂为R-717，行程为 110mm 的高冷凝压力压缩机。

（2）Q24.8F50－2.2D 表示 2 缸 V 形角度式布置，气缸直径为 48mm，制冷剂为氟利昂，行程为 50mm，配用电动机功率为 2.2kW，低温用全封闭式压缩机。

（3）B47F55－13Z 表示 4 缸扇形（或 V 形）角度式布置，气缸直径为 70mm，制冷剂为氟利昂，行程为 55mm，配用电动机功率为 13kW，中温用低冷凝压力半封闭式压缩机。

（4）610F80G－75G 表示 6 缸 W 形角度式布置，气缸直径为 100mm，制冷剂为氟利昂，行程为 80mm，配用电动机功率为 75kW，高温用高冷凝压力开启式压缩机。

目前国内有些生产厂家仍习惯沿用老的压缩机型号表示方法，即

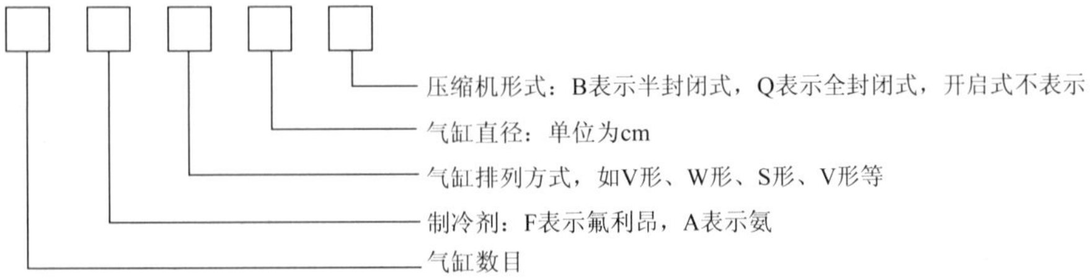

2．旧型号标记示例

（1）8FS10 表示 8 缸，制冷剂为氟利昂，气缸排列成扇形，气缸直径为 100mm，开启式压缩机

（2）3FW5B 表示 3 缸，制冷剂为氟利昂，气缸排列成 W 形，气缸直径为 50mm，半封闭式压缩机。

五、活塞式制冷压缩机的总体结构与机组

1．810F70 型开启活塞式制冷压缩机

810F70 型压缩机的总体结构如图 4－7 所示。这是一种比较典型的单级开启活塞式制冷压缩机。压缩机的四对气缸为扇形布置，相邻气缸中心线夹角为 45°，气缸直径为 100mm，活塞行程为 70mm，曲轴两曲拐的夹角为 180°。

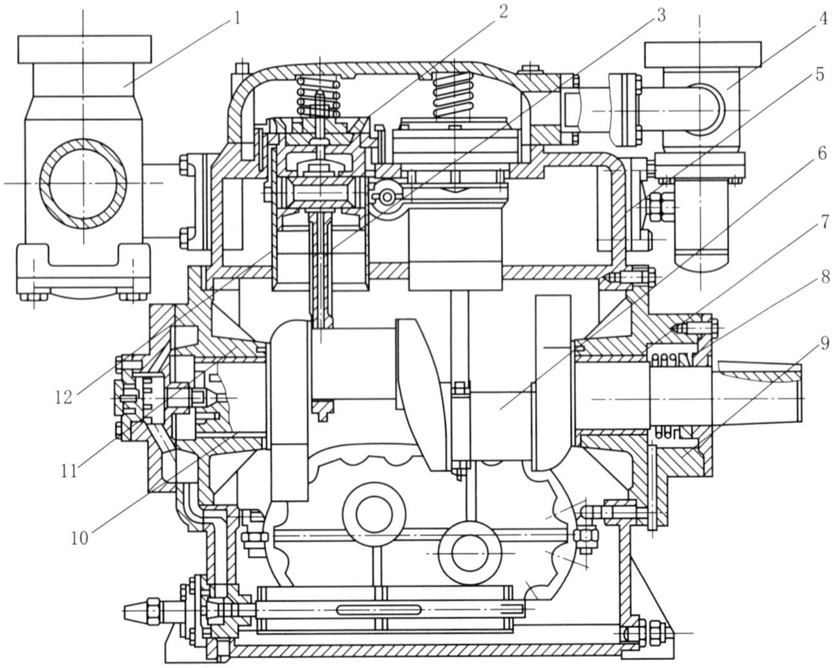

图 4－7　810F70 型压缩机

1—吸气管；2—假盖；3—连杆；4—排气管；5—气缸体；6—曲轴；7—前轴承；8—轴封；9—前轴承盖；10—后轴承；11—后轴承盖；12—活塞

压缩机机体为整体铸造结构。吸、排气腔设在机体中。机体的两端安装有吸、排气管。曲轴箱两侧的窗孔用侧盖封闭，侧盖上装有油面指示器，供检查油面位置用。

曲轴为双曲拐的整体铸造件，由两个主轴承（滑动轴承）支承。平衡块与曲柄铸成一体，每个曲柄销上装配四个工字型连杆。各个连杆小头部位通过活塞销带动一个铝合金的筒形活塞，使之在气缸内作往复运动。活塞上装有两道气环和一道油环，其顶部呈凹陷形，与排气阀的形状相适应，以减少余隙容积。环片气阀按图 4－7 所示结构进行布置。低压蒸气从吸气管经过滤网进入吸气腔，再从气缸上部凸缘处的吸气阀进入气缸，经压缩的气体通过排气阀进入排气腔再经排气管排出。吸、排气腔之间设有安全阀，排气压力过高时，高压气体顶开安全阀后回流至吸气腔，保护机器零件不致损坏。

压缩机的气缸套依靠吸入低压蒸气冷却，气缸套的中部周围设有顶开吸气阀阀片的顶杆和转动环，转动环由液压缸拉杆机构控制，用来调节工作气缸数和卸载启动。

轴封采用摩擦环式机械密封装置，设置在前轴承座里，运转时轴封室内充满润滑油，用以润滑摩擦面并起油封和带走热量的作用。

压缩机采用压力润滑，由曲轴自由端带动转子式液压泵供油。润滑油从曲轴箱底部经金属网式粗滤器进入液压泵，然后经过金属片式细滤器清除杂质后，从曲轴两端进入润滑油道，润滑两端主轴承、轴封、各连杆大头轴承和活塞销等。控制能量调节机构的动力油也由液压泵供给。气缸壁以飞溅润滑油润滑。曲轴下部装有充放润滑油用的三通阀。曲轴箱内装有润滑油冷却器，油冷却器浸入曲轴箱底部润滑油中，当冷却器中通入冷却水时，可使曲轴箱内的润滑油得到冷却。

压缩机采用直接传动方式，由电动机经联轴器直接驱动。

2. 斜盘式制冷压缩机

图 4－8 所示的斜盘式制冷压缩机为三列六缸，它是通过斜盘的转动，把主轴的旋转运动转变为活塞的往复运动，其结构紧凑、重量轻，在汽车空调中有较多的应用。主轴是通过电磁离合器和 V 带轮与原动机相连。当车内温度超过设定值时，离合器线圈通电，离合器在电磁力作用下吸合，空调器工作。车内温度降至低于设定值时，离合器线圈断电，离合器打开，主轴停止转动。

斜盘转一圈，六个气缸各完成一个循环，因而输气量较大，又省去了连杆，使结构很紧凑。气缸盖上有阀板，等宽度的条状排气阀片固定在阀板上。压缩机每一侧有三片吸气阀片，它们做在同一块钢板上，从而使结构简化，且阀片上具有良好的应力分布。对于汽车空调器，这一点是特别重要的，因为汽车空调器的转速范围很大，使作用在阀片上的气体推力大幅度地变化，导致气阀受力状况的恶化。主轴的一端设有油泵，它通过吸油管将机壳底部的润滑油抽入泵内，加压后送至各摩擦副，斜盘旋转时产生的离心力也将沾在斜盘表面的润滑油飞溅至需要润滑的地点。受环境的影响，汽车空调器的冷凝温度是很高的，因此需选用冷凝压力不会太高的制冷剂。

3. S812.5 型制冷压缩机

S812.5 型压缩机是一种开启活塞式单机双级制冷压缩机，总体结构如图 4－9 所示。该机在与相应的附属设备配套后，可用于化学、石油、食品、国防工业和科学研究事业，以获得需要的低温。

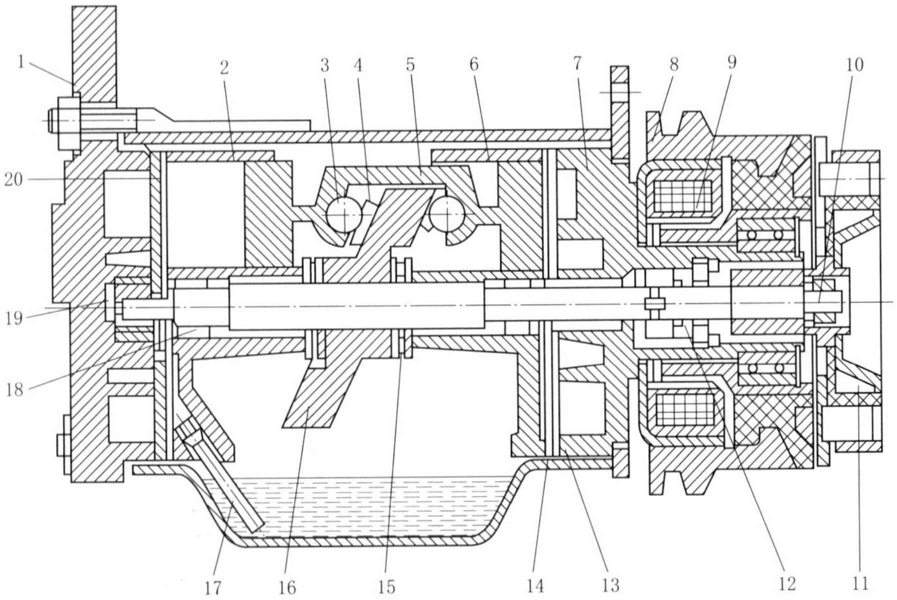

图 4－8　汽车空调用斜盘式压缩机

1、7—气缸盖；2、6—气缸；3—滚珠；4—滑履；5—活塞；8—V 带轮；9—离合器线圈；10—主轴；11—离合器；12—轴封；13—密封圈；14、20—阀板；15—推力轴承；16—斜盘；17—吸油管；18—轴承；19—油泵

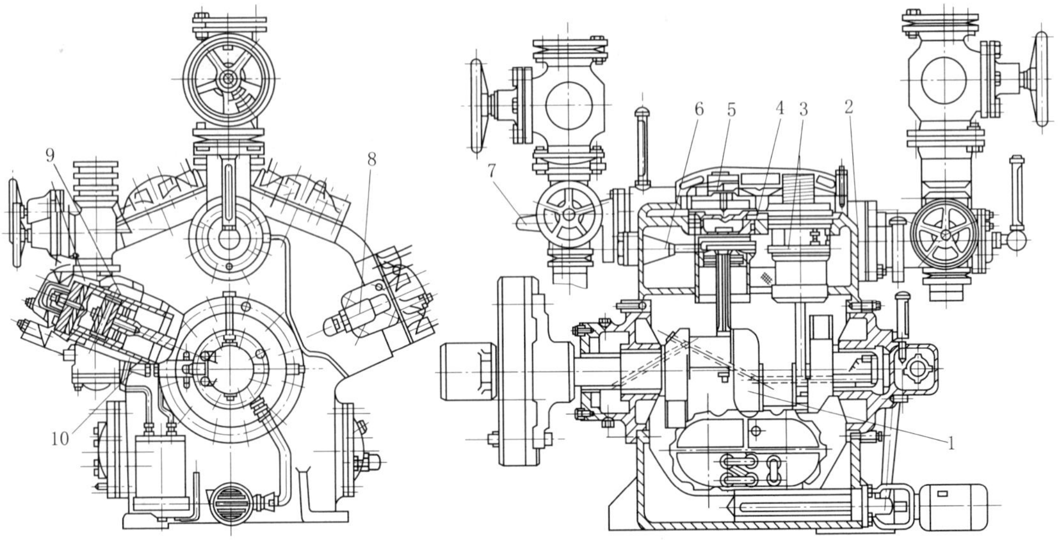

图 4－9　S812.5 型制冷压缩机

1—曲轴；2—机体；3—高压级气阀缸套组件；4—低压级气阀缸套组件；5—安全盖；6—能量调节部件；7—放空阀；8—安全阀；9—高压级连杆活塞；10—油压调节阀

S812.5 型制冷压缩机的气缸呈扇形排列，缸径为 125mm，活塞行程为 100mm，气缸数 8 个（高压和低压缸数分别为 2 个和 6 个）。高、低压级容积比范围为 1∶3、1∶2、1∶1。

压缩机机体的高、低压级吸气腔和高、低压级排气腔分别铸出，与这四个腔室相应的吸、排气截止阀，吸、排气管，吸、排气用温度计及压力计也各为四个。高压级缸套下部与曲轴箱隔板配合处用 O 形橡胶圈密封，以使高压级吸气腔不与曲轴箱串气。

压缩机低压级的气阀弹簧采用弹力较小的软弹簧，以改善低压下吸气阀的工作能力。

压缩机采用内啮合转子式液压泵，用电动机直接驱动，液压泵安装于曲轴箱下部，使泵室沉浸在润滑油中，在机器工作于吸气压力较低的工况下，仍能保证正常工作。

高压级的连杆小头采用滚针轴承，因为高压级负荷形式不同于单级压缩机或低压级气缸，其活塞销总是紧压在连杆小头，没有载荷转向，因此难于形成油膜；若采用衬套则润滑不良，机器不能正常工作。

4. 6F 型半封闭式制冷压缩机

图 4-10 所示为一台 6F 型半封闭式制冷压缩机。制冷剂经吸气管吸入后流经电动机时对其冷却，然后进入气缸，在气缸中压缩后从排气腔排出。压缩机使用的制冷剂为 R-22 和 R-134a，用于空调和蒸发温度为中温的场合。

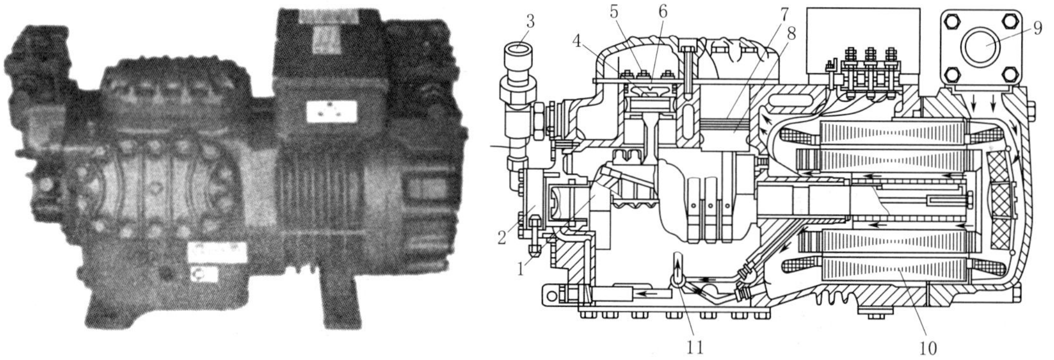

(a) 外形图　　(b) 机构图

图 4-10　6F 型半封闭式制冷压缩机

1—曲轴；2—油泵；3—排气管；4—连杆小头；5—气阀；6—阀板；7—活塞环；8—活塞；9—吸气管；10—电动机；11—回油系统

压缩机的曲轴为曲拐轴，支承在一对滑动轴承上，滑动轴承的轴瓦上覆盖着具有高耐磨性能的合金。电动机转子悬臂支承在曲轴的右端，并同时起飞轮作用。由于采用了表面硬化处理的曲轴、镀铬的活塞环和优质的活塞销，并使用加大尺寸的油泵，使运动件的磨损减少。气阀阀片为舌簧阀片，阀片的形状与活塞顶部的形状相配合，减少了余隙容积。

5. 带 CIC 系统的半封闭制冷压缩机

带 CIC 系统的半封闭制冷压缩机是用于使用 R-22 制冷剂的大制冷量低温制冷的四缸和六缸封闭制冷压缩机。为了降低其排气温度，除了使用风扇外，还使用喷注液态 R-22 的方法进行喷液冷却。实现喷液冷却的机构称为 CIC 系统，它由控制模块、温度传感器、喷嘴和脉冲喷射阀组成，如图 4-11 所示。安装于排气腔上的温度传感器用于测量排气温度，若排气温度超过限定值，控制模块指令喷液，液态制冷剂呈雾状喷出。排气温度降至限定值以内时，控制模块发出指令，喷液停止。配有散热片和 CIC 系统的封闭制冷压缩机，运行范围得以扩充，蒸发温度可达－50℃。

6. 半封闭单机双级制冷压缩机

与开启式压缩机相同，半封闭活塞式制冷压缩机也有单机双级产品。图 4-12 所示的半封闭活塞式单机双级制冷压缩机有四个低压缸和两个高压缸。来自蒸发器的制冷剂经吸气管过滤器进入低压缸，压缩后与具有中间压力的低温制冷剂两相流混合，使低压缸排气温度降低。混合后的制冷剂流经电动机，对它进行冷却后进入高压缸，压缩后排入油分离器中，分离出来的润滑油从回油管返回曲轴箱，高压气体流向冷凝器。这样，保证了内置电动机得到足够的冷却，使其曲轴箱处于中间压力下运行。这种压缩机可在很低的蒸发温度下工作，并在压力比达到一定数值后，其可比容积效率超过单级压缩机的容积效率。

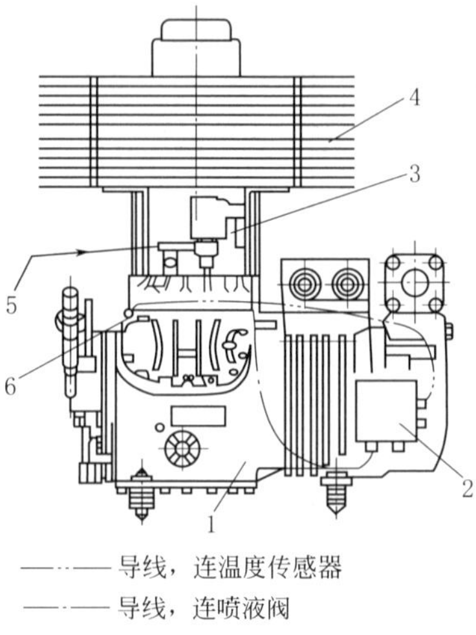

图 4-11　带 CIC 系统的半封闭制冷压缩机

1—压缩机；2—控制模块；3—脉冲喷射阀；4—散热片；5—喷嘴；6—温度传感器

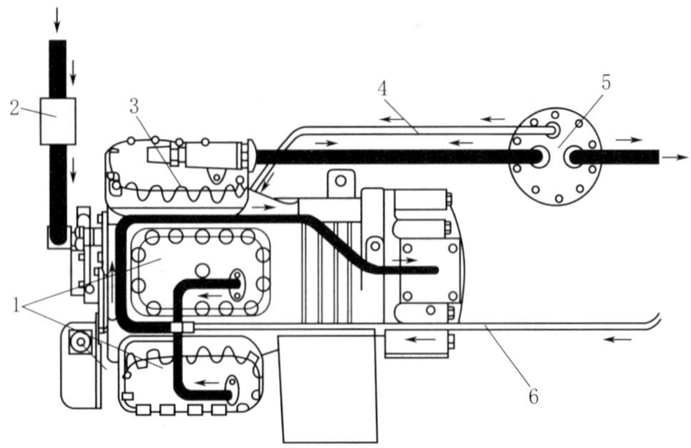

图 4-12　半封闭活塞式单机双级制冷压缩机

1—低压缸；2—吸气管；3—高压缸；4—回油管；5—油分离器；6—制冷剂两相流管道

7. Q25F30 型全封闭制冷压缩机

图 4-13 所示为国产 Q25F30 型全封闭活塞式制冷压缩机剖面图。压缩机的两个气缸呈 V 形布置，气缸直径为 50mm，活塞行程为 30mm。压缩机的机壳由钢板冲压而成，分上下两部分，装配完毕后焊死。与半封闭压缩机相比，它结构更紧凑、体积更

小、密封性能更好。电动机布置在上部，压缩机布置在下部。气缸体、主轴承座及电动机定子外壳铸成一体，气缸体卧式布置。偏心主轴垂直布置，上部直轴端安装电动机转子，下部偏心轴端安装两个整体式大头的连杆。活塞为筒形平顶结构，因直径较小，活塞上不装活塞环，仅开两道环形槽，使润滑油充满其中，起到密封和润滑作用。吸、排气阀采用带臂柔性环片阀结构，阀板由三块钢板钎焊而成。主轴下端开设偏心油道，浸入壳底油池内，主轴旋转后产生离心力起泵油的作用，将润滑油连续不断经主轴油道送至主、副轴承及连杆大头等摩擦副进行润滑，活塞与气缸之间供油是用润滑了连杆大头的润滑油飞沫进行的。电动机布置在上部，不仅可避免电动机绕组浸泡在润滑油中，还可以利用电动机室内空腔容积作为吸气消声器，再在排气通道上设置稳压室，故压

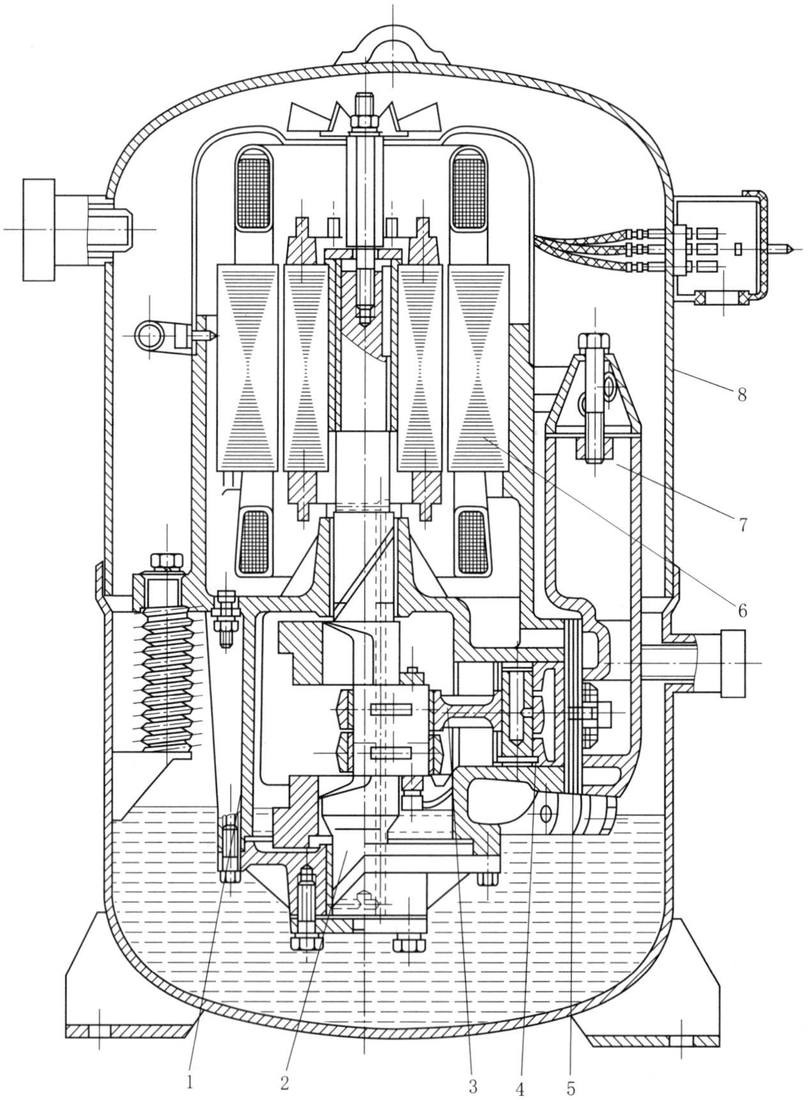

图 4-13　Q25F30 型全封闭制冷压缩机

1—机体；2—曲轴；3—连杆；4—活塞；5—气阀；6—电动机；7—排气消声部件；8—机壳

缩机消减噪声效果较好。为减少机器的振动，采用三个弹性减振器支承整个机芯，其减振效果较好。

这种压缩机具有效率高，运转平稳、振动小、噪声低、运行可靠等特点，主要适用于以 R-22 为制冷剂的压缩冷凝机组或整体制冷装置（如电冰箱、空调器等）。

8. 滑管式全封闭制冷压缩机

滑管式全封闭制冷压缩机对曲轴中心线与活塞中心线的垂直度要求比曲柄连杆机构低，且顶部的间隙可以自由调节，因而加工、装配容易，适合大批量生产，是用在冰箱上的主要压缩机机型。滑管式全封闭制冷压缩机的结构如图 4－14 所示。为了减少活塞和气缸之间的侧向力，其气缸中心线与曲轴中心有一定的偏心距，数值为 0.75～4mm。压缩机的吸、排气阀采用余隙容积极小的舌簧阀，以适应冰箱压缩机蒸发温度低的需要。压缩机的润滑装置为离心供油管和螺旋供油槽的组合。压缩机机体上铸有降低吸气噪声和排气噪声的空腔膨胀式消声器，它由一个或几个有狭小孔道连通的空腔组成。此外，还有管式消声器，它是用管子弯曲而成，既有降低排气噪声的作用也有减少因气流脉动而引起的振动的作用。管式消声器弯曲的形状使它有很好的变形性能，以适应排气温度反复变化导致的热变形，且有利于安装。但是，由于曲柄销承受

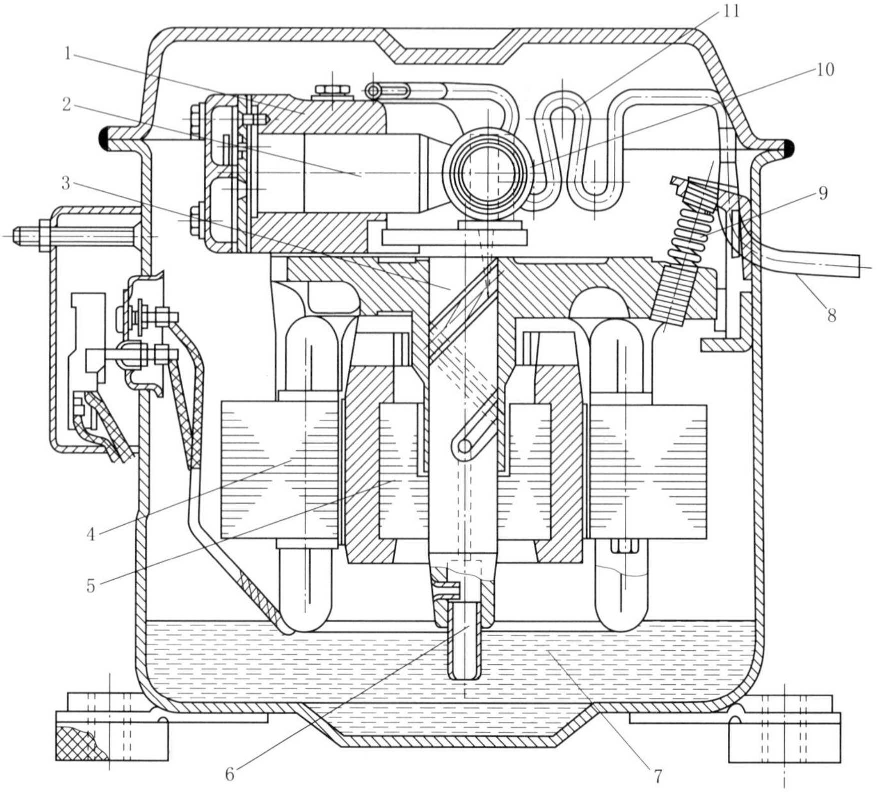

图 4－14　滑管式全封闭制冷压缩机

1—气缸；2—活塞；3—曲轴；4—定子；5—转子；6—吸油管；7—润滑油；8—排气管；9—悬挂弹簧；10—滑管；11—管式消声器

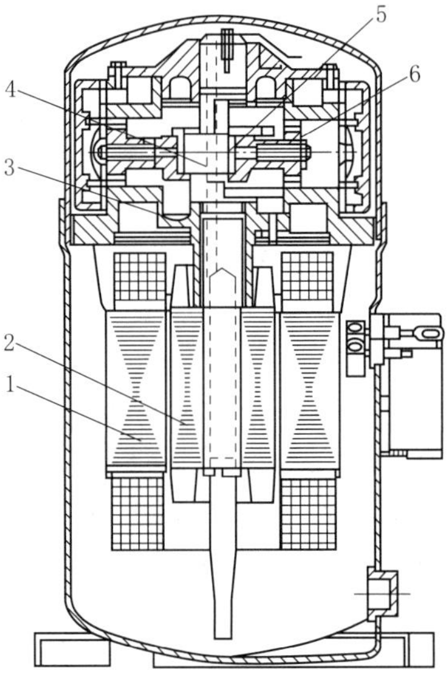

图 4-15　滑槽式全封闭制冷压缩机
1—定子；2—转子；3—主轴承；4—曲轴；5—滑块；6—活塞-滑槽-框架组合件

悬臂力，滑块与滑管之间作用的压力较大，因而决定了这种压缩机不能用于功率较大和气缸数较多的机型。

9. 滑槽式全封闭制冷压缩机

采用滑槽式驱动机构的全封闭压缩机（Q-F 制冷压缩机）是性能优良的热泵用机，如图 4-15 所示。压缩机上有两个按角度为 90°布置的滑槽，带动四个活塞。吸气阀装在活塞顶部，排气阀装在气缸盖上，构成压缩机的顺流吸、排气结构。

Q-F 制冷压缩机的优点是：①作用于气缸上的侧向力小，活塞与气缸的摩擦损失也小；②顺流布置的吸、排气阀有利于增加气阀的通流面积；③吸气阀在低蒸发温度下仍有良好的性能；④十字形布置的四个气缸使机器紧凑、尺寸小。这些优点的综合效果是：输气量大，能效比较高、振动小。

任务三　活塞式制冷压缩机的性能及计算

学习目标

1. 学习活塞式制冷压缩机的理想工作过程。
2. 掌握活塞式制冷压缩机的基本构造。
3. 掌握活塞式制冷压缩机的理想工作过程的性能计算。
4. 了解影响活塞式制冷压缩机性能的主要因素。

一、活塞式制冷压缩机的理想工作过程

活塞式制冷压缩机的理想工作过程包括吸气、压缩、排气三个过程，如图 4-16 所示。

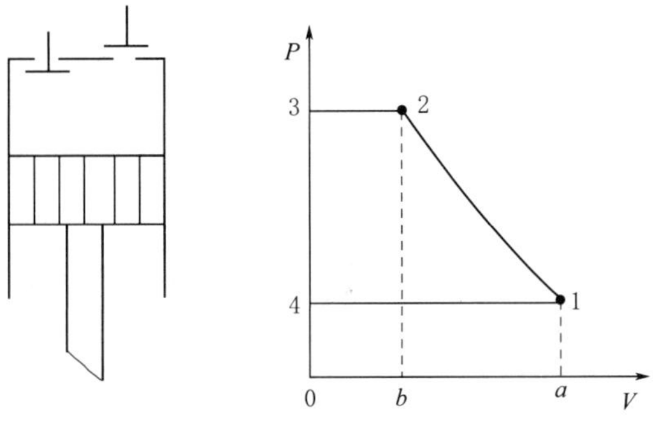

图 4-16　活塞式制冷压缩机的理想工作过程

吸气过程 4—1：活塞由上止点向下运动时，气缸容积增大、压力降低，当气缸内压力低于吸气管路中的压力时，在压力差作用下使吸气阀门打开，制冷剂蒸气便被吸入活塞上部的气缸内，当活塞移到下止点位置时停止吸气，吸气阀在弹簧力和阀片本身的重力作用下关闭，完成吸气过程。吸气过程一般被看作是等压过程。

活塞式压缩机的工作是靠气缸、气阀

和在气缸中作往复运动的活塞所构成的工作容积不断变化来完成的。如果不考虑活塞式压缩机实际工作中的容积损失和能量损失（即理想工作过程），则活塞式压缩机曲轴每旋转一周所完成的工作，可分为吸气、压缩和排气。

压缩过程1—2：活塞从下止点向上运动，吸、排气阀处于关闭状态，气体在密闭的气缸中被压缩，由于气缸容积逐渐缩小，则压力、温度逐渐升高直至气缸内气体压力与排气压力相等。压缩过程一般被看作是等熵过程。

排气过程2—3：活塞继续向上移动，致使气缸内的气体压力大于排气压力，则排气阀开启，气缸内的气体在活塞的推动下等压排出气缸进入排气管道，直至活塞运动到上止点。此时由于排气阀弹簧力和阀片本身重力的作用，排气阀关闭排气结束。

至此，压缩机完成了一个由吸气、压缩和排气三个过程组成的工作循环。此后，活塞又向下运动，重复上述三个过程，如此周而复始地进行循环。这就是活塞式制冷压缩机的理想工作过程与原理。

二、活塞式制冷压缩机的基本构造

活塞式制冷压缩机主要由机体、曲轴、连杆、活塞组、阀门、轴封、能量调节装置等部件组成。

（1）机体。包括气缸体和曲轴箱两部分，一般采用高强度灰铸铁（HT20－40）铸成一个整体。它是支承气缸套、曲轴连杆机构及其他所有零部件重量并保证各零部件之间具有正确的相对位置的本体。气缸采用气缸套结构，安装在气缸体上的缸套座孔中，便于当气缸套磨损时维修或更换。因而结构简单，检修方便。

（2）曲轴。曲轴是活塞式制冷压缩机的主要部件之一，传递着压缩机的全部功率。其主要作用是将电动机的旋转运动通过连杆改变为活塞的往复直线运动。曲轴在运动时，承受拉、压、剪切、弯曲和扭转的交变复合负载，工作条件恶劣，要求具有足够的强度和刚度以及主轴颈与曲轴销的耐磨性。故曲轴一般采用40号、45号或50号优质碳素钢锻造，但现在已广泛采用球墨铸铁（如QT50－1.5与QT60－2等）铸造。

（3）连杆。连杆是曲轴与活塞间的连接件，它将曲轴的回转运动转化为活塞的往复运动，并把动力传递给活塞对气体做功。连杆包括连杆体、连杆小头衬套、连杆大头轴瓦和连杆螺栓。

连杆体在工作时承受拉、压交变载荷，故一般用优质中碳钢锻造或用球墨铸铁（如QT40－10）铸造，杆身多采用工字形截面且中间钻一长孔作为油道。

1）连杆小头通过活塞销与活塞相连，销孔中加衬套以提高耐磨、耐冲击能力。连杆小头衬套常用锡磷青铜ZQSn10－1做成整体筒状，外圆面车有环槽并钻有油孔，内表面开有轴向油槽。

2）连杆大头与曲轴连接。连杆大头一般做成剖分式，以便于装拆和检修。为了改善连杆大头与曲柄销之间的磨损状况，大头孔内一般均装有轴承合金轴瓦即连杆大头轴瓦。连杆大头轴瓦分薄壁和厚壁两种，系列制冷压缩机都采用薄壁轴瓦。轴瓦的上瓦与连杆油孔相应的地方也开有油孔。

3）连杆螺栓用于连接剖分式连杆大头与大头盖。连杆螺栓是曲柄连杆机构中受力严重的零件，它不仅受反复的拉伸且受震动和冲击作用，很容易松脱和断裂，以致引起严重事故。所以对连杆螺栓的设计、加工、装配均有严格要求。连杆螺栓常用 40Cr、45Cr 钢等制造，且采用细牙螺纹，其安装时要求有一定的预紧力，以免在载荷变化时连杆大头上下瓦和曲柄销之间松动敲击，加速机器零件的损坏。但预紧力过大也是不利的。所以在上紧连杆螺栓时，最好用扭力扳手按说明书规定施力，可参照下式计算施力。

当 $8\leqslant d\leqslant 18$ 时（d 为螺栓直接，单位为 mm），连杆螺栓上紧力为

$$F=977.2-397.613d+63.2d^2-4.91042d^3+0.1875d^4-0.0028125d^5\text{(kN)}$$

（4）活塞组。活塞组是活塞、活塞销及活塞环的总称。活塞组在连杆带动下，在气缸内作往复直线运动，从而与气缸等共同组成一个可变的工作容积，以实现吸气、压缩、排气等过程。

1）活塞。活塞可分为筒形和盘形两大类。我国系列制冷压缩机的活塞均采用筒形结构，它由顶部、环部和裙部三部分组成。活塞顶部组成封闭气缸的工作面。活塞环部的外圆上开有安装活塞环的环槽，环槽的深度略大于活塞环的径向厚度，使活塞环有一定的活动余地。活塞裙部在气缸中起导向作用并承受侧压力。

活塞的材料一般为铝合金或铸铁。灰铸铁活塞过去在制冷压缩机中应用较广，但由于铸铁活塞的质量大且导热性能差，因此，近年来系列制冷压缩机的活塞都采用铝合金活塞。铝合金活塞的优点是质量轻、导热性能好，表面经阳极处理后具有良好的耐磨性。但铝合金活塞比铸铁活塞的机械强度低、耐磨性能也差。

2）活塞销。活塞销是用来连接活塞和连杆小头的零件，在工作时承受复杂的交变载荷。活塞销的损坏将会造成严重的事故，故要求其有足够的强度、耐磨性和抗疲劳、抗冲击的性能。因此，活塞销通常用 20 号钢、20Cr 钢或 45 号钢制造。

3）活塞环。活塞环包括气环和油环。气环的主要作用是使活塞和气缸壁之间形成密封，防止被压缩蒸气从活塞和气缸壁之间的间隙中泄漏。为了减少压缩气体从环的锁口泄漏，多道气环安装时锁口应相互错开。油环的作用是布油和刮去气缸壁上多余的润滑油。气环可装一至三道，油环通常只装一道且装在气环的下面，常见的油环断面形状有斜面式和槽式两种，斜面式油环安装时斜面应向上。气环的密封作用和油环的布油及刮油作用可用图 4-17 来说明。

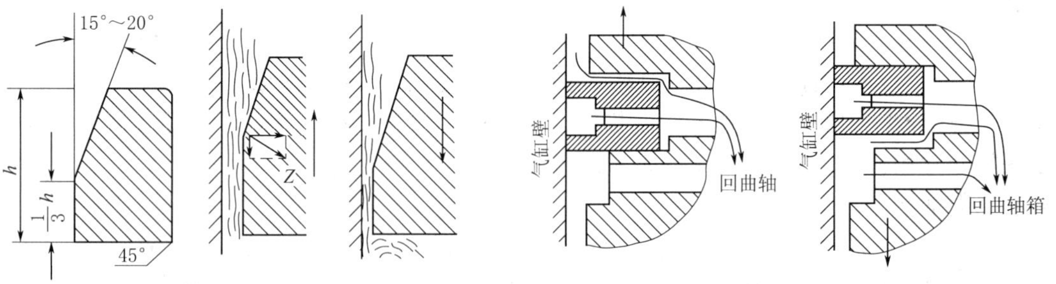

(a) 斜面式油环　　(b) 槽式油环

图 4-17　油环的布油及刮油作用

（5）阀门与轴封。如图 4-18 所示气阀是压缩机的一个重要部件，属于易损件。它的质量及工作的好坏直接影响压缩机的输气量、功率损耗和运转的可靠性。气阀包括吸气阀

和排气阀，活塞每上下往复运动一次，吸、排气阀各启闭一次，从而控制压缩机并使其完成吸气、压缩、排气、膨胀四个工作过程。由于阀门启闭工作频繁且对压缩机的性能影响很大，因此气阀需满足如下要求：气体流过阀门时的流动阻力要小，要有足够的通道截面，通道表面应光滑，启闭及时、关闭严密，坚韧、耐磨，工作可靠。

轴封的作用在于防止制冷剂蒸气沿曲轴伸出端向外泄漏，或者是当曲轴箱内压力低于大气压时，防止外界空气漏入。因此，轴封应具有良好的密封性和安全可靠性、且结构简单、装拆方便、并具有一定的使用寿命。

轴封装置主要有机械式和填料式两种。目前常用的机械式轴封主要有摩擦环式和波纹管式。其中，国产系列活塞式制冷压缩机大都采用摩擦环式轴封，这种轴封由活动环（摩擦环）、固定环、弹簧及弹簧座、压圈和两个“O”形耐油橡胶圈所组成，如图 4 - 19 所示。活动环槽内嵌一橡胶密封圈并与活动环一同套装在轴上，在弹簧力和压圈的作用下，活动环与橡胶圈一同被压紧在轴上且使活动环紧贴在固定环上。工作时弹簧座与弹簧、轴上橡胶密封圈及活动环随同曲轴一起转动，固定环及其上的橡胶圈则固定不动。故工作时活动环和固定环做相对运动，紧贴的摩擦面起防止制冷剂往外泄漏的密封作用，轴上橡胶圈用来密封轴与活动环之间的间隙，固定环上的耐油橡胶密封圈起防止轴封室内润滑油外泄的作用。

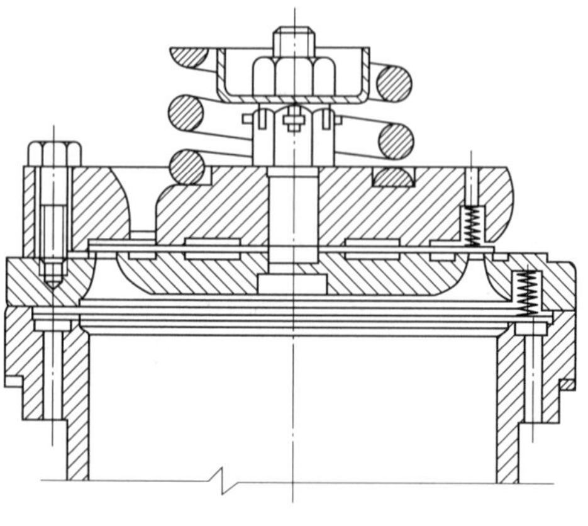

图 4 - 18　气阀

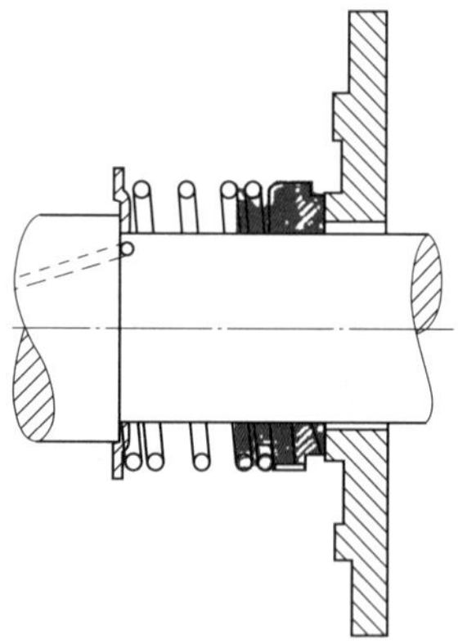

图 4 - 19　轴封

（6）能量调节装置。在制冷系统中，随着冷间热负荷的变化，其耗冷量亦有变化，因此压缩机的制冷量亦应作必要的调整。压缩机制冷量的调节是由能量调节装置来实现的，所谓压缩机的能量调节装置实际上就是排气量调节装置。它的作用有二：一是实现压缩机的空载启动或在较小负荷状态下启动；二是调节压缩机的制冷量。压缩机排气量的调节方法有：①顶开部分气缸的吸气阀片；②改变压缩机的转速；③用旁通阀使部分缸的排气旁通回吸气腔，这种方法用于顺流式压缩机；④改变附加余隙容积的大小。顶开气缸吸气阀片的调节方法是一种广泛应用的调节方法，国产系列活塞式制冷压缩机，均采用顶开部分气缸吸气阀片的输气量调节装置，如图 4 - 20 所示。

顶开部分气缸吸气阀片的输气量调节装置的原理很简单，即用顶杆将部分气缸的吸气阀片顶起，使之常开，使活塞在压缩过程中，压力不能升高，吸入蒸气又通过吸气阀排回

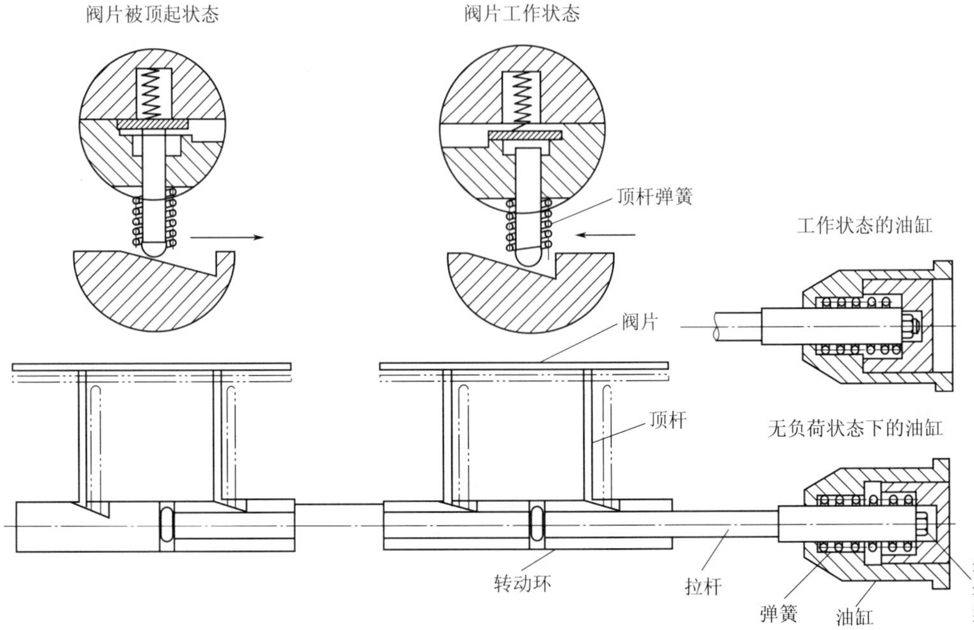

图 4-20　顶开气缸吸气阀调节装置

吸气侧，故该气缸无排气量，从而达到调节输气量的目的即能量调节。

顶开吸气阀片能量调节装置可分为执行机构、传动机构和油分配机构三部分，主要由油分配阀、油缸、油活塞、拉杆、转动环、顶杆和弹簧等部件组成。拉杆上有两个凸圆，分别嵌在两个气缸套外部的转动环中。若不向油缸中供油，由于油活塞左侧弹簧的作用，油活塞处于油缸的右端位置，气缸套外部的顶杆都是处在转动环斜槽的最高位置，将吸气阀片顶开，于是该气缸处于卸载状态。当压力油经油分配阀向油缸供油时，因油压的作用，克服弹簧力使油活塞及拉杆向左移动，并通过拉杆上的凸圆使转动环转动一定角度，相应地使顶杆在顶杆弹簧作用下而下滑到斜槽的最低处，这时吸气阀片在重力和弹簧力作用下降落在阀座上并可以自由启闭，则该气缸处于工作状态。

压缩机启动时，由于机器尚未转动，油压为零，因而全部气缸的吸气阀片都被顶杆顶开，气缸不起压缩作用，从而实现了空载启动。

我国系列活塞式制冷压缩机，以两个气缸为一组，即每一个油活塞和拉杆控制两个气缸。8AS-12.5 型压缩机的油分配阀上标有 0、1/4、1/2、3/4 和 1 五个挡位，也就是说可以根据制冷量的需要，使制冷量按 0、25%、50%、75%及 100%来进行调节。

利用调节压缩机排气量来调节压缩机的制冷量，比采用温度控制器和低压继电器来控制压缩机的停、开要好得多。特别是大功率的电动机，停开过于频繁是电源所不允许的。

三、活塞式制冷压缩机的理想工作过程的性能计算

1. 理想工作过程理论排气量

（1）理想的蒸气制冷压缩机应具备的条件如下：①压缩机气缸内不存在余隙容积；②吸入和排出蒸气时没有阻力损失；③制冷剂和气缸壁之间不发生热交换；④机器内部非

常严密，没有泄漏现象。

（2）理论排气量。曲轴转一圈，活塞往复一次，完成吸气、压缩、排气等过程，排出气缸工作容积 V_g 体积的蒸气。

气缸工作容积 V_g：

$$V_g=\frac{\pi}{4}D^2S$$

式中　D——缸径，m；

S——活塞行程，m。

若压缩机有 Z 个气缸，转速为 nr/min，则理论排气量 V_h（单位为 m^3/s）为

$$V_h=V_gZn/60=\frac{\pi}{4}D^2SZn/60=\frac{\pi}{240}D^2SZn \tag{4-1}$$

2. 实际工作过程及容积效率

活塞式制冷压缩机的实际工作过程比理想工作过程要复杂得多。图 4－21 所示为实际工作过程在 $p-V$ 图上的表示（虚线为理想工作过程），也称为实际示功图。实际示功图与理论示功图差别很大，而且压缩机的实际输气量也小于理论输气量。

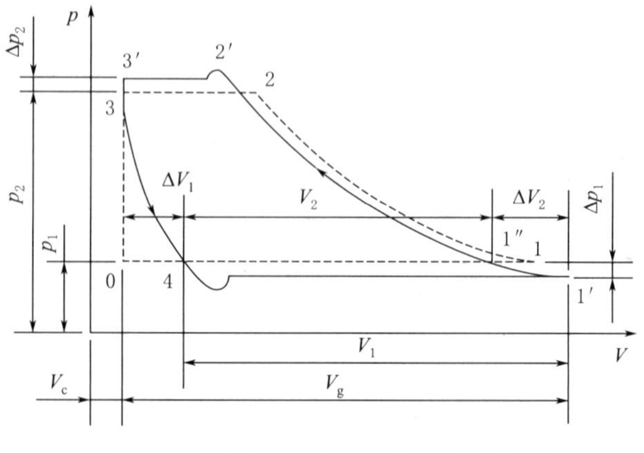

图 4－21　活塞式制冷压缩机实际工作过程

影响实际工作的主要原因是：①在压缩机的结构上，不可避免地会有余隙容积；②吸、排气阀门有阻力；③吸气过程中，气缸与制冷剂气体之间有热量交换；④气阀部分及活塞与气缸壁之间不严密，有内部泄漏。因此，实际排气量 V_R 小于理论排气量 V_h，两者的比值称作容积效率（也称为输气系数），用 η_V 表示，即 $\eta_V=V_R/V_h$，显然，$\eta_V<1$。

为了寻求提高活塞式制冷压缩机容积效率的途径，下面分别叙述影响压缩机容积效率的各项因素。

（1）余隙容积的影响。活塞在气缸中进行往复运动时，活塞行程的上端点（上止点）并不与气缸顶部完全重合，而是留有一定的间隙，以保证运行安全可靠和便于制造安装。这个间隙称为余隙。余隙所占的容积称作余隙容积，用 V_c 表示。余隙容积与气缸工作容积的比值称为相对余隙容积，用 c 表示。现代中小型活塞式制冷压缩机的相对余隙容积 $c=0.02\sim0.06$，与蒸发温度 t_0 有一定关系：

$$\begin{cases} t_0 \geqslant 5℃ & c=0.04 \sim 0.05 \\ t_0=-40 \sim -10℃ & c<0.04 \\ t_0<-30℃ & c=0.02 \sim 0.03 \end{cases}$$

由于余隙容积的存在，减少了排气量。另外，当排气过程结束时，气缸内仍留有 V_c 体积的高压气体，活塞开始向下止点移动时，吸气阀尚不能打开，吸气腔内的低压蒸气不能进入气缸，而首先是残留在气缸内的高压蒸气因容积增大而膨胀，压力下降，直至气缸内的压力下降到低于吸气压力 p_1 后，吸气阀才能打开，压缩机开始吸气，这样便减少了压缩机的实际吸气量。气缸每次的吸入量不是 V_g 而是 V_1。余隙容积中高压气体的膨胀过程如图 4-21 所示，ΔV_1 就是因气缸存在余隙容积所减少的吸气体积量。V_1 与 V_g 之比称为压缩机的余隙系数 λ_v，即

$$\lambda_v=\frac{V_1}{V_g}=\frac{V_g-\Delta V_1}{V_g}$$

λ_v 的计算：余隙容积 V_c 的高压气体在膨胀过程中，通过气缸壁与外界有热量交换，所以不是绝热过程，为多变过程，即 $pV^m=$常数，则有

$$\frac{p_2}{p_1}=\left(\frac{V_c+\Delta V_1}{V_c}\right)^m, \quad \Delta V_1=V_c\left[\left(\frac{p_2}{p_1}\right)^{\frac{1}{m}}-1\right]$$

所以 $$\lambda_v=\frac{V_1}{V_g}=\frac{V_g-\Delta V_1}{V_g}=1-\frac{\Delta V_1}{V_g}=1-\frac{V_c}{V_g}\left[\left(\frac{p_2}{p_1}\right)^{\frac{1}{m}}-1\right]=1-c\left[\left(\frac{p_2}{p_1}\right)^{\frac{1}{m}}-1\right]$$

λ_v 值的大小反映了余隙容积对压缩机吸气量的影响程度。从式中可以看出，余隙容积 V_c 增大，压缩机压力比 p_2/p_1 增大，λ_v 减小。

（2）吸、排气阀门阻力的影响。图 4-21 中求出吸气过程的压力为（$p_1-\Delta p_1$），而排气过程的压力等于（$p_2+\Delta p_2$），Δp_1 和 Δp_2 分别是由于吸气阀门或排气阀门的阻力所引起的压力损失。吸气时为了克服阀门的阻力，须使气缸中蒸气压力降低 Δp_1 才能克服阀门的阻力而吸气。由于气缸中蒸气压力降低，则气体的比容增大，使吸气量减少。当压缩机的排气压力为 p_2 时，气缸内的压力要升至（$p_2+\Delta p_2$）才能排出。这些阻力都会影响压缩机的吸气量，特别是对吸气阀阻力 Δp_1 的影响较大。由于吸、排气阀门使吸气容积由 V_1 减少到 V_2，即 $V_2=V_1-\Delta V_2$，V_2 与 V_1 的比值称为节流系数 λ_p，即

$$\lambda_p=\frac{V_2}{V_1}=\frac{V_1-\Delta V_2}{V_1}=1-\frac{\Delta V_2}{V_1}$$

λ_p 的计算：1′—1″的时间很短，近似为等温过程，$pV=$常数，则有

$$(p_1-\Delta p_1)(V_g+V_c)=p_1(V_g+V_c-\Delta V_2)$$

整理得 $$\Delta V_2=(V_g+V_c)\frac{\Delta p_1}{p_1}$$

所以 $$\lambda_p=1-\frac{\Delta V_2}{V_1}=1-\frac{V_g+V_c}{V_1}\cdot\frac{\Delta p_1}{p_1}=1-\frac{1+V_c/V_g}{V_1/V_g}\cdot\frac{\Delta p_1}{p_1}=1-\frac{1+c}{\lambda_v}\cdot\frac{\Delta p_1}{p_1}$$

λ_p 值的大小反映了压缩机吸、排气阀门阻力所造成的吸气量损失的大小。p_1 和 Δp_1 是影响节流系数的主要因素，当吸气压力降低时，节流系数 λ_p 相应降低。

$$\frac{\Delta p_1}{p_1}\begin{cases}对于 NH_3 为:0.03\sim0.05\\ 对于氟为:0.05\sim0.10\end{cases}$$

(3) 制冷剂与气缸壁热交换的影响。在实际的工作过程中，制冷剂蒸气与气缸壁要进行热量交换。蒸气被压缩时，温度不断升高，并将热量传给气缸壁，使之温度升高；吸气时，制冷剂蒸气与温度较高的气缸壁接触并从中吸收热量。蒸气受热而膨胀，比容增大，使压缩机吸入制冷剂蒸气的质量减少。气缸壁与制冷剂热交换所引起的压缩机吸气量的减少可以用预热系数 λ_t 来表示。

影响预热系数的因素很多，例如压力比 p_2/p_1、压缩机的结构、制冷剂的性质等都会影响预热系数，所以 λ_t 很难确切计算。但是可以肯定 p_2 越大，p_1 越小，制冷剂与气缸壁热交换量越大，则预热系数越小。

一般情况下，可以应用下述经验公式计算：

对于开启式制冷压缩机：
$$\lambda_t=\frac{T_0}{T_k}$$

对于封闭式制冷压缩机：
$$\lambda_t=\frac{T_1}{aT_k+b\Delta t_{sh}}$$

式中　T_0——蒸发温度，K；

T_k——冷凝温度，K；

T_1——吸气温度，K；

Δt_{sh}——过热度，吸气温度 T_1 与蒸发温度 T_0 之差，氨为 5～8℃；

a、b——系数，一般 $a=1.0\sim1.15$，$b=0.25\sim0.8$。

(4) 压缩机内部泄漏的影响。压缩机工作时，由于活塞与气缸壁之间的密封不严、吸排气阀门关闭不严或关闭滞后等，都会造成部分蒸气从高压部分向低压部分泄漏，从而造成压缩机实际排气量的减少。内部泄漏对排气量的影响用气密系数 λ_m 表示。

λ_m 不仅与压缩机的结构、加工质量、零部件磨损程度等因素有关，而且与压缩机的运行工况有关。λ_m 的值不能直接测量，通常取 $\lambda_m=0.95\sim0.98$。

综上所述，容积效率 η_v 与余隙系数 λ_v、节流系数 λ_p、预热系数 λ_t 和气密系数 λ_m 有关，可以表示为：$\eta_v=\lambda_v\cdot\lambda_p\cdot\lambda_t\cdot\lambda_m$。$\eta_v$ 是 t_0、t_k（或 p_0、p_k）的函数。

容积效率 η_v 也可按下列经验公式进行计算：

对于立式制冷压缩机，当转速 $n<720$r/min，相对余隙容积 $c=0.04\sim0.06$ 时，有

$$\eta_v=0.94-0.0605\left[\left(\frac{p_k}{p_0}\right)^{\frac{1}{m}}-1\right]\tag{4-2}$$

对于立式制冷压缩机，当转速 $n\geqslant720$r/min，相对余隙容积 $c=0.03\sim0.04$ 时，有

$$\eta_v=0.94-0.085\left[\left(\frac{p_k}{p_0}\right)^{\frac{1}{m}}-1\right]\tag{4-3}$$

式中　m——多变指数，以氨为制冷剂时，$m=1.28$；R-12 时，$m=1.13$；R-22 时，$m=1.18$。

压缩比 $p_k/p_0<8\sim10$，否则 η_v 很小。

实际排气量 $V_R=\eta_v V_h$。

3. 活塞式制冷压缩机制冷量及耗功率

（1）制冷量。

$$\Phi_0=\eta_v V_h q_v \tag{4-4}$$

式中　q_v——单位容积制冷量，kJ/m^3。

对于一台制冷压缩机，当使用某一种制冷剂时，其制冷量随着工况的不同而变化。因为工况改变时，压缩机的容积效率 η_v 和制冷剂的单位容积制冷量 q_v 都要随之而变。

（2）耗功率。压缩机耗功率是指电机传给压缩机轴上的功率，即轴功率 p_e，它消耗在：①压缩制冷剂蒸气——指示功率 p_i；②克服运动机构的摩擦阻力——摩擦功率 p_m。

1）指示功率 p_i。

单位质量制冷剂理论耗功量 w_{th}：

$$w_{th}=\frac{f_{th}\cdot l_p\cdot l_s\cdot A_c}{V_g/v_1}\cdot 10^2=h_2-h_1 \tag{4-5}$$

式中　V_g——气缸工作容积，m^3；

v_1——吸入制冷剂蒸气比容，m^3/kg；

f_{th}——示功图面积 12301（图 4-21），mm^2；

l_p——示功图压力比例，bar/mm；

l_s——示功图行程比例，m/mm；

A_c——气缸横截面积，m^2。

单位质量制冷剂实际耗功量 w_i（单位质量指示功，单位为 kJ/kg）：

如图 4-21 所示，实际工作过程的示功图为 1′2′3′4′1′，其面积为 f_i，每个气缸实际吸入气体质量为 $\eta_v V_g/v_1$，所以

$$w_i=\frac{f_i\cdot l_p\cdot l_s\cdot A_c}{\eta_v\cdot V_g/v_1}\cdot 10^2$$

指示效率 η_i：　$$\eta_i=\frac{\text{理论耗功量 } w_{th}}{\text{实际耗功量 } w_i}=\eta_v\frac{f_{th}(\text{理论示功图面积 12301})}{f_i(\text{实际示功图面积 1′2′3′4′1′})}$$

η_i 表示实际压缩过程与理想压缩过程接近的程度，图 4-22 所示为指示效率与压缩比之间的关系。计算中，立式和 V 型氨压缩机和氟利昂压缩机的 η_i 值可查压缩机表得到。对于立式压缩机，η_i 值也可按经验公式计算，即

$$\eta_i=\frac{T_0}{T_k}+bt_0$$

式中　T_0、T_k——蒸发、冷凝温度，K；

t_0——蒸发温度，℃；

b——系数，一般氟利昂压缩机取 $b=0.0025$，氨压缩机取 $b=0.001$。

考虑到指示效率的影响，压缩机实际消耗的压缩功率称为指示功率，用 P_i（单位为 kW）表示：

$$P_i=M_R\cdot w_i=M_R\frac{w_{th}}{\eta_i}=\frac{\eta_v\cdot V_h}{v_1}\cdot\frac{h_2-h_1}{\eta_i} \tag{4-6}$$

式中　M_R——制冷剂质量流量，kg/s；

V_h——理论排气量，m^3/s；

h_1、h_2——吸、排气状态的焓。

2）摩擦功率 P_m。压缩机运转时要克服机械摩擦，如各轴承和轴颈之间的摩擦；活塞、活塞环和气缸壁之间的摩擦等。消耗在克服压缩机各运动部件之间摩擦阻力的功率，称为压缩机的摩擦功率，而且润滑油泵消耗的功率也包括在摩擦功率之内。

指示功率与轴功率的比值称为摩擦（机械）效率，用 η_m 表示，即 $\eta_m=P_i/P_e$，一般取 $\eta_m=0.8\sim0.9$。

如图 4-23 所示为活塞式制冷压缩机的机械效率与压缩比之间的变化关系。机械效率的变化和指示效率的变化情况相似，中低速活塞式制冷压缩机的 η_m 较高，随着压缩比的增加，η_m 将减小。

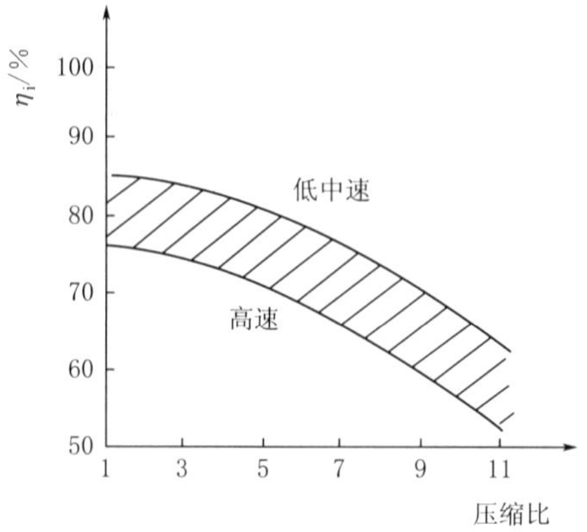

图 4-22　压缩机的指示效率与压缩机比关系

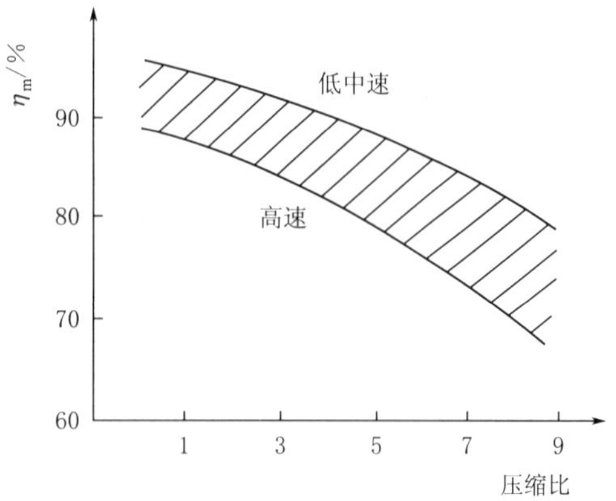

图 4-23　压缩机的机械效率与压缩机比关系

3）配用电机功率（单位为 kW）。

a. 轴功率 P_e。

$$P_e=P_i+P_m=\frac{P_i}{\eta_m}=\frac{\eta_v \cdot V_h}{v_1}\cdot\frac{h_2-h_1}{\eta_i \cdot \eta_m} \tag{4-7}$$

指示效率 η_i 和摩擦效率 η_m 的乘积，通常称为压缩机的总效率，以 η_s 表示，它能反映压缩机在某一工况下运转时的各种损失。在正常情况下，活塞式制冷压缩机的 $\eta_s\approx0.65\sim0.75$。

从式中可以看出，除了压缩机的理论排气量 V_h 外，其他各项值都与运行工况和制冷剂的性质有关。可见对于一台制冷压缩机，当使用某一制冷剂时，轴功率随工况的不同而变化。

b. 配用电机功率 P。压缩机在实际使用中，配用的电动机的功率除应考虑该制冷压缩机的运行工况外，还应考虑到压缩机与电动机之间的连接方式，并应有一定的裕量，以防意外超载。因此，P 应为

$$P=(1.10\sim1.15)\frac{P_e}{\eta_d}=(1.10\sim1.15)\frac{\eta_v \cdot V_h}{v_1}\cdot\frac{h_2-h_1}{\eta_i \cdot \eta_m \cdot \eta_d}$$

式中　η_d——传动效率，采用直接连接时，$\eta_d=1$；采用三角皮带连接时，$\eta_d=0.9\sim0.95$。

c. 电机输入功率 P_{in}。

$$P_{in}=\frac{P}{\eta_0}=(1.10\sim1.15)\frac{\eta_v\cdot V_h}{v_1}\cdot\frac{h_2-h_1}{\eta_i\cdot\eta_m\cdot\eta_d\cdot\eta_0}$$

式中　η_0——电动机效率，与电动机的类型、额定功率大小以及负载功率大小有关，单向电机的效率低于三相电机的效率，额定功率大的电机效率高于额定功率小的。

四、影响活塞式制冷压缩机性能的主要因素

活塞式制冷压缩机的性能，除了它的排气量、容积效率、制冷量和功率外，还应包括其能耗指标。为了评价压缩机运转时的经济性，目前常采用两个能耗指标：一个是单位轴功率的制冷量 K_e（或称为制冷压缩机的性能系数，用 COP 表示），另一个就是能效比 EER，此指标考虑到驱动电机效率对能耗的影响，而且用单位电动机输入功率的制冷量来进行评价。目前常用 K_e 值评价开启式制冷压缩机的运转性能，多用 EER 值评价封闭式制冷压缩机的运转性能，因为封闭式制冷压缩机和电动机已组合成整体，电动机的优劣将直接影响到压缩机的运转特性参数。

单位轴功率的制冷量 K_e（COP）为

$$K_e=\frac{\Phi_0}{P_e}=\frac{\Phi_0}{P_{th}}\eta_i\eta_m=\varepsilon_{th}\eta_i\eta_m$$

能效比 EER：

$$EER=\frac{\Phi_0}{P_{in}}=\frac{\Phi_0}{P_{th}}\eta_i\eta_m\eta_d\eta_0=\varepsilon_{th}\eta_i\eta_m\eta_d\eta_0$$

式中　ε_{th}——活塞式制冷压缩机的理论制冷系数。

影响压缩机性能有五大因素（转速一定，排气量为定值），具体如下：

① 容积效率 η_v
② 压缩机总效率 $\eta_s=\eta_i\eta_m$
③ 电机效率 η_0
（①～③）主要取决于压缩比$\dfrac{p_k}{p_0}$，p_k 越大，p_0 越小，性能越差。

④ 单位容积制冷能力 q_v
⑤ 单位理论耗功量 p_{th}
（④～⑤）取决于 T_0 和 T_k。

因为 p_k、p_0 与 T_k、T_0 相对应，所以影响性能的重要因素为冷凝温度 T_k 和蒸发温度 T_0。

1. T_k 变化对性能的影响

图 4-24 所示为当蒸发温度不变、T_k 变化时制冷机的理论循环的变化情况。当冷凝温度由 T_k 升高至 T_k'时，则循环由 12341 变化为 $12'3'4'1$。由图 4-24 可见，当冷凝温度升高时，冷凝压力 p_k 也相应升高，由于蒸发温度不变，则吸气比容 v_1 也保持不变。循环的特性变化如下：

（1）压缩比 p_k/p_0 增大，指示效率 η_i 降低，摩擦效率 η_m 降低。

（2）单位质量制冷量由 q_0 减少为 q_0'。因吸气比容 v_1 不变，所以单位容积制冷量 q_v 和制冷量 Q_0 都减小。

（3）单位压缩功由 w_c 增大为 w_c'。由于 v_1 不变，压缩机的质量输气量不变，因此压缩机的轴功率 P_e 增大，增加电机载荷。

(4) 压缩机的能耗指标 EER 值和 K_e 值均降低。

(5) 制冷压缩机的排气温度由 T_2 升至 T_2'。

显然，冷凝温度 T_k 降低时，变化情况正好相反。因此，冷凝温度的升高对制冷压缩机以及制冷装置的运行最不利的。

2. T_0 变化对性能的影响

图 4-25 所示为当冷凝温度 T_k 不变、T_0 变化时制冷机的理论循环的变化情况。当蒸发温度由 T_0 下降至 T_0'时，则循环由 12341 变化为 $1'2'34'1'$。循环的特性变化如下：

(1) 单位质量制冷量由 q_0 减少为 q_0'。吸气比容由 v_1 增大为 v_1'，所以单位容积制冷量 q_v 和制冷量 Q_0 都减小。

(2) 单位压缩功由 w_c 增大为 w_c'。

(3) 由于单位质量制冷量 q_0 减小和单位压缩功的增大，因此理论制冷系数 ε_{th}减小，压缩机的能耗指标 K_e 值和 EER 值均下降。

(4) 压缩比增加，容积效率和指示效率、摩擦效率均有所降低。

(5) 压缩机的排气温度由 T_2 升至 T_2'。

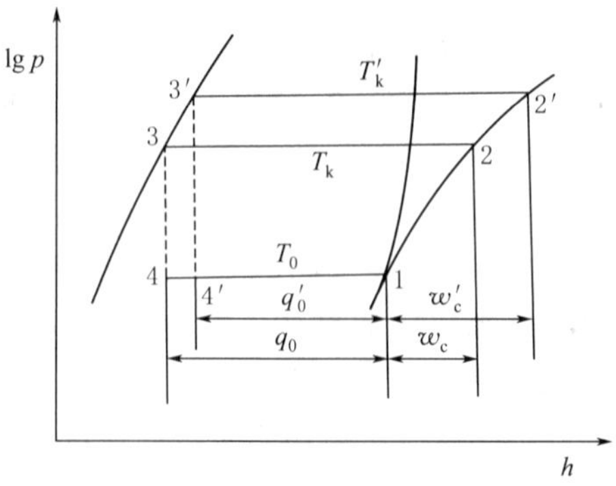

图 4-24　冷凝温度 T_k 的影响

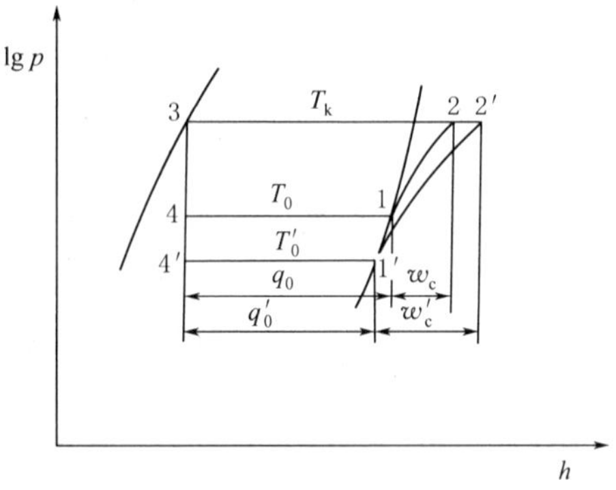

图 4-25　蒸发温度 T_0 的影响

至于压缩机消耗的功率的变化很难直接判断。$P_{th}=M_R(h_2-h_1)=\dfrac{V_R}{v_1}(h_2-h_1)$，虽然所消耗的功增加了，但是由于吸气比容的增大，压缩机的质量流量 M_R 却减小了。为了分析功率的变化情况，把制冷剂当作理想气体，因此其理论压缩功率可以表示为

$$P_{th}=\frac{V_R}{v_1}(h_2-h_1)=\frac{k}{k-1}\eta_v\cdot V_h\cdot p_0\left[\left(\frac{p_k}{p_0}\right)^{\frac{k-1}{k}}-1\right] \tag{4-8}$$

由上式可以看出，当 $p_0=p_k$ 和 $p_0=0$ 时，P_{th}都为零，因此 P_{th}必然存在一个最大值。将上式对 p_0 求导，并令其导数等于零，可得理论功率最大时的压力比为

$$\left(\frac{p_k}{p_0}\right)_{P_{th}=\max}=k^{\frac{1}{k-1}}$$

而且，对于不同的制冷剂，数值大致相等，其值约等于 3。

综上所述，当 t_k 不变而蒸发温度降低时，压缩机的制冷量总是减少的，能耗指标 K_e 值和 EER 值均下降。相反，当蒸发温度上升时，制冷量增大，能耗指标 K_e 值和 EER 值

均增大。压缩机的功率存在一个最大值。

通过以上分析可知，对于活塞式制冷压缩机的运转，降低冷凝温度或提高蒸发温度总是有利的。当然压缩机在实际运转中，冷凝温度受冷却介质温度的限制，蒸发温度必须满足被冷却物质所要求的温度，不能任意改变。但是，熟悉和掌握 T_k 和 T_0 的变化对压缩机和制冷装置的影响规律，对正确选用压缩机及运行工况分析、故障排除都是十分重要的。

任务四　离心式制冷压缩机

学习目标

1. 学习离心式制冷压缩机的构造与工作原理。
2. 学习离心式制冷压缩机的特点与特性。
3. 学习离心式制冷压缩机的调节。

一、离心式制冷压缩机的构造与工作原理

离心式制冷压缩机的构造和工作原理与离心式鼓风机极为相似。但它的工作原理与活塞式压缩机有根本的区别，它不是利用气缸容积减小的方式来提高气体的压力，而是依靠动能的变化来提高气体压力。离心式压缩机具有带叶片的工作轮，当工作轮转动时，叶片就带动气体运动或者使气体得到动能，然后使部分动能转化为压力能从而提高气体的压力。这种压缩机由于它工作时不断地将制冷剂蒸气吸入，又不断地沿半径方向被甩出去，所以称这种形式的压缩机为离心式压缩机。其中根据压缩机中安装的工作轮数量的多少，分为单级式和多级式。如果只有一个工作轮，就称为单级离心式压缩机，如果是由几个工作轮串联而组成，就称为多级离心式压缩机。在空调中，由于压力增高较少，所以一般都是采用单级，其他方面所用的离心式制冷压缩机大都是多级的。单级离心式制冷压缩机的构造主要由工作轮、扩压器和蜗壳等所组成，如图 4－26 所示。

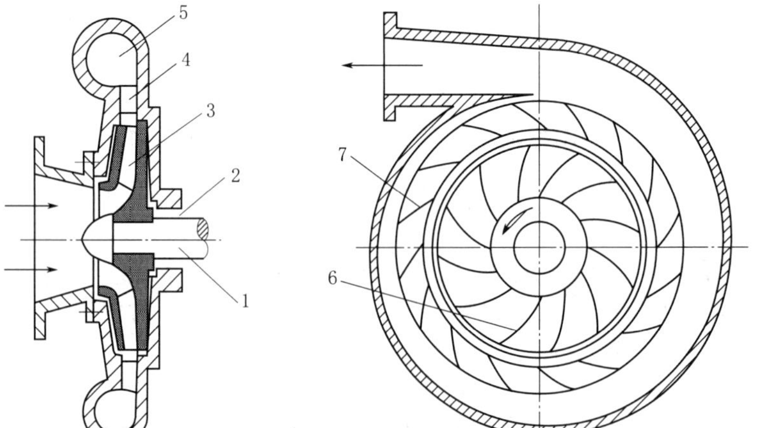

图 4－26　单级离心式制冷压缩机

1—轴；2—轴封；3—工作轮；4—扩压器；5—蜗壳；6—工作轮叶片；7—扩压器叶片

压缩机工作时制冷剂蒸气由吸气口轴向进入吸气室，并在吸气室的导流作用下引导由蒸发器（或中间冷却器）来的制冷剂蒸气均匀地进入高速旋转的工作轮（工作轮也称叶轮，它是离心式制冷压缩机的重要部件，因为只有通过工作轮才能将能量传给气体）。气体在叶片作用下，一边跟着工作轮作高速旋转，一边由于受离心力的作用，在叶片槽道中作扩压流动，从而使气体的压力和速度都得到提高。由工作轮出来的气体再进入截面积逐渐扩大的扩压器（因为气体从工作轮流出时具有较高的流速，扩压器便把动能部分地转化为压力能，从而提高气体的压力）。气体流过扩压器时速度减小，而压力则进一步提高。经扩压器后气体汇集到蜗壳中，再经排气口引导至中间冷却器或冷凝器中。

二、离心式制冷压缩机的特点与特性

离心式制冷压缩机与活塞式制冷压缩机相比较，具有下列优点：

（1）单机制冷量大，在制冷量相同时它的体积小，占地面积少，重量较活塞式轻5～8倍。

（2）由于它没有气阀活塞环等易损部件，又没有曲柄连杆机构，因而工作可靠、运转平稳、噪声小、操作简单、维护费用低。

（3）工作轮和机壳之间没有摩擦，无须润滑。故制冷剂蒸气与润滑油不接触，从而提高了蒸发器和冷凝器的传热性能。

（4）能经济方便的调节制冷量且调节的范围较大。

（5）对制冷剂的适应性差，一台结构一定的离心式制冷压缩机只能适应一种制冷剂。

（6）由于适宜采用分子量比较大的制冷剂，故只适用于大制冷量，一般都在25万～30万kcal/h以上。如制冷量太少，则要求流量小，流道窄，从而使流动阻力大，效率低。但近年来经过不断改进，用于空调的离心式制冷压缩机，单机制冷量可以小到10万kcal/h左右。

按照离心式制冷压缩机的特性，宜采用分子量比较大的制冷剂，目前离心式制冷机所用的制冷剂有R-11、R-12、R-22、R-113和R-114等。我国目前在空调用离心式压缩机中应用得最广泛的是R-11和R-12，且通常是在蒸发温度不太低和大制冷量的情况下，选用离心式制冷压缩机。此外，在石油化学工业中离心式的制冷压缩机则采用丙烯、乙烯作为制冷剂，只有制冷量特别大的离心式压缩机才用氨作为制冷剂。

三、离心式制冷压缩机的调节

离心式制冷压缩机和其他制冷设备共同构成一个能量供给与消耗的统一系统。制冷机组在运行时，只有当通过压缩机的制冷剂的流量与通过设备的流量相等时，以及压缩机所产生的能量头与制冷设备的阻力相适应时，制冷系统的工况才能保持稳定。但是制冷机的负荷总是随外界条件与用户对冷量的使用情况而变化的，因此为了适应用户对冷负荷变化的需要和安全经济运行，就需要根据外界的变化对制冷机组进行调节，离心式制冷机组制冷量的调节有：改变压缩机的转速；采用可转动的进口导叶；改变冷凝器的进水量；进气节流等几种方式，其中最常用的是转动进口导叶调节和进气节流两种调节方法。

所谓转动进口导叶调节，就是转动压缩机进口处的导流叶片以使进入到叶轮去的气体产生旋绕，从而使工作轮加给气体的动能发生变化来调节制冷量。所谓进气节流调节，就是在压缩机前的进气管道上安装一个调节阀，如要改变压缩机的工况时，就调节阀门的大小，通过节流使压缩机进口的压力降低，从而实现调节制冷量。离心式压缩机制冷量的调节最经济有效的方法就是改变进口导叶角度，以改变蒸气进入叶轮的速度方向（C_{1U}）和流量 V。但流量 V 必须控制在稳定工作范围内，以免效率下降。

任务五　螺杆式制冷压缩机

学习目标

1. 学习螺杆式制冷压缩机的总体构造与工作原理。
2. 学习螺杆式制冷压缩机的能量调节及内压比调节。

一、螺杆式制冷压缩机的概述

螺杆式制冷压缩机和活塞式制冷压缩机在气体压缩方式上相同，都属于容积型压缩机，也就是说它们都是靠容积的变化而使气体压缩的。不同点是这两种压缩机实现工作容积变化的方式不同。螺杆式制冷压缩机是利用置于机体内的两个具有螺旋状齿槽的螺杆相啮合旋转及其与机体内壁和吸、排气端座内壁的配合，造成齿间容积的变化，从而完成气体的吸入、压缩及排出过程。

就压缩气体的原理而言，螺杆式制冷压缩机与活塞式制冷压缩机一样，同属于容积式压缩机械，就其运动形式而言，螺杆式制冷压缩机的转子与离心式制冷压缩机的转子一样，做高速旋转运动，所以螺杆式制冷压缩机兼有二者的特点。

螺杆式制冷压缩机的主要优点是：①与活塞式制冷压缩机相比，螺杆式制冷压缩机的转速较高（通常在3000r/min以上），又兼具重量轻、体积小，占地面积小等一系列优点，因而经济性较好；②螺杆式制冷压缩机没有往复质量惯性力，动力平衡性能好，基础可以很小；③螺杆式制冷压缩机结构简单紧凑，易损件少，所以运行周期长，维修简单，使用可靠，有利于实现操作自动化；④螺杆式制冷压缩机对进液不敏感，可采用喷油或喷液冷却，故在相同的压力比下，排气温度比活塞式制冷压缩机低得多，因此单级压力比高；⑤与离心式制冷压缩机相比，螺杆式制冷压缩机具有强制输气的特点，即输气量几乎不受排气压力的影响。在较宽的工况范围内，仍可保持较高的效率。

螺杆式制冷压缩机的主要缺点是：①由于气体周期性地高速通过吸、排气孔口以及通过缝隙的泄漏等原因，使压缩机产生很大的噪声，需要采取消音或隔音措施；②要求精度较高的螺旋状转子，需要有专用设备和刀具来加工；③由于间隙密封和转子刚度等的限制，目前螺杆式制冷压缩机还不能像活塞式制冷压缩机那样达到较高的终了压力；④由于螺杆式制冷压缩机采用喷油方式，需要喷入大量油，必须配置相应的辅助设备，从而使整个机组的体积和重量加大。

螺杆式制冷压缩机是一种高速回转的容积式压缩机，通过工作容积缩小进行气体压缩，除了两个高速回转的螺杆转子外，没有其他运动部件，具有回转式压缩机（如离心式压缩机）和往复式压缩机（如活塞式压缩机）各自的优点，如体积小、重量轻、运转平稳、易损件少、效率高、单级压比大、能量无级调节等，在压缩机行业得到迅速发展及应用。由于螺杆式制冷压缩机单级有较大的压缩比及宽广的容量范围，故适用于高温、中温、低温各种工况，特别在低温工况及变工况情况下仍有较高的效率，这一优点是其他机型（如吸收式、离心式等）不具备的。因此，螺杆式制冷压缩机被广泛用于空调、冷冻、化工、水利等各个工业领域，是制冷领域特别是工业制冷领域的最佳机型。

由于螺杆式制冷压缩机属于容积式压缩机，适用于 NH_3（氨）、R-22（氟利昂 22）等各种制冷工质，不需要对机器结构作任何改变，所以一般认为螺杆式制冷压缩机不存在困扰制冷界的 CFCs 工质替代问题。

我国的螺杆式制冷压缩机最早由合肥通用所组织国内有关厂家共同开发研制，于 1974 年下达联合设计任务书，4～5 个行业厂家同时研制，最后只有武汉冷冻机厂（简称武冷厂）一家在研制，1978 年，武冷厂成功地运行了国产第一台螺杆式制冷压缩机 KA20C（现型号 LG20A），并于 1979 年率先通过部级鉴定，80 年代初投入批量生产，开始了我国螺杆式制冷压缩机的生产。

螺杆式制冷压缩机主要由机壳、转子、轴承、轴封、平衡活塞及能量调节装置等组成，如图 4-27 所示。下面介绍我国具有代表性的螺杆式制冷压缩机，以武汉新世界制冷工业有限公司（简称武新制冷公司）产品为例。

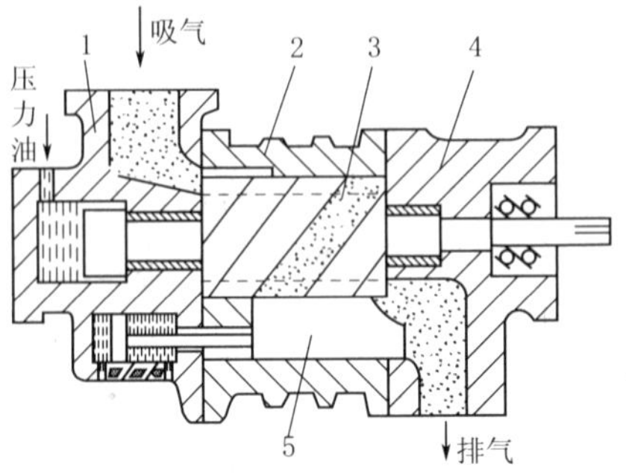

（a）螺杆式制冷压缩机结构简图

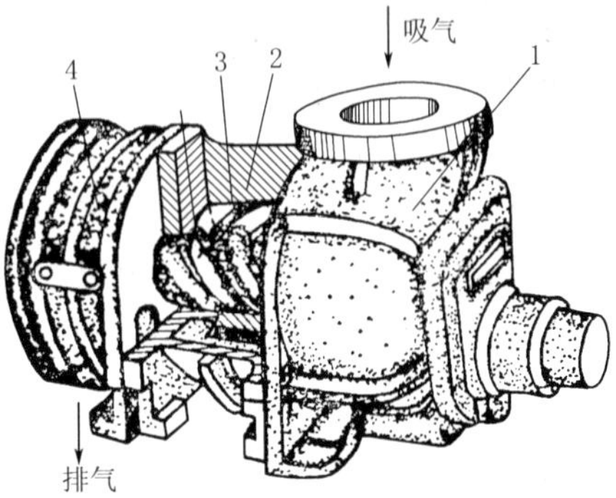

（b）螺杆式制冷压缩机结构立体图

图 4-27　螺杆式制冷压缩机

1—吸气端座；2—机体；3—螺杆；4—排气端座；5—能量调节阀

1. 螺杆Ⅰ型制冷压缩机

螺杆Ⅰ型系列制冷压缩机是我国最早开发并广泛使用的第一代螺杆式制冷压缩机，如图 4-28 所示，具有 80 年代螺杆式制冷压缩机的典型结构，一对转子装入由吸气端座、机体、排气端座组成的机壳中，通过特殊的吸排气通道和转子的啮合回转而完成吸气、压缩、排气三个过程，转子下部的滑阀装置除完成能量调节功能外，还保证压缩机空载启动。

主轴承采用滑动轴承，装在吸、排气端座上，必须用一个较大的油泵进行强制而充分地润滑，同时，也对转子主轴颈表面硬度提出了较高的要求。

内容积比可调节机构属于武新制冷公司国际首创，它克服了内外压力不等时的等容压缩或等容膨胀损失功，可使压缩机运行在最省功状态，它最先应用在 LG20 和 LG16 螺杆式制冷压缩机上。

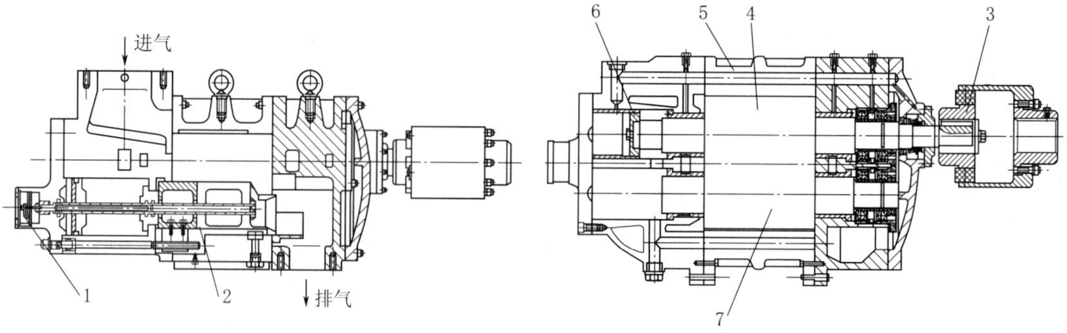

（a）垂直剖面图　　（b）水平剖面图

图 4－28　螺杆Ⅰ型制冷压缩机剖面图

1—能量指示；2—滑阀；3—联轴器；4—阳转子；5—机体；6—平衡活塞；7—阴转子

LG12.5 和 LG25 螺杆式制冷压缩机是固定排气口，内容积比不能调节，为适应不同工况（不同压力比）而配备了 3 种不同的内容积比滑阀，供用户订货时选用一种，当外压比变化时内压力不能同步变化而增加了压缩机的耗功。

2. 螺杆Ⅲ（Ⅱ）型制冷压缩机

螺杆Ⅱ型制冷压缩机如图 4－29 所示，是武新制冷公司瞄准国外先进水平在 1994 年开始研制开发、1996 年全部完成系列化的第二代开启式螺杆制冷压缩机，严格地说，Ⅱ型制冷压缩机是一个过渡产品，主要针对Ⅰ型压缩机上的很多缺陷作了重大改进而没有改变螺杆的核心——型线，主要原因是武新制冷公司想走一个比较稳健的产品开发之路。

螺杆Ⅱ型制冷压缩机在结构上采用了以下多项先进技术：

（1）轴向定位及径向支撑全部采用高质量进口滚动轴承，转子精确定位，轴颈无磨损，额定寿命 40000h。由于轴承精确定位使得转子装配间隙减小，实测其容积效率高于Ⅰ型机，相同工况下的制冷量比螺杆Ⅰ型制冷压缩机高出 2％～3％。

（2）采用最新结构的机械密封，密封压力可达 2.5MPa，确保使用寿命。

（3）润滑系统在机器运转时由高低压压差供油，一个小油泵仅在开机前提供预润滑油，油泵故障率极低。

（4）能量调节滑阀及内容积比调节机构均由微机自动控制，保证压缩机在高温、中温、低温各种工况下均运行在效率最高点，运行更经济，便于实现自动化控制。内容积比可调在国外已普遍被采用，在国内仅我公司采用此项新技术。

（5）吸气过滤器布置在机体内，吸排气截止阀和吸排气止逆阀合二为一，成为最新结构的止回式截止阀。这一切使机器的结构更紧凑，外形更美观。

上述新技术使整个压缩机的技术水平得到了提升，使武新制冷公司的产品迈上了一个新台阶。为了快速赶上国外先进水平，武新制冷公司在Ⅱ型压缩机已全面推向市场并已被市场接受的情况下，于 1997 年开始研制螺杆Ⅲ型制冷压缩机，螺杆Ⅲ型制冷压缩机是在Ⅱ型制冷压缩机的基础上着重改变了两项内容，第一它采用了武新制冷公司与西安交通大学合作开发的具有国际先进水平的第三代螺杆转子型线，使压缩机的效率提高了 5％～

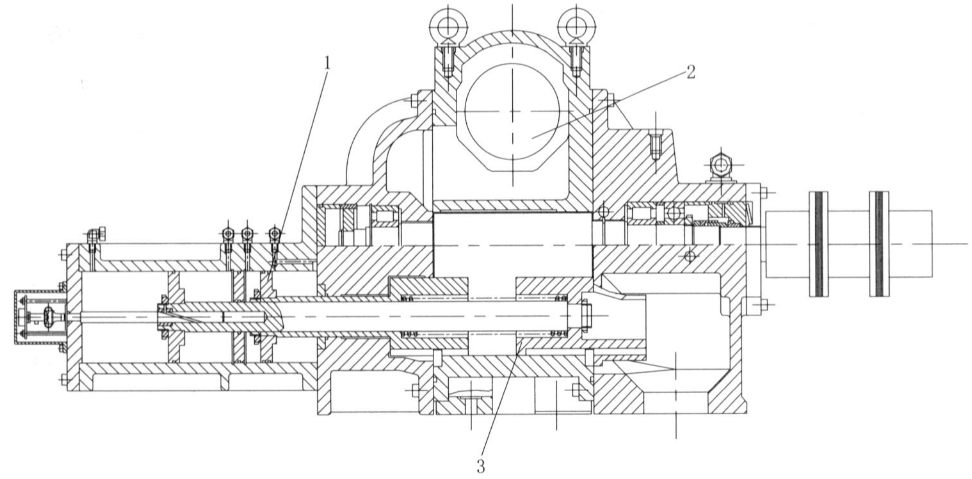

(a) 垂直剖面图

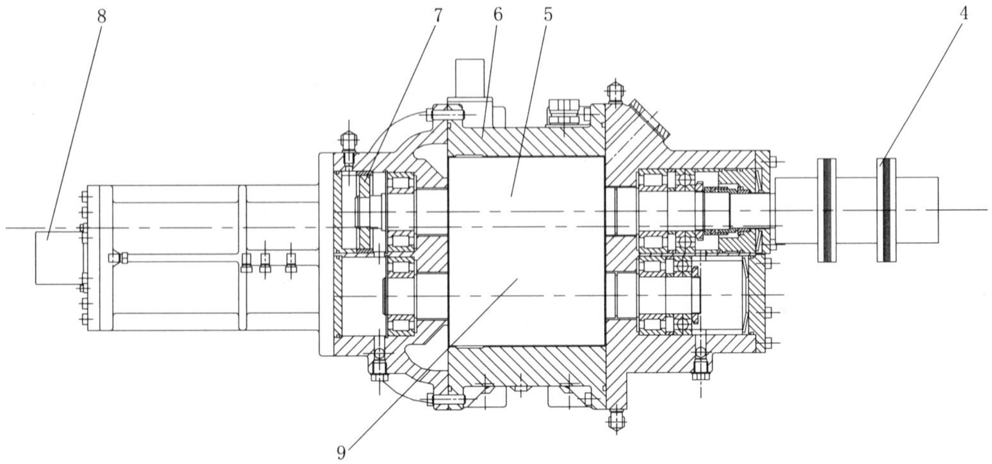

(b) 水平剖面图

图 4－29　螺杆Ⅲ（Ⅱ）型制冷压缩机剖面图

1—油活塞；2—吸气过滤网；3—滑阀；4—联轴器；5—阳转子；6—机体；
7—平衡活塞；8—能量测定装置；9—阴转子

8%；第二它改变了传统的转子长径比设计，开发了短导程及特长导程压缩机，由Ⅱ型制冷压缩机只有 LG16Ⅱ、LG20Ⅱ、LG25Ⅱ三种变为Ⅲ型制冷压缩机有 LG16ⅢD、LG16Ⅲ、LG20ⅢD、LG20Ⅲ、LG20ⅢT、LG25ⅢD、LG25Ⅲ、LG25ⅢT、LG31.5Ⅲ、LG31.5ⅢT 十种，可以方便客户选型。

二、螺杆式制冷压缩机的总体构造

（1）机壳。一般为剖分式，由机体、吸气端座及排气端座等三部分用螺栓连接组成。机体内腔横断面为双圆相交的横 8 字形，与置于其内的两个啮合转子的外圆柱面相适合。

（2）转子。一对互相啮合的螺杆，其上具有特殊的螺旋齿形。其中凸齿形的称为阳转子，凹齿形的称为阴转子。阳转子与阴转子的齿数比，一般为 4∶6（大流量的压缩机齿数比可为 3∶4，当压缩比高达 20 时，齿数比可采用 6∶8）目前也有很多采用 5∶6、5∶7 齿数比。多数情况下，阳转子与电动机直接连接，称为主动转子，阴转子为从动转子，故阳转子多为四头右旋，阴转子多为六头左旋。为了使螺杆式制冷压缩机系列化，零件标准化和通用化，我国确定的螺杆的公称直径系列有 100mm、125mm、160mm、200mm、250mm、315mm、355mm、510mm 八种，其长径比分别有 $\lambda=1.14$、1.5、1.65、1.94 几种，武新制冷公司产品将 $\lambda=1.14$ 称为短导程、$\lambda=1.5$ 称为正常导程（因我国的国标型线导程为 1.5）、$\lambda=1.94$ 称为特长导程。

（3）轴承与轴封。螺杆Ⅰ型制冷压缩机的阴、阳转子均由滑动轴承（主轴承）和向心推力球轴承支承。主轴承用柱销正确安装固定在吸、排气端座内，止推轴承在排气侧阳、阴转子上各装有两只，以承受一定的轴内力。Ⅲ（Ⅱ）型制冷压缩机全部采用进口的滚动轴承，他采用了四个圆柱滚动轴承代替了Ⅰ型制冷压缩机的滑动轴承，采用四点角接触球轴承代替向心推力球轴承。螺杆式制冷压缩机的轴封也多采用弹簧式或波纹管式机械密封，安装在主动转子靠联轴器一端轴上。一般承压为 2.5MPa，国内轴封生产厂家最好的有两家，一家为英国克兰公司在天津独资企业，另一家为民营的丹东克隆公司，武新制冷公司产品均采用上述两家生产的轴封，可以保证压缩机的长期运行。

（4）平衡活塞。由于结构上的差异，因吸、排气侧之间的压力差所引起的，作用在阳转子上的轴向合力，比作用在阴转子上的轴向合力大得多。因此，阳转子上除装设止推轴承外，还增设油压平衡活塞，以减轻阳转子对滑动轴承端面的负荷，减轻止推轴承所承受的轴向力。

（5）能量调节装置。由滑阀、油缸、油活塞、四通换向阀及油管路等组成。活塞装在气缸壁下部两圆交汇处，改变滑阀的位置，即可起调节制冷量的作用。

螺杆式制冷压缩机工作时，齿间基元容积作周期性变化，从而使气体在沿转子轴向移动过程中完成吸气、压缩和排气过程，其具体工作过程如图 4－30 所示。

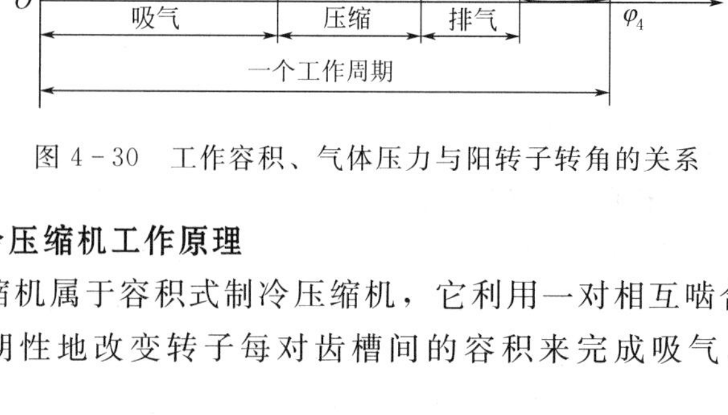

图 4－30　工作容积、气体压力与阳转子转角的关系

三、螺杆式制冷压缩机工作原理

螺杆式制冷压缩机属于容积式制冷压缩机，它利用一对相互啮合的阴阳转子在机体内作回转运动，周期性地改变转子每对齿槽间的容积来完成吸气、压缩和排气过程，如图 4－31 所示。

（a）吸气过程　　（b）压缩过程　　（c）排气过程

图 4－31　转子的工作过程

1. 吸气过程

当转子转动时，齿槽容积随转子旋转而逐渐扩大，并和吸入口相连通，由蒸发系统来的气体通过孔口进入齿槽容积进行气体的吸入过程。在转子旋转到一定角度以后，齿间容积越过吸入孔口位置与吸入孔口断开，吸入过程结束。

2. 压缩过程

当转子继续转动时，被机体、吸气端座和排气端座所封闭的齿槽内的气体，由于阴、阳转子的相互啮合和齿的相互填塞而被压向排气端，同时压力逐步升高进行压缩过程。

3. 排气过程

当转子转动到使齿槽空间与排气端座上的排气孔口相通时，气体被压出并自排气法兰口排出，完成排气过程。

由于每一齿槽空间里的工作循环都要出现以上三个过程，在压缩机高速运转时，几对齿槽的工作容积重复进行吸气、压缩和排气循环，从而使压缩机的输气连续、平稳。

四、螺杆式制冷压缩机的能量调节及内压比调节

螺杆式制冷压缩机的能量调节及内压比调节有多种方法，但目前应用得最广泛的是滑阀调节，因为它能使螺杆式制冷压缩机的制冷量在10％～100％之间无级调节。滑阀调节的基本原理是通过滑阀的移动改变转子的有效工作长度（即改变压缩机阴、阳转子齿间工件容积），以达到能量调节的目的。滑阀装在气缸壁下部两圆交汇处，与两转子外圆柱面紧密配合。

1. 内容积比调节

螺杆式制冷压缩机属于容积式压缩机，具有内压缩这一特性，有一定内压比，而压缩机的工作范围又极其广泛，其工作压力比（冷凝压力/蒸发压力）即外压力比随工况而定，这就要求螺杆式制冷压缩机的内压力比随之变化，使螺杆式制冷压缩机的内压力比接近或等于外压比，使机器的耗功最小，运转最经济，否则将形成一个等容压缩或等容膨胀过程，使压缩机耗功增加。当内压力与外压力的差值越大，多消耗的功也越大。因此，为了使机器能长期经济运转，必须调节机器的内容积比，使内压力比接近或等于外压力比。

2. 能量调节

能量调节机构主要由电磁（或手动）换向阀，能量调节由活塞和能量调节滑阀组成。能量的测定机构主要由螺旋杆和旋转电位器组成，如图 4－32 所示。增载时，从油滤器来的高压油先后通过换向阀的 P、A 孔口后经 SC－2 孔口进入能量活塞右边的油缸内，该活塞左边的油从SC－1孔口流向压缩机回油孔口，则能量活塞带动能量滑阀向左移动，当滑阀靠紧可调滑阀时，压缩机为全负荷，控制盘上能量显示为100%，此时工作腔有效长度为转子全长L_3。反之，当减载时，滑阀同理向右移动，工作腔的气体从滑阀与内容积比滑阀之间的空腔回流到吸入端，工作腔有效长度为L_2，设备即在部分负荷下运转，滑阀右移到右止点时，则L_2达到最小值，此时设备能量最小，为全负荷的15%，故压缩机的制冷量可在15%～100%之间无级调节，能量滑阀所在位置经螺旋杆传递到旋转电位器，经处理后转换为能量百分数显示出来。

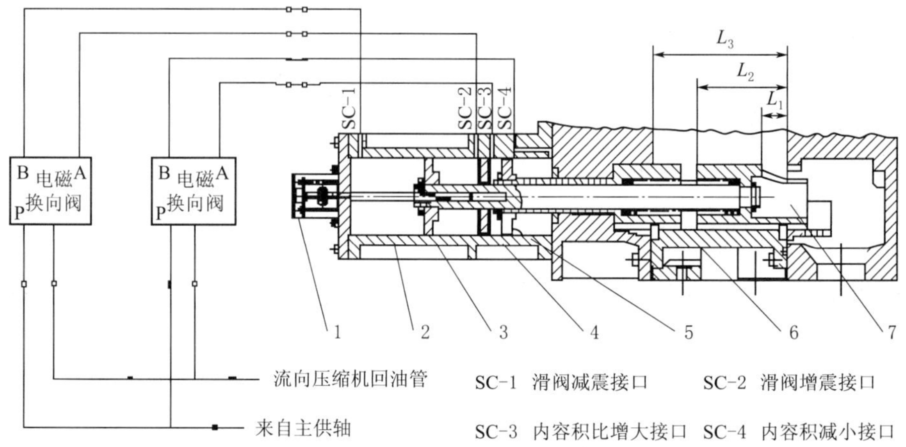

图4－32　内容积比调节和能量调节

1—能量测定机构；2—油缸；3—能量油活塞；4—隔板；5—内容积比油活塞；6—内容积比滑阀；7—能量滑阀

注意：能量滑阀的移动范围与内容积比滑阀的位置有关。当内容积比调到最小时，能量滑阀的移动范围最大，这种情况下当能量滑阀靠紧可调滑阀即压缩机全负荷时，控制盘上显示的能量百分数为100%。当内容积比调到最大值时，能量滑阀的移动范围最小，这种情况下当压缩机全负荷时控制盘上显示的相对能量百分数将低于100%，但此时压缩机的实际能量为100%（即绝对能量百分数）。对手动机型，控制盘上只显示相对百分数。

任务六　滚动活塞式压缩机

学习目标

1. 掌握滚动活塞式制冷压缩机的基本结构与工作过程。
2. 掌握滚动活塞式制冷压缩机的主要结构形式与特点。

一、滚动活塞式制冷压缩机

滚动活塞式制冷压缩机也称滚动活塞式制冷压缩机，是一种容积型回转式压缩机。它是依靠偏心安设在气缸内的旋转活塞在圆柱形气缸内作滚动运动和一个与滚动活塞相接触的滑板的往复运动实现气体压缩的制冷压缩机。

滚动活塞式制冷压缩机的基本结构和工作过程如下。

1. 基本结构

滚动活塞式制冷压缩机主要由气缸、滚动活塞（又称滚动转子）、滑板、排气阀等组成，如图 4－33 所示。圆筒形气缸的径向开设有不带吸气阀的吸气孔口和带有排气阀的排气孔口，滚动活塞装在偏心轴（曲轴）上，活塞沿气缸内壁滚动，与气缸间形成一个月牙形的工作腔，滑板靠弹簧的作用力使其端部与活塞紧密接触，将月牙形工作腔分隔为两部分，滑板随活塞的滚动沿滑板槽道作往复运动。端盖被安置在气缸两端，与气缸内壁、活塞外壁及滑板构成封闭的气缸容积，即基元容积，其容积大小随活塞的转动周期性地变化，容积内气体的压力则随基元容积的大小而改变，从而完成压缩机的工作过程。

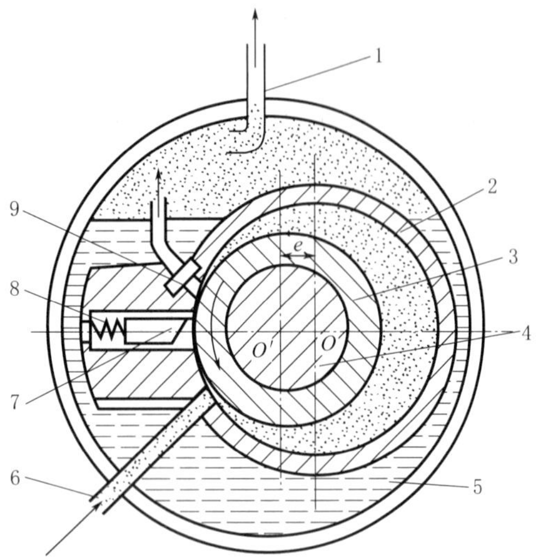

图 4－33　滚动活塞式制冷压缩机结构示意图

1—排气管；2—气缸；3—滚动活塞；4—曲轴；5—润滑油；6—吸气管；7—滑板；8—弹簧；9—排气阀

2. 工作过程

滚动活塞式制冷压缩机的工作过程如图 4－34 所示。当滚动活塞处于图 4－34（a）所示位置时，气缸内形成一个完整的月牙形工作腔容积，充满了低压吸入气体，这时处于吸气过程结束、不压缩也不排气的状态。

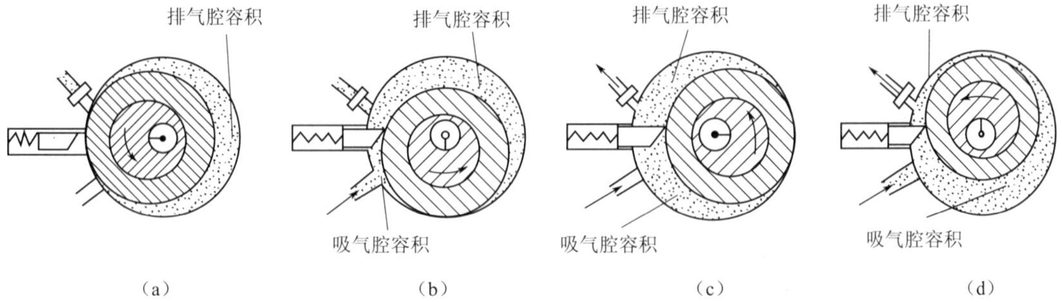

图 4－34　滚动活塞式制冷压缩机的工作过程

当滚动活塞逆时针滚动 1/4 周，到达图 4－34（b）所示位置时，滑板把月牙形容积分割为吸气腔和排气腔两部分，随着吸气腔容积的增大，吸气腔开始吸入气体；而排气腔中的气体受压缩而压力开始升高。

滚动活塞继续转动，吸气腔不断扩大，排气腔不断缩小而气体压力逐渐升高，当压力升高到稍大于排气阀后的冷凝压力，并足以克服阀片弹簧力时，顶开阀片开始排气，这时吸气与排气同时进行，如图 4－34（c）所示。

当滚动活塞转动至图 4－34（d）所示位置时，吸气腔接近最大，排气腔接近最小，吸气、排气过程均接近结束。滚动活塞继续转动回到图 4－34（a）所示的位置，吸气与排气过程结束，将进入下一周的运行。

由上述的工作过程可以看出：

（1）一定量气体的吸入、压缩和排出过程是在转子的两转中完成的，但在转子与滑板的两侧，吸气、压缩与排气过程同时进行。即转子旋转一周，将完成上一工作循环的压缩过程和排气过程及下一工作循环的吸气过程。

（2）由于不设吸气阀，吸气开始的时机和气缸上吸气孔口位置有严格的对应关系，不随工况的变化而变动。

（3）由于设置了排气阀，压缩终了的时机将随排气管中压力的变化而变动。

二、主要结构形式与特点

1. 主要结构形式

滚动活塞式制冷压缩机可分为中等容量的开启式压缩机和小容量的全封闭式压缩机。目前广泛使用的滚动活塞式制冷压缩机主要是小型全封闭式，一般标准制冷量多为 3kW 以下，通常有卧式和立式两种，前者多用于冰箱，后者在空调器中常见。

（1）立式全封闭滚动活塞式制冷压缩机。一台较典型的立式全封闭滚动活塞式制冷压缩机外形及结构，如图 4－35 所示。压缩机气缸位于电动机的下方，制冷剂气体由进气管进入储液器，然后由机壳下部的吸入管直接吸入气缸，以减少吸气的有害过热。储液器起气液分离、储存制冷剂液体和润滑油及缓冲吸气压力脉动的作用。经压缩后的高压气体由排气阀、排气消声器排入机壳内，再经电动机转子和定子间的气隙从机壳的顶部排气管排

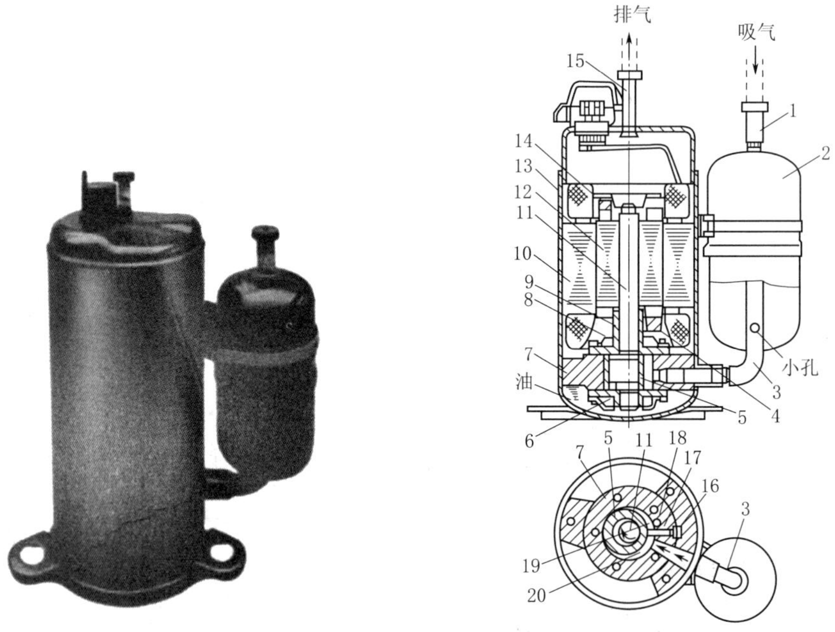

（a）外形图　　　　（b）结构图

图 4－35　立式全封闭滚动活塞式制冷压缩机

1—进气管；2—储液器；3—吸入管；4、14—平衡块；5—滚动活塞；6—副轴承；7—气缸；8—排气消声器；9—主轴承；10—电动机定子；11—偏心轴；12—电动机转子；13—机壳；15—排气管；16—弹簧；17—滑板；18—排气口；19—压缩机；20—吸入室

出，并起到了冷却电动机的作用。润滑油储存在机壳的底部。在偏心轴的下端设有油泵，靠旋转时离心力的作用，将润滑油沿偏心轴油道压送至各润滑点。气缸与机壳焊接在一起使之结构紧凑，用平衡块消除不平衡的惯性力。

电动机定子与机壳紧密配合，使机壳成为电动机的散热面。但与此同时，由于电动机与机壳的刚性配合，压缩机的振动直接传递给机壳，使压缩机的壳体振动加剧，特别是在压缩机旋转不均匀波动时，会引起较大的壳体绕轴振动。因此，对于高转速压缩机（变频压缩机），可采用双缸滚动活塞式压缩机，以减小其振动。双缸滚动活塞式压缩机如图 4－36 所示，由于上下两滚动活塞偏心方向相反布置，使转子在运转中径向力得到平衡。而且压缩机在转子旋转一周内有两次吸、排气，使气体的压力波动减小，其转矩变化的幅度较小，仅为单缸压缩机的 30%，因此，它的振动和噪声大幅度减小。双缸压缩机特别适用于变频驱动，以改善在高频高转速下运行时的振动和噪声。

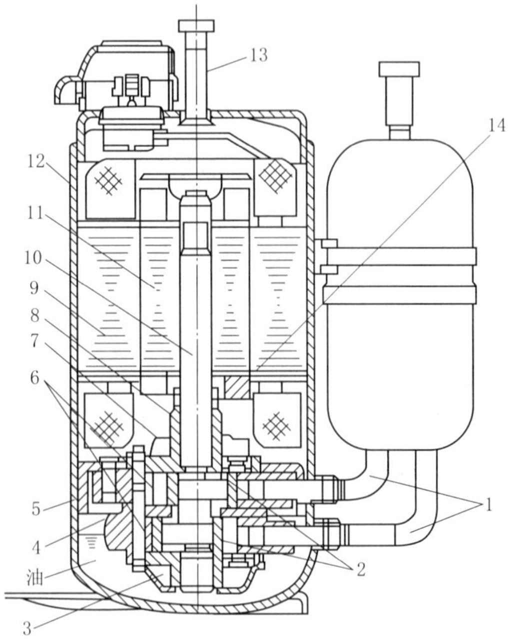

图 4－36　立式双缸全封闭滚动活塞式制冷压缩机

1—吸入管；2—上、下滚动活塞；3—副轴承；4—隔板；5—机座；6—上、下气缸；7—排气消声器；8—主轴承；9—电动机定子；10—偏心轴；11—电动机转子；12—机壳；13—排气管；14—平衡块

（2）卧式全封闭滚动活塞式制冷压缩机。在一些机组中，为了有效地降低机组的高度，使机组更为紧凑而发展了卧式全封闭滚动活塞式制冷压缩机（图 4－37）。对于卧式压缩机，由于结构上的变化，使储油部位离轴端较远，不能利用轴的离心输油方法。卧式压缩机一般可利用吸排气压差供油及排气输送式供油。但在空调、热泵工况下运转时，由于工况变化较大，有时吸排气压差较小，有时制冷剂流量较小，不能很好地满足润滑的需要，因此，利用滑板背部腔室容积变

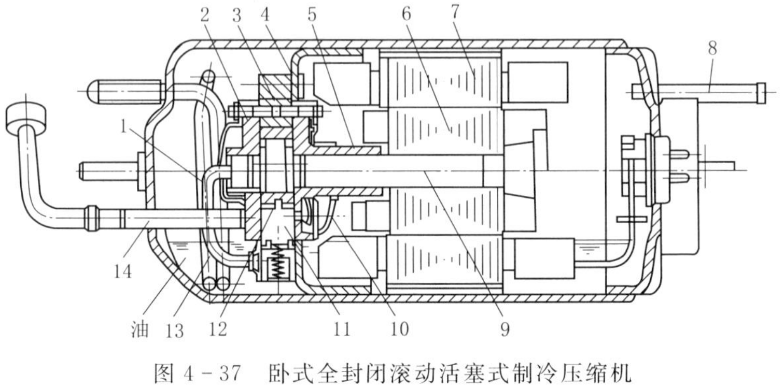

图 4－37　卧式全封闭滚动活塞式制冷压缩机

1—轴油管；2—副轴承；3—气缸；4—机座；5—主轴承；6—电动机转子；7—电动机定子；8—排气管；9—偏心轴子；10—消声器；11—滑片；12—滚动活塞；13—油冷却器；14—进气管

化，巧妙地设计成滑片形柱塞泵供油系统。它几乎不随吸排气压差、排气流量的变化而变化，可以稳定地对润滑点供油。

（3）开启滚动活塞式制冷压缩机。对于大、中型滚动活塞式制冷压缩机，一般做成开启式，如图 4－38 所示。它主要由带冷却水套的气缸体、滚动活塞、滑板、圆柱导向器、排气阀、薄壁弹性套筒等组成。滚动活塞外面套有一钢制薄壁弹性套筒，套上钻有小孔，以增加转子与气缸壁之间的密封性能。压缩机的轴通过联轴器与电动机的轴直接连接，压缩机的轴伸出机体部位装有摩擦环式机械密封装置。

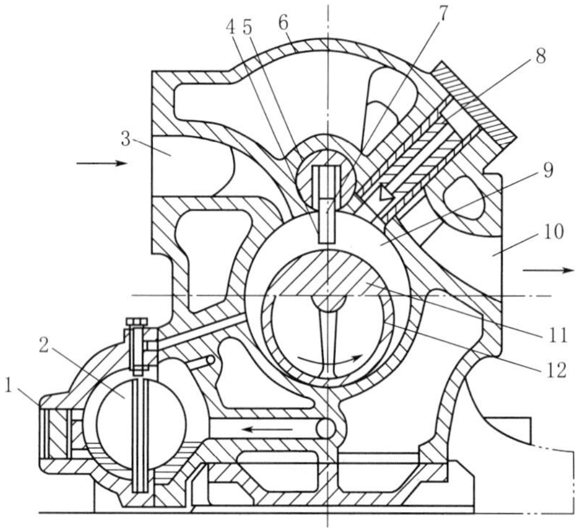

图 4－38　开启滚动活塞式制冷压缩机

1—油面指示器；2—浮球阀；3—吸入管；4—密封条；5—圆柱导向器；6—气缸体；7—滑板；8—排气阀；9—气缸；10—排出管；11—滚动活塞；12—弹性套筒

压缩机的润滑是依靠吸排气压差来进行的。压缩机启动后，装在曲轴另一端的离心阀被打开，油从油分离器出来，经油冷却器、油过滤器及离心阀后，分别进入各润滑表面及轴封处，然后聚集在气缸下部的空腔中，通过浮球阀进入压缩机的吸气腔，随制冷剂气体一起排至油分离器，分离下来的油供继续循环使用。

2. 特点

从结构及工作过程来看，小型滚动活塞式制冷压缩机具有如下优点：①结构简单，零部件几何形状简单，便于加工及流水线生产；②体积小、重量轻、零部件少，与相同制冷量的往复活塞式制冷压缩机相比，体积减小 40%～50%，重量减轻 40%～50%，零件数减少 40%左右；③易损件少、运转可靠；④效率高，因为没有吸气阀故流动阻力小，且吸气过热小，所以在制冷量为 3kW 以下的场合使用尤为合适。

滚动活塞式制冷压缩机也有其缺点，就是气缸容积利用率低，因为只利用了气缸的月牙形空间；转子和气缸的间隙应严格保证，否则会显著降低压缩机的可靠性和效率，因此，加工精度要求高；相对运动部位必须有油润滑；用于热泵运转时制热量小。

综上所述，尽管滚动活塞式制冷压缩机在某些方面还有一些欠缺，但其优点还是十分突出的，因此，小型全封闭滚动活塞式制冷压缩机的应用仍然越来越广泛。

任务七　涡旋式制冷压缩机

学习目标

1. 掌握涡旋式制冷压缩机的基本结构与工作过程。

2. 了解涡旋式制冷压缩机的主要结构形式与特点。

一、基本结构与工作过程

1 基本结构

涡旋式制冷压缩机的基本结构如图 4 - 39 所示。主要由静涡旋盘、动涡旋盘、机座、防自转机构十字滑环及曲轴等组成。动、静涡旋盘的型线均是螺旋形，动涡旋盘相对静涡旋盘偏心并相错 180°对置安装。动、静涡旋盘在几条直线（在横断面上则是几个点）上接触并形成一系列月牙形空间，即基元容积。动涡旋盘由一个偏心距很小的曲轴带动，以静涡旋盘的中心为旋转中心并以一定的旋转半径做无自转的回转平动，两者的接触线在运转中沿涡旋曲面不断向中心移动，它们之间的相对位置借安装在动、静涡旋盘之间的十字滑环来保证。该环的上部和下部十字交叉的突肋分别与动涡旋盘下端面键槽及机座上的键槽配合并在其间滑动。吸气口设在静涡旋盘的外侧面，并在顶部端面中心部位开有排气口，压缩机工作时，制冷剂气体从吸气口进入动、静涡旋盘间最外圈的月牙形空间，随着动涡旋盘的运动，气体被逐渐推向中心空间，其容积不断缩小而压力不断升高，直至与中心排气口相通，高压气体被排出压缩机。

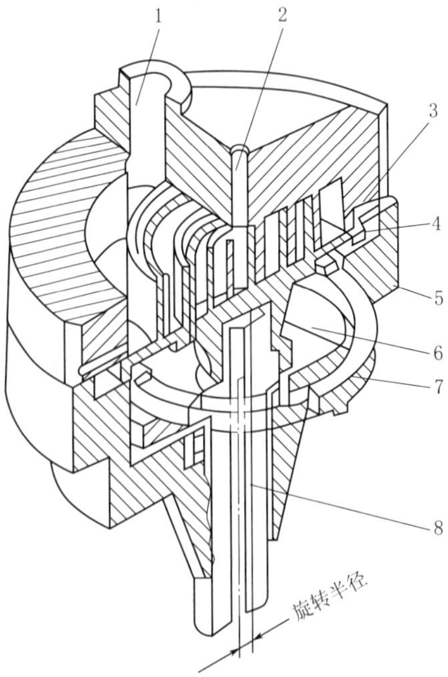

图 4 - 39 涡旋式制冷压缩机结构简图

1—吸气口；2—排气口；3—静涡旋盘；4—动涡旋盘；5—机座；6—背压腔；7—十字滑环；8—曲轴

2. 工作过程

涡旋式压缩机的工作原理是利用动涡旋盘和静涡旋盘的啮合，形成多个压缩腔，随着动涡旋盘的回转平动，使各压缩腔的容积不断变化来压缩气体。其工作过程如图 4 - 40 所示。在 4 - 40（a）所示位置，动涡旋盘中心 O_2 位于静涡旋盘中心 O_1 的右侧，涡旋密封接触线在左右两侧，涡旋外圈部分刚好封闭，此时最外圈两个月牙形空间充满气体，完成了吸气过程（阴影部分）。随着动涡旋盘的运动，外圈两个月牙形空间中的气体不断向中心推移，容积不断小，压力逐渐升高，进行压缩过程，图 4 - 40（b）～(f）所示为曲轴转角 θ 每间隔 120°的压缩过程。当两个月牙形空间汇合成一个中心腔室并与排气口相通时［图 4 - 40（g)］，压缩过程结束，并开始进入图 4 - 40（g)～(j）所示的排气过程，直至中心腔室的空间消失，排气过程结束［图 4 - 40（j)］。

图 4 - 40 所示的涡旋圈数为三圈，最外圈两个封闭的月牙形工作腔完成一次压缩及排气的过程，曲轴旋转了三周（即曲轴转角 θ 变为了 1080°），涡旋数外圈分别开启和闭合三次，即完成了三次吸气过程，也就是每当最外圈形成了两个封闭的月牙形空间并开始向中心推移成为内工作腔时，另一个新的吸气过程同时开始形成。因此，在涡旋式制冷压缩机中，吸气、压缩、排气等过程是同时和相继在不同的月牙形空间中进行的，外侧空间与吸气口相通，始终进行吸气过程。所以，涡旋式制冷压缩机基本上是连续地吸气和排气，并且从吸气开始至排气结束需经动涡旋盘的多次回转平动才能完成。

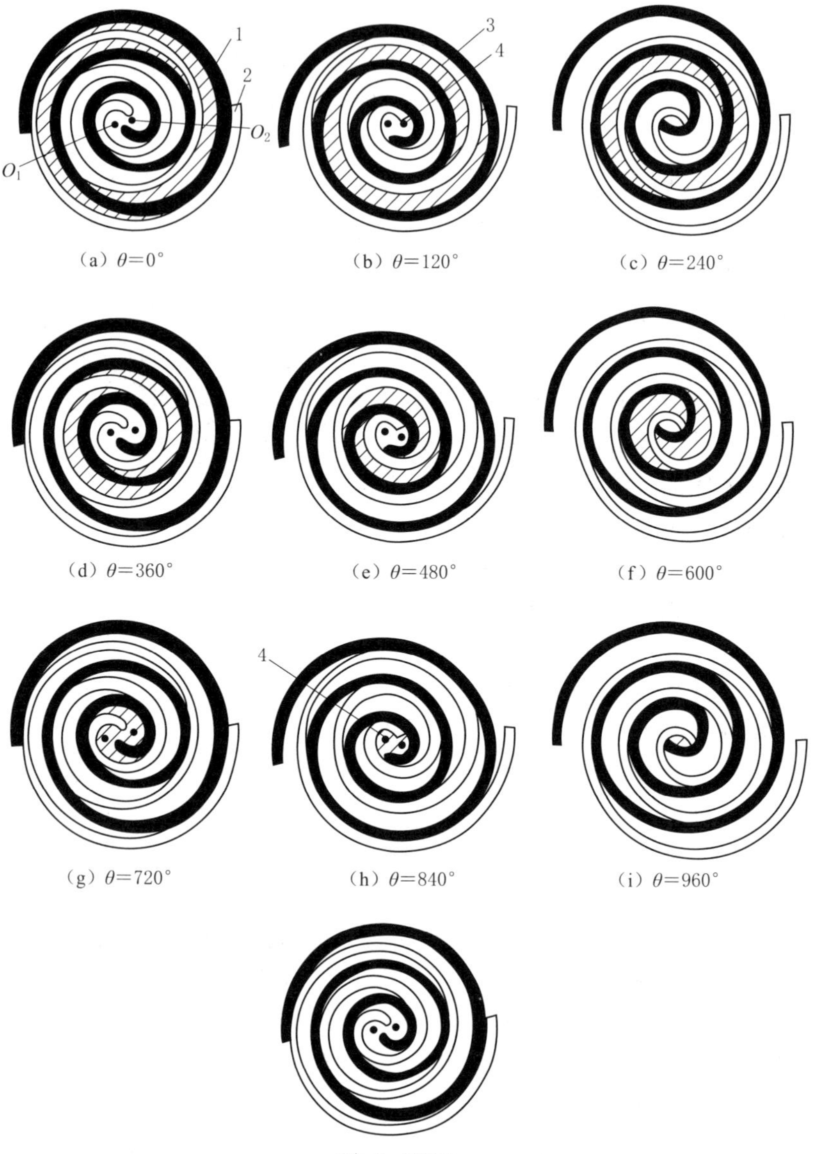

（a）$\theta=0°$　（b）$\theta=120°$　（c）$\theta=240°$

（d）$\theta=360°$　（e）$\theta=480°$　（f）$\theta=600°$

（g）$\theta=720°$　（h）$\theta=840°$　（i）$\theta=960°$

（j）$\theta=1080°$

图 4-40　涡旋式制冷压缩机工作过程示意图

1—动涡旋盘；2—静涡旋盘；3—压缩腔；4—排气口

二、主要结构形式与特点

1. 主要结构形式

（1）立式全封闭涡旋式制冷压缩机。图 4-41 所示为功率为 3.75kW 在空调器中使用的立式全封闭涡旋式制冷压缩机。低压制冷剂气体从机壳顶部吸气管进入吸气腔。吸气腔封闭时成为压缩腔，经压缩的高压气体（其中混有润滑油）由静涡旋盘的中心排气口进入排气腔（也称高压缓冲腔），再经过静涡旋盘与机座上的排气通道及筒体上的导流板，流向贴在筒体内壁面上的油过滤网，被过滤下来的润滑油落入机壳下部的储油槽中，而高压气体被导入机壳下部去冷却电动机，然后由排气管排出压缩机。采用排气冷却电动机的结构减少了吸气过热度，提高了压缩机的效率；又因机壳内是高压排出气体，使得排气压力脉动很小，因此振动和噪声都很小。为了平衡动涡旋盘上承受的轴向气体作用力，在机座与动涡旋盘之间，设有背压腔，由动涡旋盘上的背压孔与中间压缩腔相通，引入的气体使背压腔处于吸、排气压力之间的中间压力。由背压腔内气体压力形成的轴向力和力矩作用在动涡旋盘的底部，以平衡各月牙形空间内气体对动涡旋盘所施加的轴向力和力矩，以便在涡旋盘端部维持着最小的摩擦力和最小磨损的轴向密封。在曲轴曲柄销上的偏心调节块使径向间隙得以可靠密封，以保持背压腔与机壳间的密封，是一种典型的柔性密封机构。

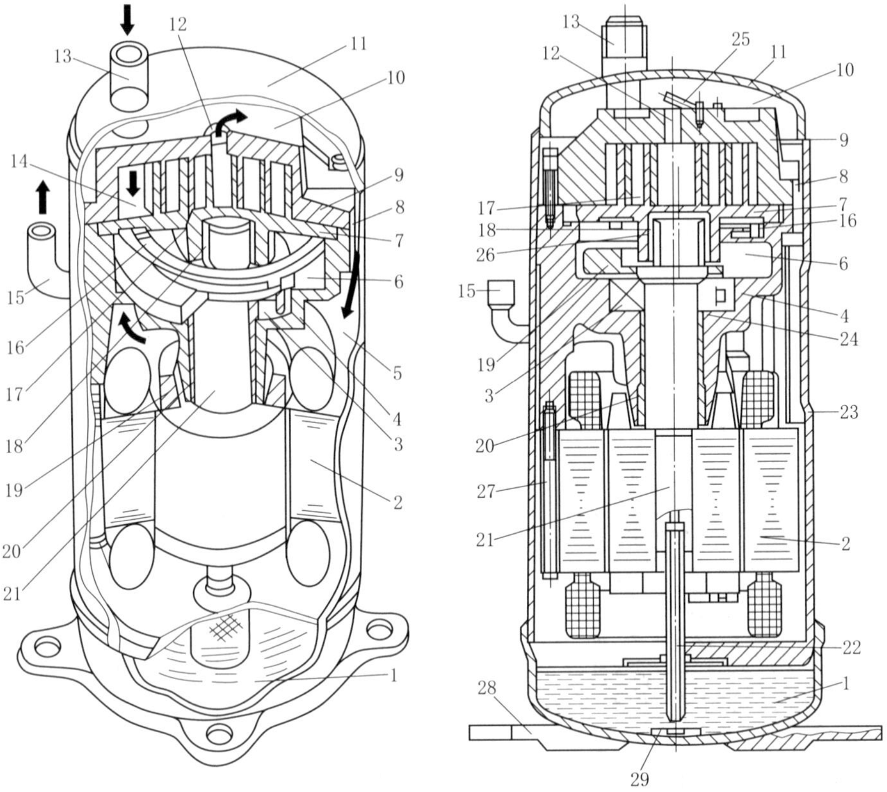

图 4-41　立式高压机壳腔全封闭涡旋式制冷压缩机

1—储油槽；2—电动机；3—主轴承；4—机座；5—机壳腔；6—背压腔；7—动涡旋盘；8—排气通道；9—静涡旋盘；10—排气腔；11—封头；12—排气口；13—吸气管；14—吸气腔；15—排气管；16—十字滑环；17—背压孔 18、20—轴承；19—大平衡块；21—曲轴；22—吸油管；23—机壳；24—轴向挡圈；25—单向阀；26—偏心调节块；27—电动机螺钉；28—底座；29—磁环

该机的润滑系统是利用排气压力与背压腔中气体压力的压差来供油的。储油槽中的润滑油经吸油管沿曲轴上的中心油道进入背压腔，并通过背压孔进入压缩腔中，压缩腔中的润滑油起到了十分重要的润滑、密封及导热作用，并随高压气体经静涡旋盘上的排气口

排到封闭的机壳中，其间不仅润滑了涡旋型面，同时润滑了轴承和及十字滑环等，也冷却了电动机。润滑油经过油气分离后流回储油槽。因为润滑油与气体的分离是在机壳中进行的，其分离效果好，而压差供油又与压缩机的转速无关，使润滑及密封更加可靠。

静涡旋盘的轴线与机座的轴线在理论上应该是重合的。为了保证静涡旋盘与机座间的定位精度和装配质量，常用销钉定位，由螺钉连接。电动机定子与机座由螺钉连接，曲轴（连同电动机转子）由安装在机座上的主轴承（可以是滚动轴承）及滑动轴承支承。这样，动静涡旋盘、机座、曲轴以及电动机就构成一个整体，依靠机座的外圆被压在机壳的内表面上。

图 4-42 所示为另一种立式全封闭涡旋式制冷压缩机结构。机壳内压力为吸气低压，这是与图 4-41 所示压缩机的高压机壳的主要区别之一。立式低压机壳腔全封闭涡旋式压缩机在制冷与空调系统中有着广泛的应用。最明显的优点是电动机的环境温度较低，有利于提高电动机的工作效率。当吸气管道中的气体带有液滴时，不会直接导致压缩腔液击。

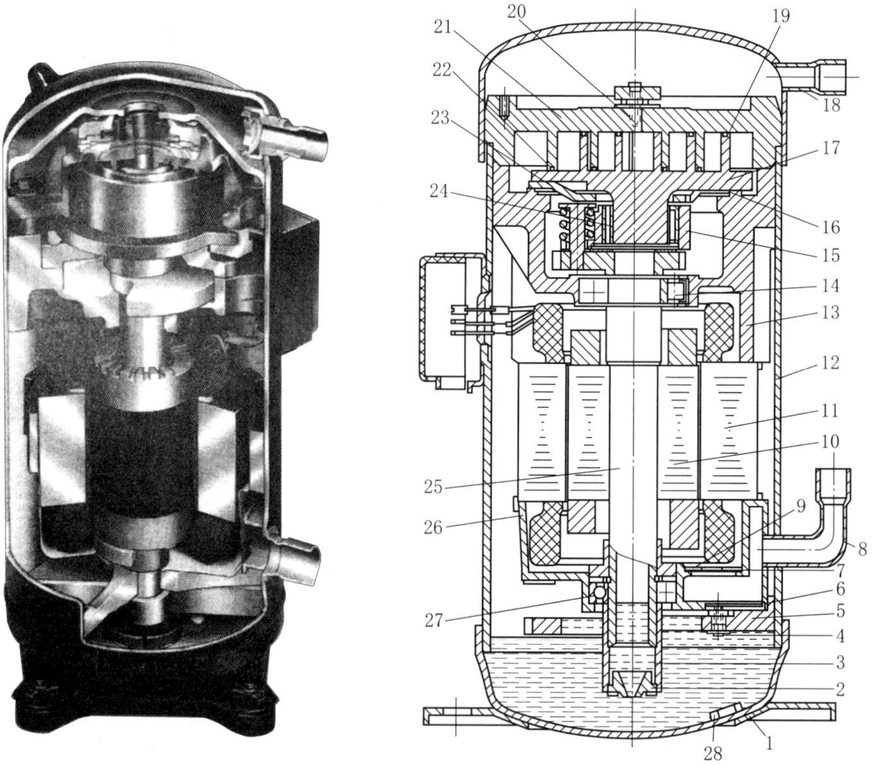

（a）外形图　　（b）结构图

图 4-42　立式低压机壳腔全封闭涡旋式制冷压缩机

1—底座；2—油泵；3—上油管；4—螺钉；5—下支承；6、7—滤网；8—吸气管；9—滤网压板；10—电动机转子；11—电动机定子；12—机壳；13—机座；14—主轴承；15—偏心量调节装置；16—推力轴承；17—动涡旋盘；18—排气管；19、22—密封条；20—单向阀；21—静涡旋盘；23—十字滑环；24—硬质套；25—曲轴；26—轴承座；27—下轴承；28—磁环

图 4-42 中，来自蒸发器的低压制冷剂气体由吸气管进入压缩机机壳内，在导向器限制下通过电动机定子和转子之间的间隙上升，冷却了电动机，并由机座上的吸气通道进入吸气腔。经压缩后的高压气体进入机壳顶部的排气腔，最后经排气管排出。

润滑油通过轴端设置的油泵增压后，向上流动并润滑各轴承和滑动面，大量的润滑油将返回机壳下部的储油槽，而少量润滑油则随吸入气体进入压缩腔，最终随高压气体排至排气腔。在排气腔中，绝大部分润滑油滴落在腔底部，而少量随高压气体排出机壳。排气腔底部的润滑油，通过与机座和静涡旋盘相通的回油孔，在压差作用下回到机壳底部的储油槽中。回油孔的直径不能太大，一般为 0.6～6.2mm，否则，排气腔中的润滑油难以形成一定的油面，导致高压气体通过回油孔倒流回机壳腔中。

在这种结构形式中，动涡旋盘上承受的轴向气体作用力，最终传递至机座的上端面，造成该上端面与动涡旋盘下端表面之间的滑动摩擦。减少滑动摩擦损失的措施，在于提高相对滑动表面的硬度和降低表面粗糙度，在滑动表面上设置径向油槽等，以改善表面的润滑性。图 4-42 中的推力轴承被放置在动涡旋盘背面和机座上端面之间，就同时起到了提高硬度和降低表面粗糙度的双重作用。

很显然，涡旋盘顶部设置的密封条以及主轴实际偏心量的可调节性，都是提高这种结构形式涡旋压缩机容积效率和运行可靠性的重要措施。

（2）卧式全封闭涡旋式制冷压缩机。图 4-43 是一台制冷量为 1.8kW 的卧式全封闭涡旋式制冷压缩机，它适用于压缩机高度受到限制的机组。制冷剂气体直接由吸气管进入旋盘外部空间，经压缩后由排气孔通过排气阀排入机壳，冷却电动机后经排气管排出。该机的特点是：①采用高压机壳以降低吸气过热并控制排气管中润滑油的排放；②防止自转机构采用十字滑环，它安装在动涡旋盘与主轴承之间，轴向柔性密封机构是由止推环和一个波形弹簧构成，波形弹簧置于十字滑环内部。该机构可以防止液击，也可以使动涡旋盘型线端部采用的尖端沟槽密封更可靠；③径向柔性密封机构采用滑动轴套结构，在曲轴最

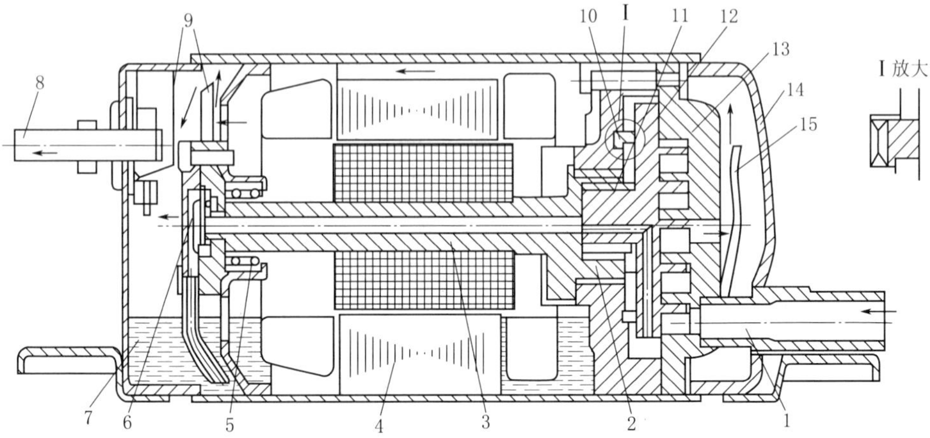

图 4-43 卧式全封闭涡旋式制冷压缩机

1—吸气管；2—主轴承；3—曲轴；4—电动机；5—副轴承；6—摆线形转子油泵；7—储油槽；8—排气管；9—排油抑制器；10—轴向柔性密封机构；11—径向柔性密封机构；12—动涡旋盘；13—静涡旋盘；14—机壳；15—排气阀

上端端面开有长方形孔，其内装有偏心轴承（即滑动轴套），并在孔的内部压一个弹簧，弹簧也与曲轴接触，使涡旋盘的径向间隙保持在最小值，减少气体周向泄漏；④润滑系统采用摆线形转子油泵供油，通过曲轴中心上的孔供给各个需要润滑和密封的部位（偏心轴承、主轴承、涡旋盘的压缩室等），解决了卧式压缩机润滑油进入各润滑部位的困难，也避免了排出的制冷剂含油过多；⑤装有双重排油抑制器支承副轴承（滚动轴承）的隔板是带风扇的板，含油雾的制冷剂气体高速撞击扇叶，油雾被分离；另外，在排气管上装有罩，制冷剂气体与罩相接触，油雾被黏附在罩上而被分离，进一步降低了排出气体的含油量；⑥曲轴由主轴承（滑动轴承）支承在动涡旋盘的一端，另一端由副轴承支承，确保了运行的平稳。

（3）开启涡旋式制冷压缩机。图 4-44 所示的汽车空调用涡旋式制冷压缩机为开启式压缩机，由汽车的主发动机通过带轮驱动压缩机运转。制冷剂气体从吸气管进入由机壳、动涡旋盘和轴承座组成的吸气腔，然后经动、静涡旋盘的外圈进入月牙形工作腔，被压缩后经排气阀 3 排入排气腔，再通过排气管排出压缩机。为了使压缩机的重量轻，两个涡旋盘采用铝合金制造，动涡旋盘及其内端面经阳极氧化处理，确保其耐磨性；静涡旋盘的内端面镶嵌耐磨板，以防止动涡旋盘顶端密封将其磨损。采用径向柔性密封机构调节两个涡旋盘间的径向间隙，以确保径向密封，减少周向泄漏；球形连接器一方面承受作用于动涡旋盘上的轴向力，另一方面防止动涡旋盘的自转；设置排气阀是为了防止高压气体回流导致效率降低及防止电磁离合器脱开时曲轴倒转，也可以适应变工况运行；轴封为双唇式，位于两个轴承之间，副轴承采用油脂润滑，主轴承和涡旋盘的润滑是依靠吸入气体内所含的润滑油。

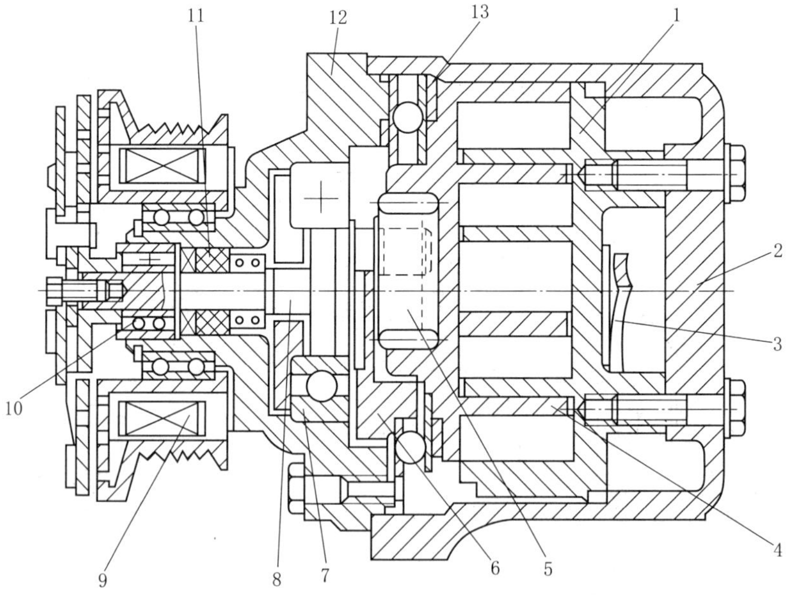

图 4-44　汽车空调用涡旋式制冷压缩机

1—静涡旋盘；2—机壳；3—排气阀；4—动涡旋盘；5—径向柔性密封机构；6—平衡块；7—主轴承；8—曲轴；9—电磁离合器；10—副轴承；11—轴封；12—轴承座；13—球形连接器

2. 特点

(1) 效率高。涡旋式制冷压缩机的吸气、压缩、排气过程是连续单向进行的，因而吸入气体的有害过热小；相邻工作腔间的压差小，气体泄漏少；没有余隙容积中气体的膨胀过程，容积效率高，可达90%～98%；动涡旋盘上的所有点均以几毫米的回转半径作同步转动，所以运动速度低，摩擦损失小；没有吸、排气阀，所以气流的流动损失小。同往复活塞式制冷压缩机相比，其效率高10%左右，而且在较宽的频率范围内（30～120Hz）均有较高的容积效率与绝热效率，适合采用变频调速技术，可进一步降低能耗，提高舒适性。

(2) 力矩变化小、振动小、噪声低。涡旋式制冷压缩机压缩过程较慢，而且一对涡旋盘中几个月牙形空间可同时进行压缩过程，故使曲轴转动力矩变化小，压缩机运转平稳；另外，涡旋式压缩机吸气、压缩、排气基本上是连续进行的，所以吸、排气的压力脉动很小，于是振动和噪声都小，噪声比往复活塞式制冷压缩机低5dB（A）。

(3) 结构简单、体积小、重量轻、可靠性高。涡旋式制冷压缩机构成压缩室的零件数目与滚动活塞式及往复活塞式制冷压缩机的零件数目之比为1∶3∶7，所以涡旋式的体积比往复活塞式小40%，重量轻15%；又由于没有吸、排气阀，易损件少，加之有轴向、径向间隙可调的柔性机构，能避免液击造成的损失及破坏，故涡旋式制冷压缩机的运行可靠性高。因此，涡旋式制冷压缩机即使在高转速下运行也能保持高效率和高可靠性，其最高转速可达13000r/min。

(4) 对液击不敏感。被吸入气缸的制冷剂气体中允许带有少量液体，故可采用喷液循环。

(5) 采用一种背压可自动调节的可控推力机构，这样可保持轴向密封，减少机械损失，防止异常高压，确保压缩机安全。

(6) 便于采用气体注入循环。采用气体注入循环是涡旋式压缩机的一个特点。其循环原理是：冷凝后的液体制冷剂经第一次节流膨胀到中间压力，然后经气液分离器，再分两路，一路是液态制冷剂经第二次节流膨胀并通过室内热交换器后进入压缩机；另一路是气态制冷剂经注入回路被压缩机吸入。这样可提高压缩机制冷或供暖能力10%～15%，而且还可以根据负荷变化启闭注入回路进行能量调节，从而可提高节电效果，同时又可减少压缩机开、停频率，减少室温变化。

(7) 需要高精度的加工设备及制造方法，并要求有精确的调心装配技术，制造成本较高。

思考与练习题

1. 制冷压缩机是如何分类的？
2. 如何区分开启式、半封闭式、全封闭式制冷压缩机？
3. 活塞式制冷压缩机的实际工作循环包括哪些过程？
4. 活塞式制冷压缩机有何优缺点？
5. 简述活塞式制冷压缩机的分类。

6. 活塞式制冷压缩机和机组的型号是怎样表示的?

7. 活塞式制冷压缩机有哪几种驱动机构? 并简述其工作原理。

8. 活塞式制冷压缩机中的易损件有哪些?

9. 活塞式制冷压缩机的曲轴有哪几种? 各有何特点?

10. 连杆组件由哪些零件组成?

11. 机体有何作用? 为什么要在机体上安装气缸套?

12. 气阀的作用是什么，主要由哪些零部件组成，是如何工作的? 常见的气阀结构形式有哪几种?

13. 活塞式制冷压缩机常用的能量调节方式有哪几种?

14. 试述液压缸-拉杆全顶开吸气阀片调节机构的工作原理。

15. 对活塞式制冷压缩机进行润滑的作用是什么? 常用润滑方式有哪几种?

16. 制冷系统各部件对冷冻机润滑油的性能有何要求?

17. 何谓活塞式压缩冷凝机组? 如何分类?

18. 活塞式冷水机组的构成与特点是什么?

19. 活塞式模块化冷水机组的组成与特点是什么?

20 简述活塞式制冷压缩机的理论工作循环。实际工作循环与理论工作循环有何区别?

21. 一台 8 缸活塞式制冷压缩机气缸直径为 125mm，活塞行程为 100mm，转速为 960r/cm，求其理论输气量。

22. 何谓输气系数? 活塞式制冷压缩机的输气系数由哪几个系数组成? 各系数有何含义?

23. 何谓余隙容积? 为什么会产生余隙容积? 余隙容积对活塞式制冷压缩机的输气量有何影响?

24. 何谓指示功率和指示效率? 影响活塞式制冷压缩机指示功率和指示效率的因素有哪些?

25. 活塞式制冷压缩机排气温度过高有哪些危害? 降低排气温度的主要措施有哪些?

26. 简述螺杆式制冷压缩机的工作过程。

27. 何谓螺杆式制冷压缩机的内压缩过程、内容积比、内压力比?

28. 简要分析螺杆式制冷压缩机为何会产生附加功损失。

29. 螺杆式制冷压缩机的优缺点主要有哪些?

30. 螺杆式制冷压缩机由哪些主要零部件组成? 各主要零部件的作用是什么?

31. 螺杆式制冷压缩机能量调节的方法有哪些?

32. 螺杆式制冷压缩机内容积比是如何调节的?

33. 螺杆式制冷压缩机的润滑系统有哪几种形式?

34. 开启螺杆式制冷压缩机有何优缺点?

35. 简述单螺杆式制冷压缩机的基本结构及工作原理。

36. 螺杆式制冷压缩机输气量的大小与哪些因素有关? 影响容积效率的主要因素有哪些?

37. 简述离心式制冷压缩机的工作原理、特点及应用范围。

38. 离心式制冷压缩机是如何分类的?
39. 离心式制冷压缩机由哪些主要零部件组成? 各主要零部件的作用是什么?
40. 离心式制冷机组主要由哪些部分组成?
41. 抽气回收装置的作用是什么? 常用的类型有哪些?
42. 离心式制冷机组常用的能量调节方法有哪些?
43. 简述滚动活塞式制冷压缩机的基本结构和工作过程。
44. 滚动活塞式制冷压缩机有何特点?
45. 简述涡旋式制冷压缩机的基本结构和工作过程。
46. 涡旋式制冷压缩机的主要结构形式有哪些?
47. 涡旋式制冷压缩机有何特点?

项目五　冷凝器及蒸发器

本项目重点介绍制冷系统中冷凝器及蒸发器。

任务一　冷凝器、蒸发器概述

学习目标

1. 掌握制冷的四个热力过程。
2. 掌握制冷循环换热设备的特点。
3. 学习常用的家用空调器的冷凝器、蒸发器。
4. 认识冷凝器、蒸发器。

蒸气压缩制冷循环有四个热力过程，因此必不可少的有四个热力设备。压缩过程是通过压缩机，放热（冷凝）过程通过冷凝器，节流过程通过膨胀阀，吸热（制冷）过程通过蒸发器。冷凝器和蒸发器都是换热设备。蒸发器、冷凝器统称为换热器，是空调器的核心部件之一。它们在结构上基本相同，仅是尺寸不同而已。

房间空调器一般采用风冷式肋片管式冷凝器。在热泵型空调器中，风冷式冷凝器在冬季作蒸发器用。

蒸发器一般采用直接蒸发式，其结构与风冷式冷凝器的相同。在热泵型空调器中，蒸发器与冷凝器实际上已成为可以互相变换的热交换器。

换热器一般由传热管、肋片和端板三部分组成，通常都是在紫铜管上胀接铝肋片，组成整体肋片管束式，如图 5－1 所示。其中传热管通常采用 $\phi10mm\times0.7mm$、$\phi10mm\times$

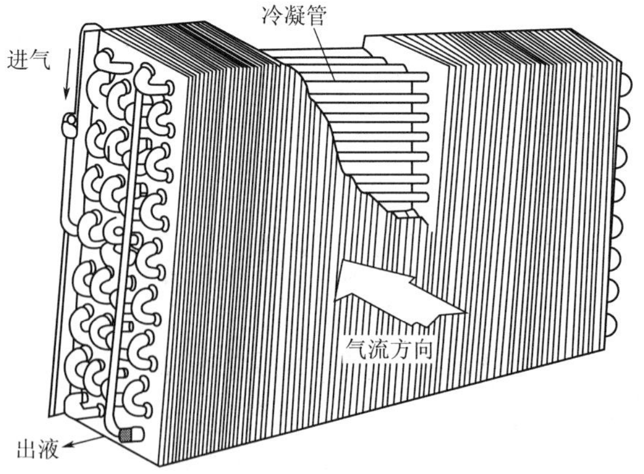

图 5－1　换热器（风冷式冷凝器）

0.5mm、ϕ9mm×0.5mm 的紫铜管弯成 U 形管，U 形管口 90℃。再用半圆管焊接。传热管排列方式为等边三角形或等腰三角形。

换热器的铜管排数趋向于减少。一般冷凝气流方向排数不超过 4 排，蒸发器排数不超 5 排。对于 735W 以下的小制冷量空调器，冷凝器只有两排。管排数减少后，空气流动阻力大大减小，肋片的材料为纯铝薄板，肋片片距一般为 1.2～3.0mm。蒸发器的肋片由于有凝露不断流下，所以蒸发器的片距应比冷凝器的片距大。目前国内外已开始采用在肋片上浸染“亲膜”的工艺，使冷凝水不易凝聚，从而可缩小片距。

肋片形式有平肋片、波纹肋片和冲缝肋片三种，如图 5-2 所示。肋片之所以设计成各种形状，主要是为了增加空气侧面的换热面积及换热系数，以提高肋片管束式换热器的传热性能。

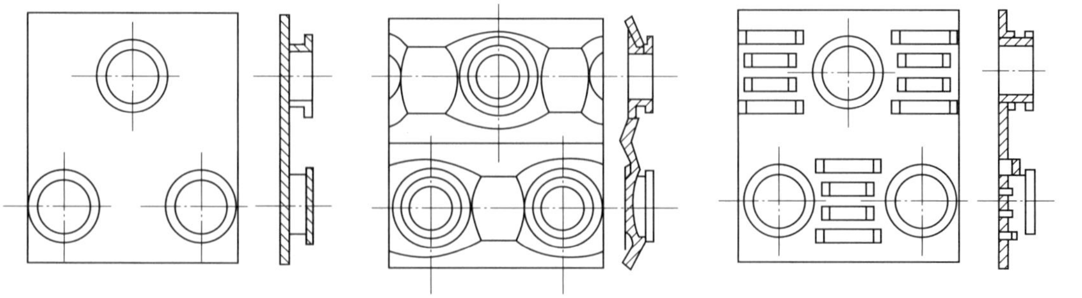

(a) 平肋片 (P)　　(b) 波纹肋片 (B)　　(c) 冲缝肋片

图 5-2　肋片形式示意图

目前我国房间空调器换热器大多采用波纹形铝肋片。它比平肋片刚性好，传热面积比平行绕组的肋片约增加 9%。同时肋片上的波纹增强了空气的扰动，破坏了层流边界层，换热系数比平肋片提高了 20%。

冲缝肋片又称为开窗口肋片。其特点是冲缝增加了空气扰动及传热性能，从而减少了换热器的面积，使空调器小型化、轻型化。冲缝肋片的换热系数比平肋片提高了 80%，比波纹肋片增加了 30%。

冲缝肋片的缺点是易积灰尘，且积尘后不易清洗。用户在选用此类空调器时，应注意工作环境，否则肋片上积尘过多，会使空调器制冷量急剧下降。

任务二　冷　凝　器

学习目标

1. 掌握冷凝器的功用及其传热的基本情况。
2. 掌握冷凝器的种类及特点。

在压缩式制冷系统中，除了起心脏作用的压缩机外，还有为完成制冷循环所必需的冷凝器、蒸发器与节流阀。其中冷凝器和蒸发器就是制冷装置中的主要热交换设备，它们传热效果的好坏会直接影响制冷装置的性能和运转的经济性。因此，正确地选择、操作管理冷凝器和蒸发器对发挥和提高制冷装置的制冷性能、降低运行费用有密切关系。

节流机构在蒸气压缩式制冷系统中用来实现制冷剂液体的节流膨胀，并起调节蒸发器供液量的作用。设备虽小，但它是制冷系统中四个必不可少的设备之一。

一、冷凝器的功用及其传热的基本情况

冷凝器是将制冷压缩机排出的高温高压制冷剂蒸气的热量传递给冷却介质（空气或水）并使之凝结成液体的热交换设备。其工作过程是：来自压缩机的过热制冷剂蒸气进入冷凝器后先被冷却成饱和蒸气，继而被冷凝成饱和液体。若冷却介质流量大、温度低时，饱和液体还可进一步被冷却成过冷液体。

由传热学可知，在热交换设备中，传热量 Q（W）的大小与热交换面积 F（m^2）、对数平均温差 Δt（℃）、传热系数 K ［W/(m^2 · ℃)］的大小等因素有关，即

$$Q=KF\Delta t$$

其中
$$k=\frac{1}{1/\alpha_1+\sum\delta/\lambda+1/\alpha_2}=\frac{1}{R},\quad \Delta t=\frac{\Delta t_{max}-\Delta t_{min}}{\ln(\Delta t_{max}/\Delta t_{min})}$$

式中　R——传热热阻，(m^2 · ℃)/W；

α_1——换热壁内表面对流放热系数，W/(m^2 · ℃)；

α_2——换热壁外表面对流放热系数，W/(m^2 · ℃)；

δ——组成热交换壁面的各层厚度（包括油垢、水垢等），m；

λ——各层壁面材料的导热系数，W/(m^2 · ℃)；

Δt_{max}——最大温差（两流体在进口或出口处较大的温差），℃；

Δt_{min}——最小温差（两流体在进口或出口处较小的温差），℃。

由此可见，在既定的热交换设备中其热交换面积是一定的，因而要提高传热量 Q，除了提高对数平均温差 Δt 外，其重要途径是如何提高传热系数 K。而冷凝器传热系数 K 的大小则取决于冷凝器的结构、管壁内外两侧（制冷剂侧及冷却介质侧）放热系数 α 以及传热表面污脏的程度，下面简单地分析一下影响冷凝器的传热系数的因素。

1. 影响制冷剂侧蒸气冷凝放热系数的因素

（1）制冷剂凝结的形式。当制冷剂蒸气在冷凝器中与低于其饱和温度的壁面相接触时，它就在壁面上凝结为液体。其凝结形式可分为膜状凝结和珠状凝结两种情况。一般说来，在相同温差下珠状凝结比膜状凝结的放热量要大 15～20 倍。但制冷剂蒸气在冷凝器中的凝结一般为膜状凝结。

（2）制冷剂的流速和流向。当制冷剂蒸气在直立管壁上作膜状凝结时，在冷却表面的最上端，蒸气直接同壁面接触而冷凝，凝结的液体就沿着冷却表面向下流动，液膜层越向下越厚。这时液膜便把冷却表面同制冷剂蒸气隔开，蒸气凝结时所放出的潜热必须通过液膜层传递到壁面。显然冷却表面越高，温差越大，平均放热系数将越小。

如果冷凝液膜的流动方向与气流方向一致时，可使冷凝液膜能较迅速地流过传热表面。因此，液膜就薄，使放热系数增大。当制冷剂蒸气的流动方向与冷凝液膜的流动方向相反，而且蒸气流速较小时，液膜层就厚，放热系数就降低。蒸气流速增大到一定程度，

会把液膜托起使液膜脱开壁面，在这种情况下，放热系数就升高。

（3）传热表面的粗糙度。如果传热表面粗糙不平，则凝结液膜的流动阻力增加，冷凝的液体就不能很快向下流，从而使液膜层加厚，放热系数相应降低。

（4）冷凝器的构造形式。制冷剂在卧式单根管的外表面冷凝时的放热系数一般大于直立管的放热系数，这是因为具有一定长度的直立管的下部冷凝液膜层的厚度较大。但是，由多根横管排列成管簇时，其平均放热系数就减小，也有可能低于直立管的放热系数。

因此，要提高制冷剂在冷凝时的放热系数，无论任何一种构造的冷凝器，都应保证冷凝液体能从传热表面上迅速地排除。

2. 影响冷却水（或空气）侧的放热系数的因素

作为冷却介质的水或空气的流速大小，对其一侧的放热系数有很大的影响。随着冷却介质流速的增加，其放热系数也就增加。但是，冷却介质流速的增大会使冷凝器内的流动阻力随之增加，从而使消耗的机械功也增加。冷凝器内冷却介质的最佳流速：冷却水为0.8～1.2m/s，空气为2～4m/s。

3. 传热表面污脏程度

在冷凝器传热表面上，被润滑油污染程度即使是极其轻微时，也会使冷凝器的传热系数大大降低。例如，厚度为0.1mm的油垢，其所产生的热阻相当于厚度为33mm钢板的热阻。在冷凝器传热表面上积有水垢及气冷式冷凝器传热表面上积有灰尘时，都会使冷凝器传热情况恶化。

4. 制冷剂蒸气中存在空气或其他不凝性气体的影响

在制冷系统安装和运行过程中，由于系统的不严密，常有空气渗入，此外制冷剂也会分解出一些气体。这些气体在制冷系统中不能被凝结成液体，因而被称为不凝性气体，其中主要是空气。不凝性气体无论是从制冷系统中哪一部分进入，以后都会聚集在冷凝器和高压储液桶中。在冷凝器中的不凝性气体会造成冷凝器的总压力增大，降低冷凝器的传热效率，并使压缩机消耗的功增加，排气压力和温度也升高。由此可见制冷系统中存有空气时，必须采取措施，既要防止空气渗入制冷系统内，又要及时地将系统中的不凝气体（主要是空气）利用专门的设备排出。

二、冷凝器的种类及特点

冷凝器按其冷却介质不同，可分为水冷式、空气冷却式、蒸发式和淋水式四大类。

（一）水冷式冷凝器

水冷式冷凝器是以水作为冷却介质，靠水的温升带走冷凝热量。冷却水一般循环使用，但系统中需设有冷却塔或凉水池。水冷式冷凝器按其结构形式又可分为壳管式冷凝器和套管式冷凝器两种，常见的是壳管式冷凝器。

1. 立式壳管式冷凝器

立式壳管式冷凝器又称立式冷凝器，它是2000年以前氨制冷系统广泛采用的一种水冷式冷凝器。立式冷凝器的结构如图5-3所示，其主要由外壳（筒体）、管板及管束等组成。筒体是由8～16mm的钢板卷成圆柱形筒体后焊接而成，筒体两端各焊有一块多孔的管板，两管板之间焊接或胀接$\phi38$～$\phi70$的无缝钢管数十根。冷却水从顶部进入管束，沿管内壁往下流。制冷剂蒸气从筒体高度 2/3 处的进气口进入管束间空隙中，管内的冷却水与管外的高温制冷剂蒸气通过管壁进行热交换，从而使制冷剂蒸气被冷凝成液体并逐渐下流到冷凝器底部，经出液管流入储液器。吸热后的水则排入下部的混凝土水池中，再用水泵送入冷却水塔中经过冷却后循环使用。

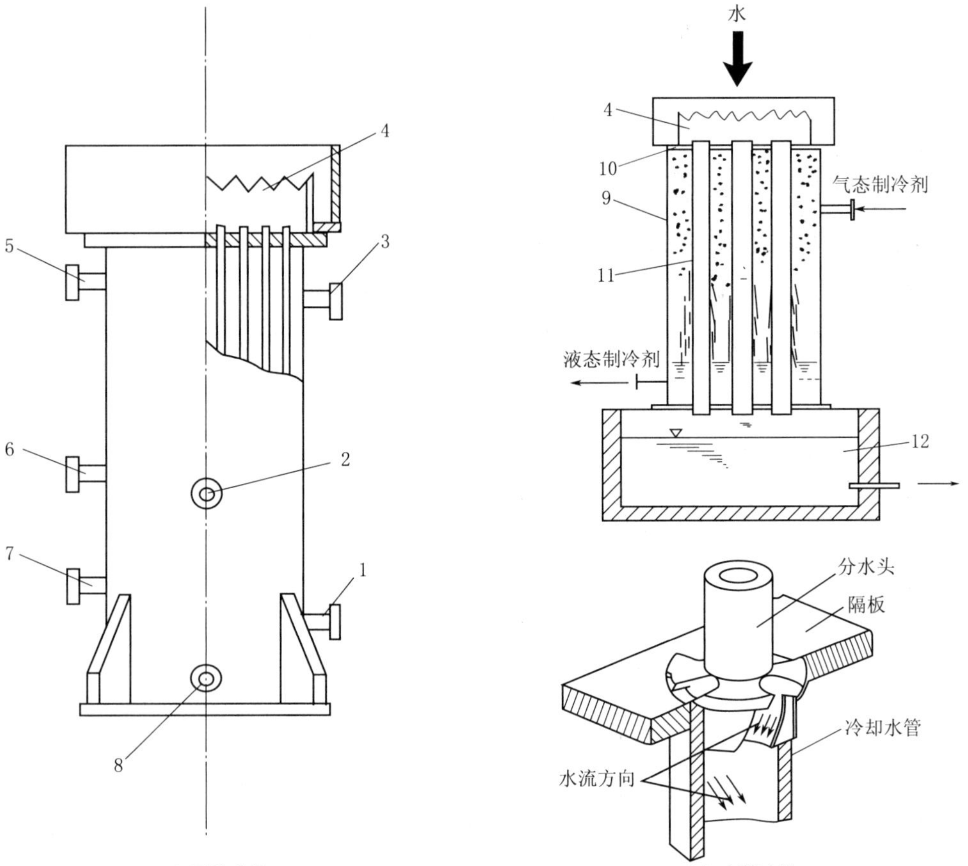

（a）无接水池　　（b）有接水池

图 5-3　立式冷凝器

1—出液管；2—压力表接头；3—进气管；4—配水箱；5—安全阀接头；6—均压管；7—放空管；8—放油管；9—外壳（筒体）；10—管板；11—管束；12—接水池

为了使冷却水能够均匀地分配给各个管口，冷凝器顶部的配水箱内设有匀水板并在管束上部每个管口装有一个带斜槽的导流器，以使冷却水沿管内壁以膜状水层向下流动，这样既可以提高传热效果又节约水量。

此外，立式冷凝器的外壳上还设有均压管、压力表、安全阀和放空气管等管接头，以便与相应的管路和设备连接。

立式冷凝器的主要特点如下：

（1）由于冷却流量大流速高，故传热系数较高，一般 $K=700\sim814\mathrm{W/(m^2\cdot℃)}$。

（2）垂直安装占地面积小，且可以安装在室外。

（3）冷却水直通流动且流速大，故对水质要求不高，一般水源都可以作为冷却水。

(4) 管内水垢易清除，人工清洗很麻烦，清洗剂清洗需清洗剂量较大。

(5) 但因立式冷凝器中的冷却水温升一般只有 2～4℃，对数平均温差一般在 5～6℃ 左右，故耗水量较大。且由于设备置于空气中，管子易被腐蚀，泄漏时比较容易被发现。

2. 卧式壳管式冷凝器

卧式壳管式冷凝器又称卧式冷凝器，卧式壳管式冷凝器的结构如图 5-4 所示。它与立式冷凝器有相类似的壳体结构，但在总体上又有很多不同之处，主要区别在于壳体的水平安放和水的多路流动。卧式冷凝器两端管板外面各用一个端盖封闭，端盖上铸有经过设计互相配合的分水筋，把整个管束分隔成几个管组。从而使冷却水从一端端盖下部进入，按顺序流过每个管组，最后从同一端盖上部流出过程中，要往返 4～10 个回程。这样做既可以提高管内冷却水的流速，从而提高传热系数，又使高温的制冷剂蒸气从壳体上部的进气管进入管束间与管内冷却水进行充分的热交换。冷凝下来的液体从下部出液管流入储液筒。

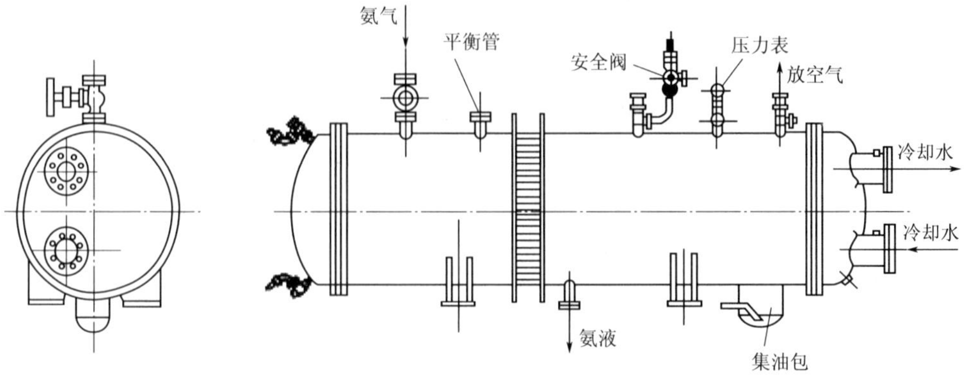

图 5-4 卧式壳管式冷凝器

在冷凝器的另一端端盖上还常设有放空气阀和放水旋塞。排气阀在上部，在冷凝器投入运行开始时打开，以排出冷却水管中的空气，使冷却水畅通地流动，切记不要与放空气阀混淆，以免造成事故。放水旋塞供冷凝器停用时放尽冷却水管内的存水，避免冬季因水冻结而冻裂冷凝器。

卧式冷凝器的壳体上同样留有若干与系统中其他设备连接的诸如进气、出液、均压管、放空气管、安全阀、压力表接头及放油管等管接头。

卧式冷凝器不仅广泛地用于氨制冷系统，也可以用于氟利昂制冷系统，但其结构略有不同。氨卧式冷凝器的冷却管采用光滑无缝钢管或横纹管，而氟利昂卧式冷凝器的冷却管一般采用低肋铜管。这是由于氟利昂放热系数较低的缘故。值得注意的是，有的氟利昂制冷机组一般不设储液筒，只采用冷凝器底部少设几排管子，兼作储液筒用。

卧式和立式冷凝器，二者除安放位置和水的分配不同外，水的温升和用水量也不一样。立式冷凝器的冷却水是靠重力沿管内壁下流，只能是单行程，故要得到足够大的传热系数 K，就必须使用大量的水。而卧式冷凝器是用泵将冷却水压送到冷却管内，故可制成多行程式冷凝器，且冷却水可以得到足够大的流速和温升（$\Delta t=4\sim6$℃）。所以卧式冷凝器用少量的冷却水就可以得到足够大的 K 值。但过分地加大流速，传热系数 K 值增大不多，而冷却水泵的耗功却显著增加，所以氨卧式冷凝器的冷却水流速一般取 1m/s 左右为宜，氟利昂卧式冷凝器的冷却水流速大多采用 1.5～2m/s。

综上所述，卧式冷凝器传热系数高，冷却水用量小，结构紧凑、操作管理方便。但要求冷却水的水质好，且清洗水垢不方便，一般采用清洗剂清洗，泄漏时也不易发现。目前在国内制冷系统用得较多。

3. 套管式冷凝器

套管式冷凝器是由两种不同直径的无缝钢管或两种不同直径的铜管套装在一起而组成的，外套管直径一般为 $\phi 57\times 3$mm，内管直径为 $\phi 38\times 3.5$mm。其结构如图 5-5 所示。

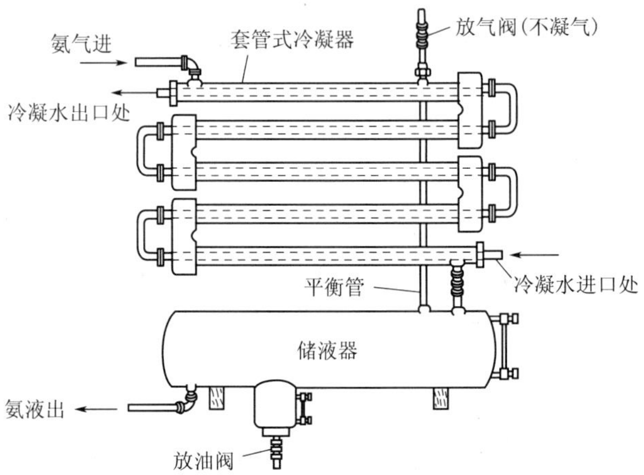

图 5-5　套管式冷凝器

制冷剂的蒸气从上方进入内外管之间的空腔，在内管外表面上冷凝，液体在外管底部依次下流，从下端流入储液器中。冷却水从冷凝器的下方进入，依次经过各排内管从上部流出，与制冷剂呈逆流方式。这种冷凝器的优点是结构简单，便于制造，且因是单管冷凝，介质流动方向相反，故传热效果好，当水流速为 1～2m/s 时传热系数可达930W/(m^2·℃)。其缺点是金属消耗量大，而且当纵向管数较多时，下部的管子充有较多的液体，使传热面积不能充分利用。另外紧凑性差，清洗困难，并需大量连接弯头。因此，这种冷凝器在氨制冷装置中已很少应用。

对于小型氟利昂空调机组仍广泛使用套管式冷凝器，为了缩小机组体积将套管弯成盘管形状，如图 5-6 所示。通常是把封闭型压缩机放在冷凝器中间，使整个机组布置紧凑。这类套管式冷凝器内部常套有 3～4 根内管。内管内侧带有纵向肋片，氟利昂在内管内冷凝，而水在内管外的环形空间中流动，有时也用塑料管或橡皮管代替外管。这类套管式冷凝器的传热系数可达 1050～1160W/（m^2·℃）。主要用在制冷量为 20kW 左右的小型氟利昂机组中。

（二）空气冷却式冷凝器

空气冷却式冷凝器是以空气作为冷却介质，靠空气的温升带走冷凝热量的，又称风冷式冷凝器。这种冷凝器适用于极度缺水或无法供水的场合，常见于小型氟利昂制冷机组。

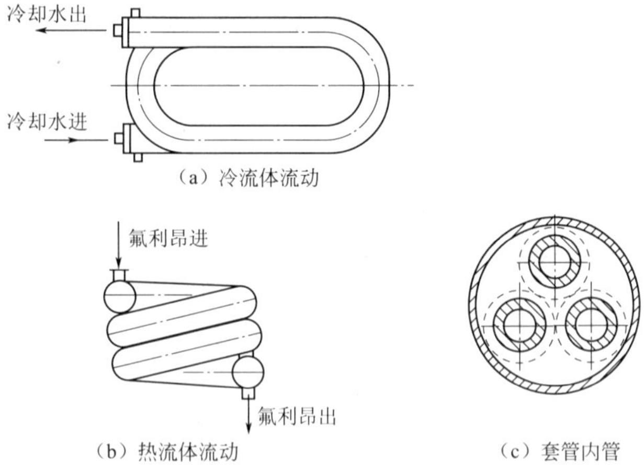

图 5-6 氟利昂套管式冷凝器

根据空气流动方式不同，可分为自然对流式和强迫对流式两种。自然对流式又有线管式和百叶窗式两种结构形式，如图 5-7(a) 所示，从结构和性能来看，前者散热效果好，加工方便，成本低。因此，电冰箱常采用线管式冷凝器。

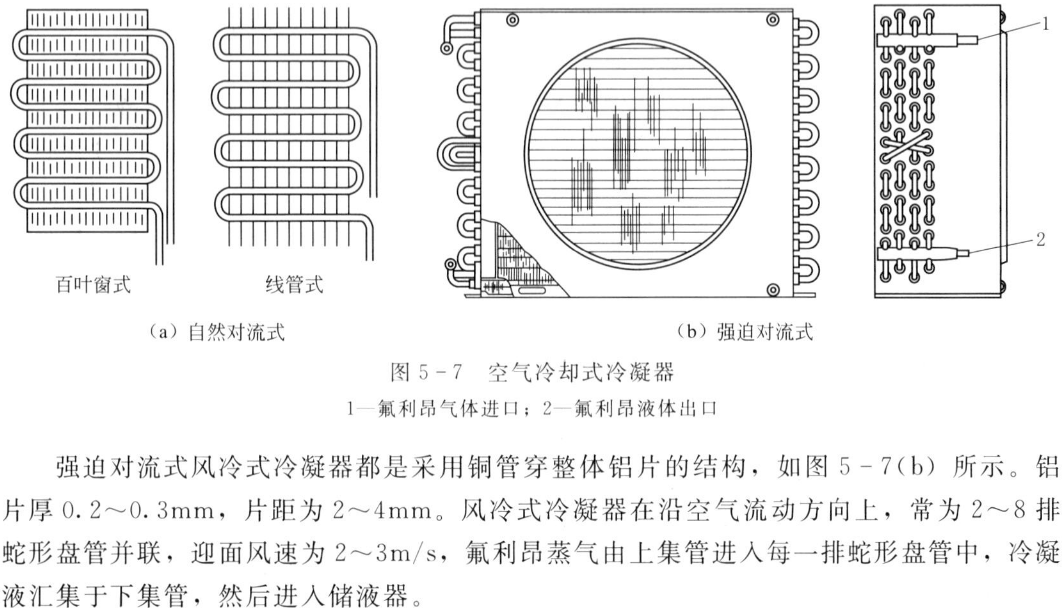

图 5-7 空气冷却式冷凝器

1—氟利昂气体进口；2—氟利昂液体出口

强迫对流式风冷式冷凝器都是采用铜管穿整体铝片的结构，如图 5-7(b) 所示。铝片厚 0.2～0.3mm，片距为 2～4mm。风冷式冷凝器在沿空气流动方向上，常为 2～8 排蛇形盘管并联，迎面风速为 2～3m/s，氟利昂蒸气由上集管进入每一排蛇形盘管中，冷凝液汇集于下集管，然后进入储液器。

风冷式冷凝器的主要特点是不需冷却水且使用管理方便，但传热系数小，一般约为 23～29W/(m^2·℃)，所以设计计算时取较大的平均温差 $\Delta t=10\sim15$℃，否则需要较大的传热面积，会造成经济上的不合理。

（三）蒸发式冷凝器

蒸发式冷凝器的换热主要是靠冷却水在空气中蒸发吸收汽化潜热而进行的。按空气流动方式可分为吸入式和压送式，如图 5-8 所示。

蒸发式冷凝器由冷却管组、给水设备、通风机、挡水板和箱体等部分组成。冷却管组为无缝钢管弯制成的蛇形盘管组，装在薄钢板制成的长方形箱体内。箱体的两侧或顶部设有通风机，箱体底部兼作冷却水循环水池，如图 5－8 所示。

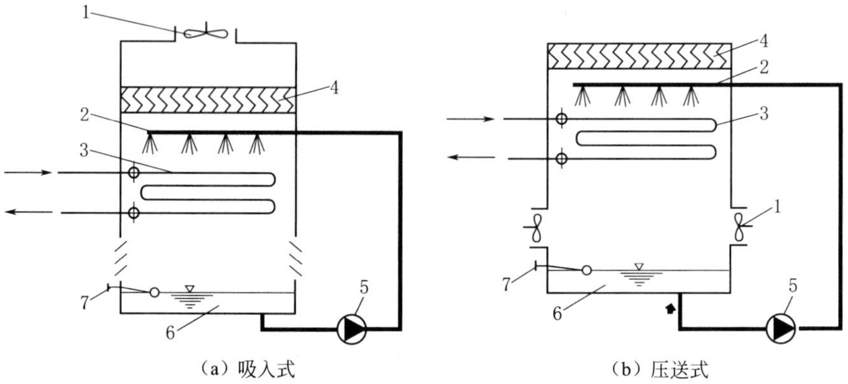

图 5－8　蒸发式冷凝器原理图

1—风机；2—分水装置；3—蛇形冷凝管组；4—挡水板；
5—循环泵；6—循环水池；7—喷淋补水阀

蒸发式冷凝器工作时，制冷剂蒸气从上部进入蛇形管组，在管内凝结放热并从下部出液管流入储液器。而冷却水由循环水泵送到喷水器，从蛇形盘管组的正上方向盘管组的表面喷淋，通过管壁吸收管内冷凝热量而蒸发。设在箱体侧面或顶部的风机强迫空气自下而上掠过盘管，促进水的蒸发并带走蒸发的水分。其中，风机安装在箱体顶部，蛇形管组位于风机的吸气侧时称为吸入式蒸发冷凝器，而风机安装在箱体两侧，蛇形管组位于风机的出气侧时称为压送式蒸发冷凝器，吸入式空气能均匀地通过蛇形管组，故传热效果好，但风机在高温高湿条件下运行，易发生故障。压送式虽空气通过蛇形管组不太均匀，但风机电机工作条件好。

蒸发式冷凝器的特点如下：

(1) 与直流供水的水冷式冷凝器相比，节省水 95%左右。但与水冷式冷凝器和冷却塔组合使用时相比较，用水量差不多。

(2) 与水冷式冷凝器和冷却塔组合系统相比，二者的冷凝温度差不多，但蒸发式冷凝器结构紧凑。而与风冷式或直流供水的水冷式冷凝器相比，其尺寸就比较大。

(3) 与风冷式冷凝器相比，其冷凝温度低。尤其是干燥地区更明显。全年运行时，冬季可按风冷式工作。与直流供水的水冷式冷凝器相比，其冷凝温度高些。

(4) 冷凝盘管易腐蚀，管外易结垢，且维修困难。

综上所述，蒸发式冷凝器的主要优点是耗水量小，但循环水温高，冷凝压力大，清洗水垢困难，对水质要求严。特别适用于干燥缺水地区，宜在露天空气流通的场所安装，或安装在屋顶上，不得安装在室内。单位面积热负荷一般为 1.2～1.86kW/m^2。

(四) 淋水式冷凝器

淋水式冷凝器是靠水的温升和水在空气中蒸发带走冷凝热量。其结构如图 5－9 所示。其主要由换热盘管、淋水箱等组成。制冷剂蒸气从换热盘管下部进汽口进入，而冷却水从淋水箱的缝隙流到换热盘管的顶端，成膜状向下流，水吸收冷凝热，在空气的自然对流情况下，由于水的蒸发，而带走部分冷凝热量。被加热后的冷却水流入水池中，再经冷却塔冷却后循环使用，或排掉一部分水，而补充一部分新鲜水送入淋水箱。冷凝后的液态制冷剂流入储液器中。

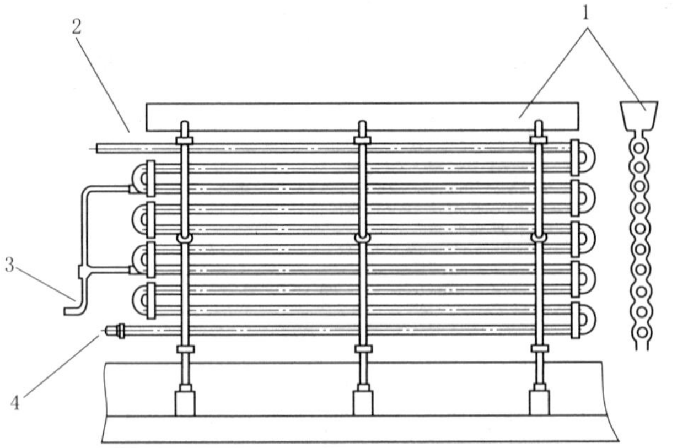

图 5-9　淋水式冷凝器

1—淋水箱；2—空气分离器；3—出液口；4—进口

这种冷凝器主要用于大、中型氨制冷系统中。它可以露天安装，也可安装在冷却塔的下方，但应避免阳光直射。淋水式冷凝器的主要优点为：①结构简单，制造方便；②漏氨时容易发现，维修方便；③清洗方便；④对水质要求低。其主要缺点为：①传热系数低；②金属消耗量高；③占地面积大。

任务三　蒸　发　器

学习目标

1. 掌握蒸发器的功用。
2. 掌握蒸发器的种类及特点。

蒸发器也是一种换热设备，与冷凝器所不同的是蒸发器是吸热设备。在蒸发器中，由于低压液体制冷剂汽化，从需要冷却的物体或空间吸热，从而使被冷却的物体或空间的温度降低，达到制冷的目的。因此，蒸发器是制冷装置中产生和输出冷量的设备。

根据被冷却介质的种类不同，蒸发器可分为两大类：

（1）冷却液体载冷剂的蒸发器。用于冷却液体载冷剂——水、盐水或乙二醇水溶液等。这类蒸发器常用的有卧式蒸发器、立管式蒸发器和螺旋管式蒸发器等。

（2）冷却空气的蒸发器。这类蒸发器有冷却排管和冷风机。

一、卧式蒸发器

卧式蒸发器又称为卧式壳管式蒸发器。其与卧式壳管式冷凝器的结构基本相似。按供液方式可分为满液式蒸发器和干式蒸发器两种，如图 5-10 所示。

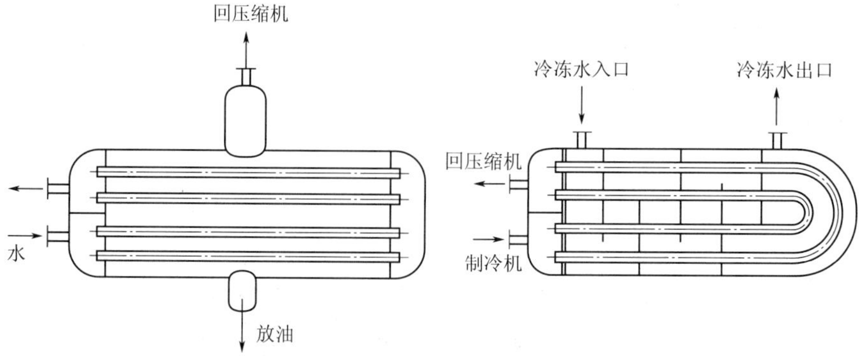

（a）满液式蒸发器　　（b）干式蒸发器

图 5-10　卧式蒸发器

满液式蒸发器：即载冷剂以 1～2m/s 的速度在管内流动，管外的管束间大部分充满制冷剂，二者通过管壁进行充分的热交换。吸热蒸发的制冷剂蒸气，经蒸发器上部的液体分离器，进入压缩机。

为了保证制冷系统正常运行，这种蒸发器中制冷剂的充满高度应适中。液面过高可能使回气中夹带液体而造成压缩机发生液击；反之，液面过低会使得部分蒸发管露出液面而不起换热作用，从而降低蒸发器的传热能力。因此，对于氨蒸发器其充满高度一般为筒体直径的 70%～80%，对于氟利昂蒸发器充满高度一般为筒体直径的 55%～65%。

卧式满液式蒸发器广泛使用于闭式盐水循环系统。其主要特点是：结构紧凑，液体与传热表面接触好，传热系数高。但是它需要充入大量制冷剂，液柱对蒸发温度将会有一定的影响。且当盐水浓度降低或盐水泵因故停机时，盐水在管内有被冻结的可能。若制冷剂为氟利昂，则氟利昂内溶解的润滑油很难返回压缩机。此外清洗时需停止工作。

二、立管式和螺旋管式蒸发器

立管式和螺旋管式蒸发器的共同点是制冷剂在管内蒸发，整个蒸发器管组沉浸在盛满载冷剂的箱体内（或池、槽内），为了保证载冷剂在箱内以一定速度循环，箱内焊有纵向隔板和装有螺旋搅拌器。载冷剂流速一般为 0.3～0.7m/s，以增强传热。

这两种蒸发器只能用于开式循环系统，故载冷剂必须是非挥发性物质，常用的是盐水和水等。如用盐水，蒸发器管子易被氧化，且盐水易吸潮而使浓度降低。这两种蒸发器可以直接观察载冷剂的流动情况，广泛用于以氨为制冷剂的盐水制冷系统。

1. 立管式蒸发器

立管式蒸发器全部由无缝钢管焊制而成。蒸发器的列管以组为单位，按照不同的容量要求，蒸发器可由若干组列管组合而成。每一组列管由两个直径较大的水平集管（上面的称为蒸气集管，下面的称为液体集管）和在集管上焊接两头弯曲的细立管及粗立管组成，如图 5-11 所示。

上、下水平集管的管径一般为 $D108\times4$ 或 $D121\times4$，细立管的直径一般为 $D57\times3.5$ 或 $D38\times3$，粗立管的直径一般为 $D76\times4$。上集管的一端接气液分离器，分离回气中夹带的液滴。下集管的一端与集油器相连。来自储液器的高压、常温液体制冷剂经节流后从

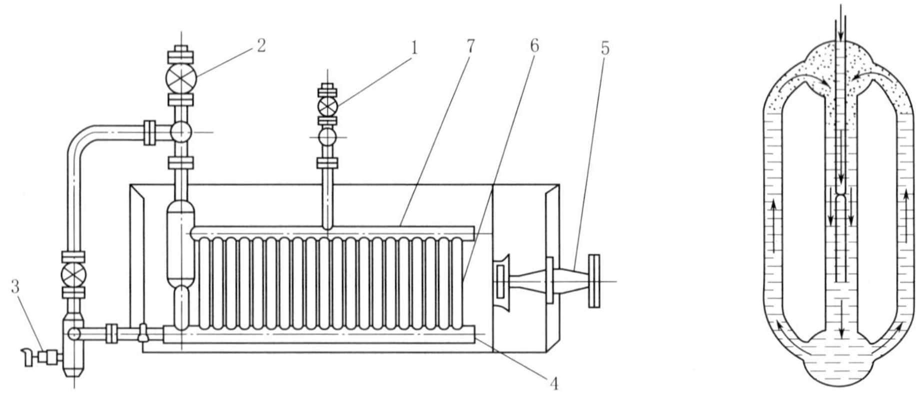

图 5－11　立管式蒸发器

1—供液；2—回气；3—放油；4—集液管；5—搅拌器；6—立管；7—集气管

上集管中部的进液管进入蒸发器，进液管位于粗立管中并往下伸至下集管。这样就保证液体能较均匀地分配到各根立管中。由于细立管的相对换热面积较粗立管大，所以在细立管内液体先蒸发产生大量的蒸气并引带液体上升。气液混合物进入上集管后，其中大部分液体又经粗立管返回下集管，形成了内部循环。而夹带的部分液滴的蒸气进入气液分离器，分离出来的液体再次返回下集管，蒸气被压缩机吸走。蒸发器的润滑油沉积在集油器中，以便定期放出。

2. 螺旋管式蒸发器

螺旋管式蒸发器是对立管式蒸发器改进后的一种变型。其总结构与立管式相似，如图 5－12所示。二者的不同是螺旋管式蒸发器在上、下集管之间焊接的是用两排螺旋管取代了立管。在集管距离相等时，使传热面积增大，因此结构尺寸紧凑，且焊接头较少，加工制造容易。

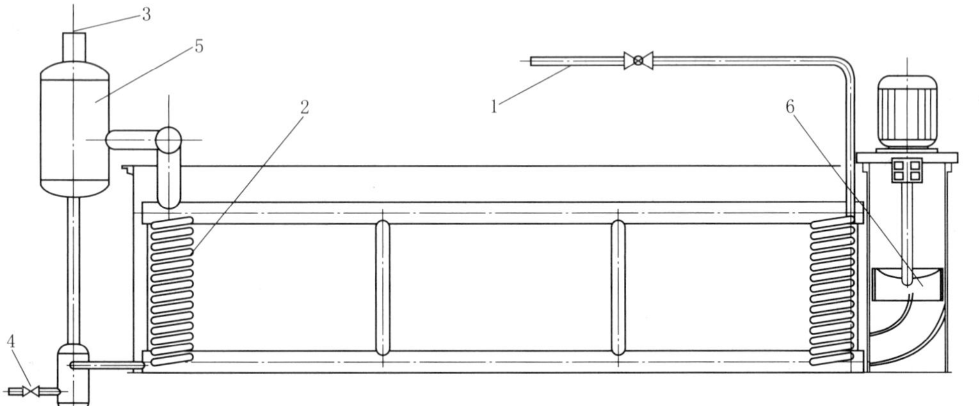

图 5－12　螺旋管式蒸发器

1—供液管；2—螺旋管；3—回气管；4—放油；5—气液分离器；6—搅拌器

在此基础上，国内又开发生产了双头螺旋管式蒸发器，它的螺旋管是由螺径不同的内外两圈组合而成。这样使得蒸发器的结构更为紧凑。

三、冷却排管

冷却排管是用来冷却空气的一种蒸发器。长期以来广泛地应用于低温冷藏库中，制冷剂在冷却排管内流动并蒸发，管外作为传热介质的被冷却空气作自然对流。

冷却排管的形式繁多。按管组在库房中的安装位置可分为三种：墙排管、顶排管和搁架式排管。若按结构也可分为立管式、蛇管式和U形排管三类。

冷却排管最大的优点是结构简单，便于制作，对库房内储存的非包装食品造成的干耗较少。但排管的传热系数较低，且融霜时操作困难，不利于实现自动化。对于氨直接冷却系统用无缝钢管焊制，采用光管或绕制翅片管；对于氟利昂系统，大都采用绕片或套片式铜管翅片管组。

1. 立管式墙排管

立管式冷却排管通常用于冻结物的冷藏间靠墙布置，故称为墙排管。立管式墙排管只适用于重力供液的氨制冷系统，其结构如图 5-13(a) 所示。

立管式墙排管由上、下各一根直径为 $D76\times3.5$ 或 $D89\times3.5$ 的水平集管与数十根直径为 $D38\times2.2$ 或 $D57\times3.5$mm，高度为 2.5～3.5m 的立管焊接而成。相邻两立管之间的中心距为 100～130mm，立管的高度和根数可根据所需的传热面积及库内净高而定。

立管式墙排管工作时，氨液由下集管进入，产生的蒸气由上集管排出，因而蒸气能很容易地排出，传热效果较好，除霜也方便。它的缺点是：焊接接头多，制作工作量大，排管充液量大，通常为排管容积的 60%～80%。且当排管的高度较大时，由于静液柱的影响，使排管下部管段内的氨液饱和蒸发温度显著增高，从而使传热温差降低，传热量减少，尤其当系统的蒸发温度较低时更突出，故在较低蒸发温度（低于－33℃）时不宜采用。

2. 蛇管式排管

蛇管式排管多是用 $D38\times2.2$mm 的无缝钢管弯制而成，如图 5-13(b) 所示。可以是单排的也可以是双排的，每排由一根或两根光管组成，如当库房的热负荷较大，所需的传热面积较大时，可用两根单排或双排的盘管式排管，因为这种排管的结构比较紧凑，与单根单排相比，可以获得较大的传热面积，但不管是单排还是双排，每一供液回路的总长度不应超过一定值，否则后段盘管为蒸气所充满传热效果很差。此外，在垂直方向上盘管的管数应为偶数，使制冷剂在同一侧进入和引出，便于安装连接。

蛇管式排管的适用范围较广。蛇管式顶管重力供液或氨泵供液均可；单排和双排蛇管式墙排管可用于下进上出式的氨泵供液系统及重力供液系统，对单根蛇管式排管还可用于氨泵上进下出供液系统和热力膨胀阀供液系统。氟利昂系统所采用的蛇管式排管通常为单排式，其可以是 $D25\times2.25$mm 钢管或 $D19\times1.5$mm～$D22\times1.5$mm 紫铜管及黄铜管。

蛇管式排管的优点是结构简单，易于制作，存液量较小，适用性强。其主要缺点为排管下段产生的蒸气不能及时引出，必须经过排管的全长后才能排出，故传热系数小，气液二相流动阻力大。为此设计蛇管式排管时应限制单管的总管长，对于重力供液系统，每一供液回路的总长度不宜大于 120m，对于氨泵供液系统则可达 350m。

3. U 形排管

常用的 U 形排管由两层或四层光滑无缝钢管构成，如图 5－13(c) 所示。每组排管各有上、下两根集管，下集管（$D57\times3.5$mm）供液，上集管（$D76\times3.5$mm）回气，上、下两根集管间焊接数十根 U 形管，一般排管水平方向的管子中心距为 120mm，U 形管的中心距单排为 180mm，双排为 200mm。因其吊装在距库房顶板或楼板下 300mm 处作顶排管使用，故常称为集管式顶排管。通常应用于低温冷藏间和冰库；对于小型的不用冷风机的冻结间也常采用。

U 形顶排管优点是结霜比较均匀，制作和安装较方便，充液量小，约占其容积的 50%，适用于重力供液系统和氨泵下进上出氨制冷系统，在冷库中获得较广泛的应用。但其占据库房的有效空间较多，且上层排管不易除霜。

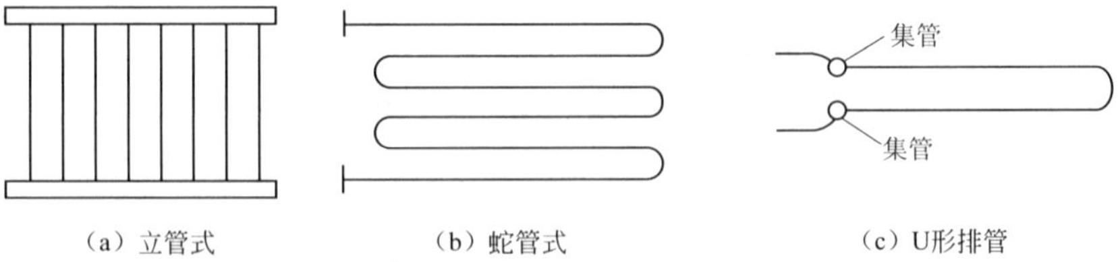

图 5－13　冷却排管结构形式

4、搁架式排管

搁架式排管多用于冻结室中冷冻加工食品的设备。它是由许多组蛇形盘管组合而成。

搁架式排管一般采用 $D38\times2.2$mm 或 $D57\times3.5$mm 的无缝钢管制作。目前这种排管也有采用矩形无缝钢管焊制的，冷冻加工时将食品置于冻盘中放在搁架上进行冻结。由于排管与食品近乎直接接触，所以其传热效能较高。适用于冻结鱼类、家禽等食品。整个冻结装置结构紧凑，空间利用率高，而且可省掉许多辅助设备。其缺点是钢材消耗量大，且不利于机械化、连续化和自动化操作，故目前仅用于小型的冻结间。

搁架式排管一般来说不送风，即采取空气自然对流换热。但为了提高传热系数，可在库内设置风机采用强制送风循环，这对老设备的改造也是一个可取的方向。

四、冷风机（空气冷却器）

冷风机多是由轴流式风机与冷却排管等组成的一台成套设备。它依靠风机强制库房内的空气流经箱体内的冷却排管进行热交换，使空气冷却，从而达到降低库温的目的。

冷风机按冷却空气所采用的方式可分为干式、湿式和干湿混合式三种。其中，制冷剂或载冷剂在排管内流动，通过管壁冷却管外空气的称为干式冷风机；以喷淋的载冷剂液体直接和空气进行热交换的，称为湿式冷风机；混合式冷风机除冷却排管外，还有载冷剂的喷淋装置。下面介绍目前冷库广泛使用的干式冷风机。

冷库常用的干式冷风机按其安装的位置又可分为吊顶式和落地式两种类型。它们都由空气冷却排管、通风机及除霜装置组成，且冷风机内的冷却排管都是套片式的。大型干式冷风机常为落地式。

1. 落地式冷风机

落地式冷风机主要由上、中、下三部分组成，它的下部是水盘，用来收集冷风机冲霜用水，并用以支承风机主体，同时又是空气的吸入口；上部为排风的风帽，内装风机，根据风量和风压要求去选用轴流式或离心式风机及其相应的台数，轴流式风机的风压一般比离心式风机的低，但风量大得多。在风帽和管簇之间装设淋水管，作为水冲霜之用。中间部分是一个空气冷却排管（蒸发管组），对于套片式冷风机来说，其冷却管簇为在 $D25\times2.5$mm 的无缝钢管上，套有 0.5mm 的镀锌钢片或 0.5mm 铝片的套片管。

冷库用的落地式冷风机有三种：KLD 型——用于冻结物冷藏间；KLL 型——用于冷却物冷藏间；KLJ 型——用于冻结间。

2. 吊顶式冷风机

吊顶式冷风机装在库房平顶之下，不占用库房面积。根据吊顶式冷风机的送风形式，可分为单面送风和双面送风；根据它的翅片形式，有绕片式和套片式。氟利昂冷风机一般是单向吊顶套片式，冷却管一般用 $D10\sim20$ 的紫铜管，其外套有 0.2～0.3mm 的薄铝肋片。为了使冷风机出口的制冷剂有一定的过热度，冷风机中制冷剂的走向与空气的流向一般采用错流。

思考与练习题

1. 影响总传热系数的因素有哪些？
2. 基本传热计算公式中各量的物理意义是什么？
3. 影响蒸发器传热的主要影响因素有哪些？
4. 蒸发器的作用是什么？他如何分类？
5. 比较干式管壳式蒸发器和满液式管壳式蒸发器，各自有什么优点？
6. 影响冷凝器传热的主要影响因素有哪些？
7. 冷凝器的作用是什么？它是如何分类的？
8. 立式管壳式冷凝器上各管接头的作用是什么？
9. 举例说明，制冷空调产品上强化传热所采取的措施。

项目六　节流机构及辅助设备

本项目重点介绍制冷系统节流机构及辅助设备。

任务一　节　流　机　构

学习目标

1. 掌握膨胀机构的作用及类型。
2. 学习热力膨胀阀的工作原理及特点。

一、制冷膨胀（节流）机构的作用

在蒸气压缩式制冷系统中，除了压缩机及各种热交换器外，还需要膨胀机构，即节流机构，使制冷剂节流后降低温度和压力，并控制制冷剂的流量。

膨胀机构位于冷凝器后，从冷凝器来的高压制冷剂液体流经膨胀机构后，压力降低，然后进入蒸发器中。膨胀机构除了起节流作用外，还起调节进入蒸发器的制冷剂流量的作用。经过膨胀机构的调节，使制冷剂离开蒸发器时有一定的过热度，保证制冷剂液体不会进入压缩机。

流体流经膨胀机构时，由于时间很短，可看作是绝热节流。节流后液体变成湿蒸气，其中蒸气的含量约占总制冷剂质量的10%～30%。液体节流产生的蒸气是饱和蒸气，又称闪发蒸气，以区别于加热液体后产生的饱和蒸气。

膨胀机构的种类很多，根据它们的应用范围，可分为以下五类：

（1）手动膨胀阀，用于工业用的制冷装置。

（2）热力膨胀阀，用于工业、商业和空气调节装置。

（3）热电膨胀阀，用途与热力膨胀阀相同。

（4）毛细管，用于家用制冷装置。

（5）浮球调节阀，用于工业、商业和生活用制冷装置。

二、制冷膨胀（节流）机构的类型

1. 手动膨胀阀

手动膨胀阀用于干式或湿式蒸发器。在干式蒸发器中使用手动膨胀阀时，操作人员需频繁地调节流量，以适应负荷的变化，保证制冷剂离开蒸发器时有轻微的过热度。

图6-1表示应用手动阀时检测仪表的位置，检测仪表能指出蒸发器出口处的压力和温度。

从观察镜也可看出制冷剂离开蒸发器时的情况。

大多数手动膨胀阀都由喷嘴形阀孔和阀针组成，如图6-2所示。

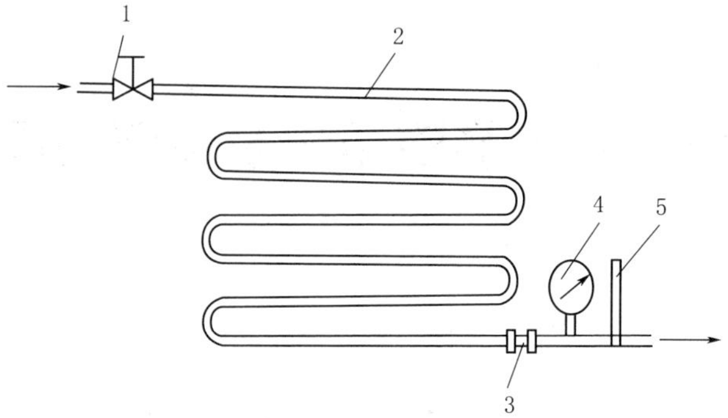

图 6-1 手动膨胀阀工作时检测仪表的位置

1—手动膨胀阀；2—蒸发器；3—观察镜；4—压力表；5—温度表

过去应用很广的手动膨胀阀现已大部分被自动控制阀取代，只有氨制冷系统还在使用。

手动膨胀阀也可用在油分离器至压缩机曲轴箱的回油管路上，如图 6-3 所示。此时，节流阀用于控制流量。图中的电磁阀用于阻止液体制冷剂在停机后流动。

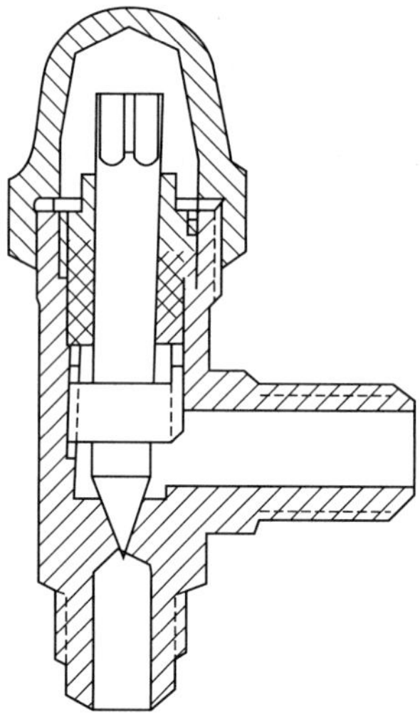
图 6-2 手动膨胀阀

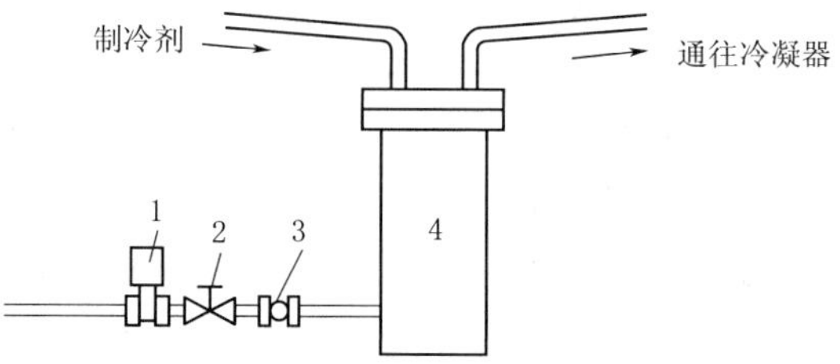

图 6-3 用在回油管路上的手动膨胀阀

1—电磁阀；2—手动膨胀阀；3—观察镜；4—油分离器

2. 热力膨胀阀

这种形式的膨胀阀在氟利昂制冷系统中得到普遍使用，如风冷式冻结间、制冷装置、冰淇淋保藏箱以及空调装置等。其优点是在蒸发器负荷变化时，可以自动调节制冷剂液体的流量，以控制蒸发器出口处制冷剂的过热度。热力膨胀阀由蒸发器出口处的温度控制，主要有两种类型：内平衡式和外平衡式。

(1) 内平衡式热力膨胀阀。在内平衡式热力膨胀阀中，来自感温包（感温包装在蒸发器出口处，用于感受出口处蒸气的温度）的蒸气（或液体）压力作用在膜片的一侧，蒸发器入口处的制冷剂蒸气压力作用在膜片的另一侧。膜片与针阀连接，以便按蒸发器出口处制冷剂的温度调节制冷剂流量。

按图 6-4 工作时，膜片底部受到的蒸发器饱和压力为 0.165MPa（表压），弹簧压力为 0.053MPa，膜片上部受到的感温包压力为 0.218MPa（表压）。感温包内充注的工质与蒸发器内的制冷剂相同，蒸发器的饱和温度为－4.4℃，感温包内的温度为 1.1℃。由此可见，制冷剂在蒸发器内先转变为饱和蒸气，到达 B 点。从 B 点至 E 点，制冷剂继续吸收热量，转变为过热蒸气。

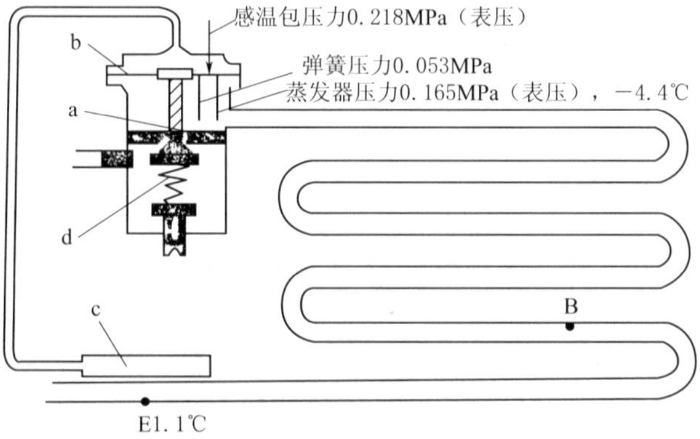

图 6-4 内平衡式热力膨胀阀

a—阀芯；b—弹簧金属膜片；c—感温包；d—弹簧

当蒸发器负荷增大时，E 点的蒸气过热度增加，膜片上部的压力上升，针阀向下移动，更多的制冷剂流入蒸发器，使 E 点蒸气的过热度下降。当蒸发器的负荷减少时，E 点蒸气的过热度下降，作用在膜片上部的压力减少，针阀向上移动，进入蒸发器的制冷剂减少，使 E 点蒸气的过热度上升。

感温包应安装在合适的位置上。通常应处于不受积液和油的作用的位置，如图 6-5 所示。

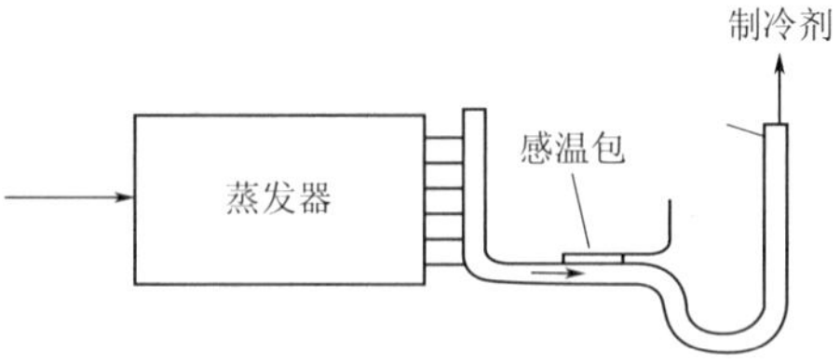

图 6-5 感温包安装位置示例

当吸气管需要提高时，提高处应有弯头。感温包装在弯头前，以避免与积液直接接触而感受不到过热度或感受到的过热度很小。

（2）外平衡式热力膨胀阀。制冷剂流经蒸发器时产生压力降，使蒸发器出口处的制冷剂饱和温度低于入口处的饱和温度。如果使用内平衡膨胀阀，随着制冷剂压力的下降，在出口处将有一个较大的过热度。这意味着蒸发器中有更多的传热面积用于产生过热蒸气，降低了蒸发器传热面的利用率。为了解决此问题，发展了外平衡式热力膨胀阀。

外平衡式热力膨胀阀有一条外部连接管，将膜片下部的空间与蒸发器出口相连，从而使膨胀阀所提供的过热度与蒸发器出口处的饱和温度相适应。图 6-6 给出了外平衡式热力膨胀阀的工作系统。为了保证阀的正常工作，膜片下的空间与蒸发器入口处隔绝，膜片的运动通过密封片传递给阀针。在图 6-6 中，蒸发器入口处的压力为 0.165MPa（表压），入口处的蒸发温度为－4.4℃；制冷剂经过蒸发器的压力降是 0.069MPa；出口压力为 0.096MPa（表压），饱和温度为－12.8℃，设弹簧压力为 0.053MPa，则制冷剂离开蒸发器时的过热度为 6.5℃，过热蒸气温度为－6.3℃。如果用内平衡式膨胀阀代替外平衡式膨胀阀，则蒸发器出口温度为 1.1℃，实际的蒸发器出口处蒸气过热度为 13.9℃，可见蒸发器没有得到充分利用。

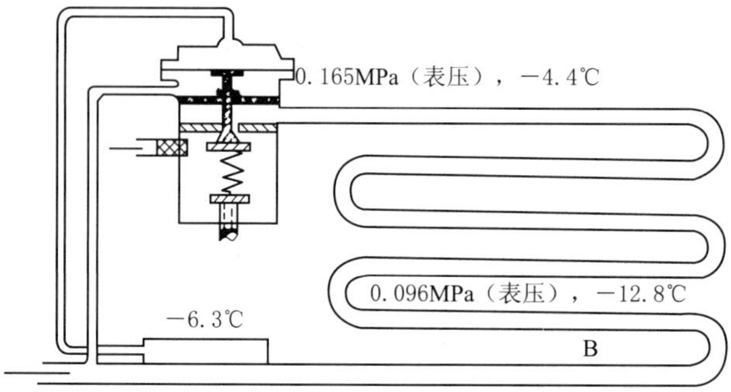

图 6－6　外平衡式热力膨胀阀的工作系统

（3）热力膨胀阀的温包充注。热力膨胀阀的特性取决于蒸发压力、弹簧压力和感温元件的性能。感温包内工质的充注形式有多种，如液体充注式、液体交叉充注式、气体充注式和吸附充注式等。

1）液体充注。采用液体充注式感温包时，感温包中充注的液体与制冷系统中使用的制冷剂相同，感温包内液体的充灌量应足够大，保证在任何温度下感温包内总含有液体，感温系统内的压力始终为饱和压力。为此，膜片上部空间和连接管的容积之和应小于充注液体的体积，同时感温包的容积应大于所充注的液体体积。

图 6－7 所示采用液体充注热力膨胀阀所控制的过热度，随着蒸发温度的提高，作用在膜片下部的蒸发压力及弹簧力之和也提高。此时，感温包压力也相应地增高，从而保证

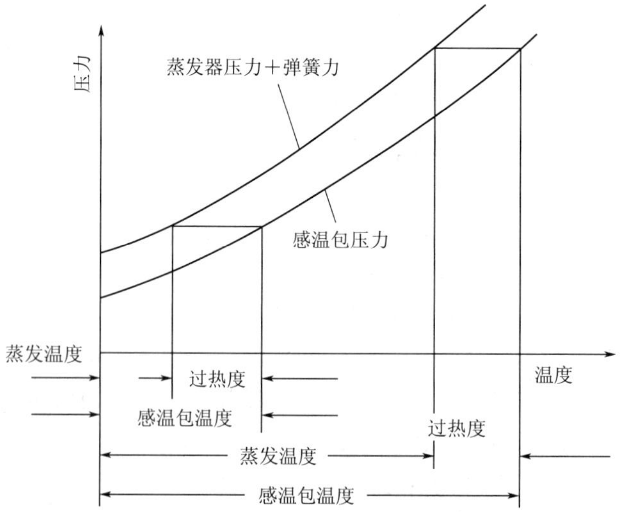

图 6－7　采用液体充注感温包时，制冷剂的过热度

了制冷剂在离开蒸发器时始终有过热度，但过热度的大小随蒸发温度而变，蒸发温度越高，过热度越小，这是其缺点。

液体充注式热力膨胀阀的另一个缺点是它对蒸发温度没有限制，而过高的蒸发温度会使制冷压缩机的电动机超负荷，甚至发生烧毁电动机的现象。

2）液体交叉充注。液体交叉充注式感温包内充注的工质与制冷系统中的制冷剂不同，感温包的饱和蒸气压力曲线与膜片下面作用力的变化曲线如图 6-8 所示。在不同的蒸发温度条件下，热力膨胀阀维持的过热度几乎不变。

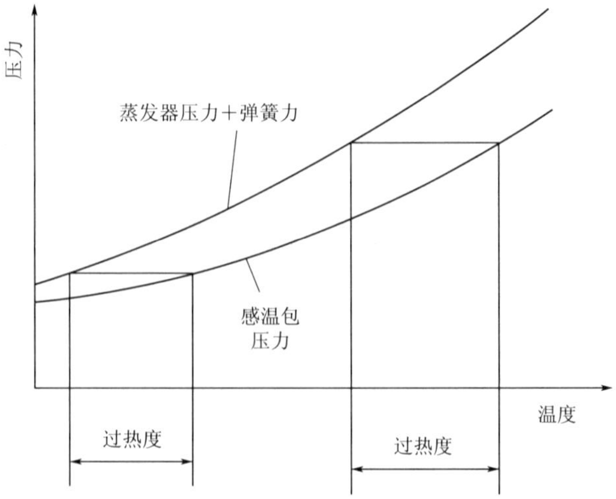

图 6-8　液体交叉充注热力膨胀阀的特性曲线

3）气体充注。气体充注式感温包又称为限量充注或最大压力充注式感温包，如图 6-9 所示。在此感温包内只注入与制冷剂相同的限量工质。当蒸发温度（或蒸发器内的压力）低于规定值时，感温包内工质的压力-温度关系与液体充注式感温包相同。但是，当蒸发温度超过规定值后，由于感温包内的工质已全部蒸发，其压力-温度关系发生了变化，尽管温度增加很多，压力的增量却很小。因此，当蒸发温度超过规定温度时，蒸发器出口处制冷剂虽有很高的过热度，但仍不能将阀门开大。这样，就可以控制蒸发器的供液量和蒸发压力，避

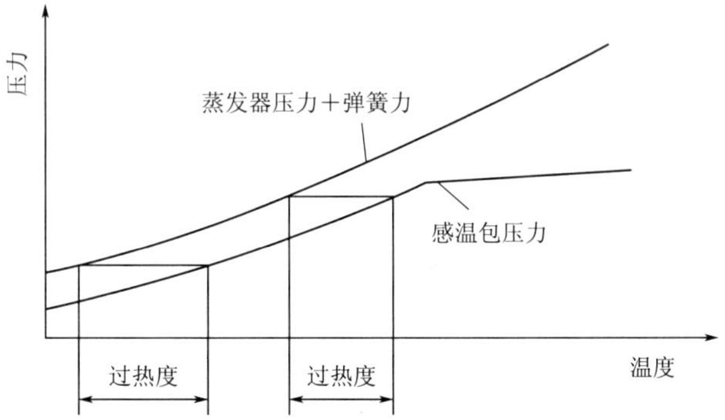

图 6-9　气体充注式热力膨胀阀的特性曲线

免蒸发温度过高导致制冷压缩机的电动机超负荷运转。

气体充注式热力膨胀阀的缺点是有时包内工质以液体形式积聚在膜片上，而不返回感温包内。这种现象发生在膜盒温度低于感温包温度的情况下，因此设计时必须保证在膨胀阀关闭时，膜盒内有较高的温度，使盒内液体蒸发，回到感温包内。在有些设计中，让温度较高的制冷剂绕膜盒流动来达到这个要求。

4）吸附充注。吸附充注式感温包内充满了吸附性气体与吸附剂，如活性炭、分子筛、硅胶、铝胶、惰性气体等。最普遍使用的是活性炭与 CO_2 气体。活性炭吸附气体的能力随感温包温度而变。当感温包的温度增加时，包内的气体压力因被吸附气体的释放而增大；当感温包的温度降低时，气体被活性炭吸附，包内压力下降。吸附充注式感温包不可能发生气体积累在膜盒中而不返回感温包的现象。其缺点是膨胀阀对过热度变化的反应较缓慢。

热力膨胀阀的工作能力受阀前制冷剂过冷度的影响，其影响程度用影响因子表示，表 6－1中列出了阀前液体过冷度对阀的影响因子。

表 6－1　　阀前液体过冷度对阀的影响因子

制冷剂	过冷度 Δt									
	4K	10K	15K	20K	25K	30K	35K	40K	45K	50K
R-22	1.00	1.06	1.11	1.15	1.20	1.25	1.30	1.35	1.39	1.44
R-410A	1.00	1.08	1.15	1.21	1.27	1.33	1.39	1.45	1.50	1.56
R-407C	1.00	1.08	1.14	1.21	1.27	1.33	1.39	1.45	1.51	1.57
R-134a	1.00	1.08	1.13	1.19	1.25	1.31	1.37	1.42	1.48	1.54
R-404A/R-507	1.00	1.10	1.20	1.29	1.37	1.46	1.54	1.63	1.70	1.78

注　表中 K 为热力学温度单位，即开尔文。

3. 热电膨胀阀

热力膨胀阀以蒸发器出口处的温度为控制信号，通过感温包，将此信号转换成感温包内蒸气的压力，进而控制膨胀阀阀针的开度，达到反馈调节的目的。热力膨胀阀的不足之处是：①信号的反馈有较大的滞后，蒸发器处的高温气体首先要加热感温包外壳，感温包外壳有较大的热惯性，导致反应滞后，感温包外壳对感温包内工质的加热引起进一步的滞后，信号反馈的滞后导致被调参数的周期性振荡；②控制精度较低，感温包中的工质通过薄膜将压力传递给阀针，因薄膜的加工精度及安装均会影响它受压产生的变形以及变形的灵敏度，故难以达到高的控制精度；③调节范围有限，因薄膜的变形量有限，使阀针开度的变化范围较小，故流量的调节范围较小，在要求有大的流量调节范围时（例如在使用变频压缩机时），热力膨胀阀无法满足要求。

热电膨胀阀的应用，克服了热力膨胀阀的上述缺点，并为制冷装置的智能化提供了条件。热电膨胀阀利用被调节参数产生的电信号，控制施加于膨胀阀上的电压或电流，进而控制阀针的运动，达到调节的目的。

热电膨胀阀可分为电磁式、电动式和电热式三大类。

（1）电磁式热电膨胀阀。这种膨胀阀的结构如图 6－10 所示。被调参数先转化为电压，施加在膨胀阀的电磁线圈上。电磁线圈通电前，阀针处于全开的位置，通电后，受磁力的作用，阀针的开度减小。开度减小的程度取决于施加在线圈上的控制电压。电压越高，开度越小，流经膨胀阀的制冷剂流量也越小。制冷剂流量 q_v 随控制电压 U 的变化情况如图 6－11 所示。

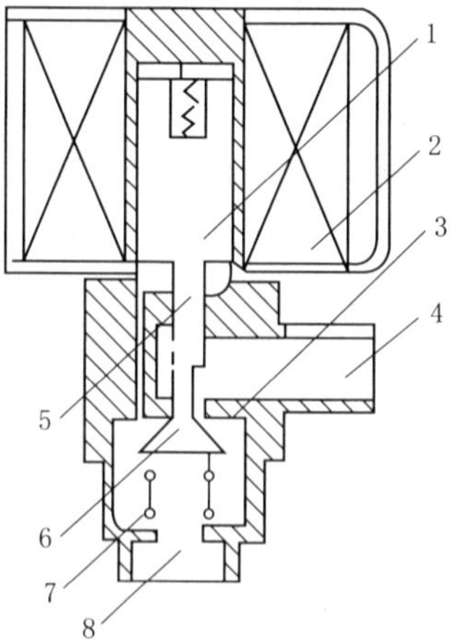

图 6－10　电磁式热电膨胀阀

1—柱塞；2—线圈；3—阀座；4—入口；
5—阀杆；6—阀针；7—弹簧；8—出口

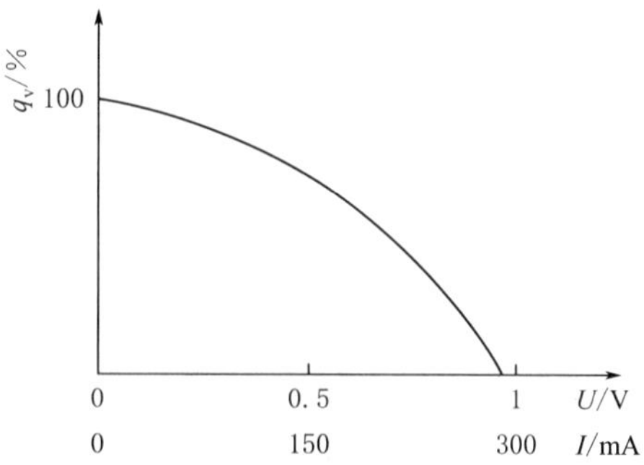

图 6－11　电磁式热电膨胀阀的流量（SMX 型）

电磁式热电膨胀阀的结构简单，对信号变化的响应快。但在制冷机工作时，需要一直向它提供控制电压。

（2）电动式热电膨胀阀。电动式热电膨胀阀的阀针由电动机驱动，这种阀广泛使用脉冲电动机驱动阀针，直动型电动式热电膨胀阀的结构如图 6－12 所示，它用脉冲电动机直接驱动阀针。当控制电路产生的脉冲电压作用到电动机定子上时，永久磁铁制成的电动机转子转动，通过螺纹的作用，使转子的旋转运动转变为阀针的上下运动，从而调节阀针的开度，进而调节制冷剂的流量。直动型电动式热电膨胀阀的流量特性如图 6－13 所示。图中 q_v 为制冷剂流量，N 为脉冲数。

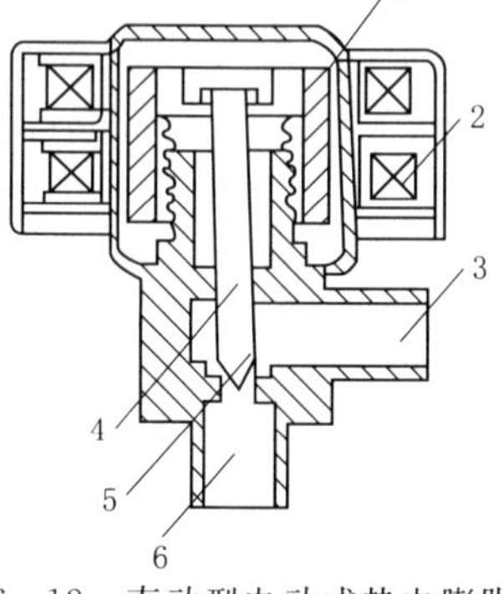

图 6－12　直动型电动式热电膨胀阀

1—转子；2—线圈；3—入口；
4—阀杆；5—阀针；6—出口

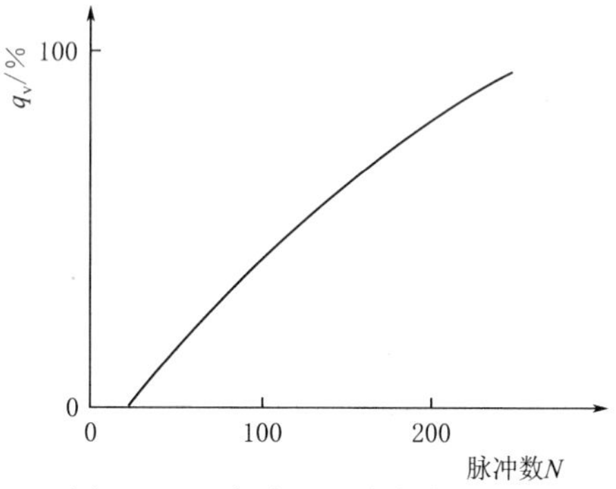

图 6－13　直动型电动式热电膨胀阀的流量 q_v（DKV 型）

在直动型电动式热电膨胀阀中，驱动阀针的力矩直接来自定子线圈的磁力矩。由于电动机尺寸所限，所以这个力矩是较小的。为了获得较大的力矩，开发了减速型电动式电子膨胀阀。

定减速型电动式热电膨胀阀内装有减速齿轮组。脉冲电动机通过减速齿轮组将其磁力矩传递给阀针。减速齿轮组起放大磁力矩的作用，因而配有减速齿轮组的脉冲电动机可以方便地与不同规格的阀体配合，满足不同流量调节范围之需。

今以调节蒸发器出口处制冷剂的过热度为例，说明电磁式和电动式热电膨胀阀的应用。为了获得调节信号，在蒸发器的两相区段管外和蒸发器出口处管外各贴热敏电阻一片，如图 6－14 所示。图 6－14 中的 θ_{1w} 表示蒸发器出口处管壁温度；θ_{2w} 表示蒸发器两相区段管壁温度。

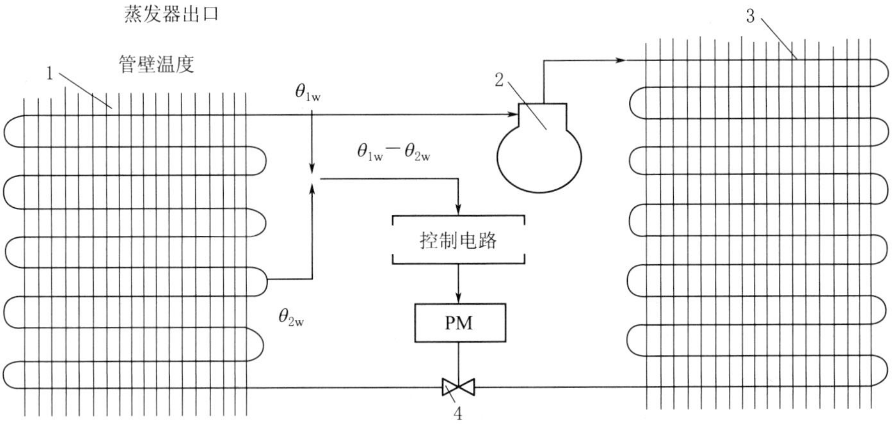

图 6－14　空调器应用热电膨胀阀的过热度调节系统

1—蒸发器；2—压缩机；3—冷凝器；4—热电膨胀阀

由于管壁的热阻很小，故热敏电阻感受的温度即该两处制冷剂的温度，两电阻片反映的温度之差，即制冷剂的过热度。

按图 6－14 所示用两片热敏电阻测得的制冷剂过热度输入控制电路中，按规定的程序转换成脉冲信号后，控制阀针的运动。

(3) 电热式热电膨胀阀。电热式热电膨胀阀的感温元件是电阻系数为负值的热敏电阻(温度升高时电阻下降)，它与膨胀阀内的双金属片串联（图 6－15）。当安装在蒸发器出

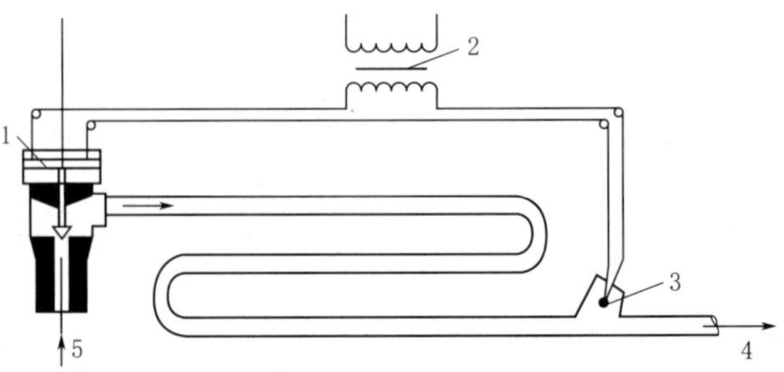

图 6－15　电热式热电膨胀阀的加热电路

1—双金属片；2—电源；3—热敏电阻；4—回气；5—进液

口处的热敏电阻温度升高时，串联电路的电阻下降，电流增大，双金属片变形加剧，阀孔开启度增大，制冷剂流量增大，蒸发器出口处温度降低。这种膨胀阀结构简单，使用方便，但它测得的温度是蒸发器出口温度，而非过热度，因此只适合在蒸发压力变化较小时使用。电热式热电膨胀阀的结构如图 6－16 所示。

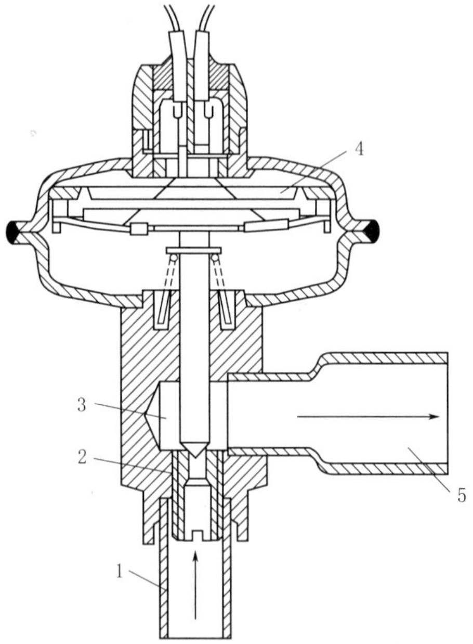

图 6－16 电热式热电膨胀阀

1—双金属片；2—电源；3—热敏电阻；4—回气；5—进液

图 6－17 表明了负荷突然变化时，采用热电膨胀阀和热力膨胀阀对过热度调节的过渡过程。采用热电膨胀阀的过渡过程始终在制冷剂处于过热状态下完成，而采用热力膨胀阀的过渡过程出现过热度为负的情况，此时蒸发器出口处的制冷剂带液。

制冷系统同时使用变频压缩机及热电膨胀阀时，因变频压缩机的运转受到主计算机指令的控制，热电膨胀阀的开度也随之受该指令的控制。一般而言，阀开度与变频的频率成一定的比例，但由于制冷系统的蒸发器和冷凝器已定，其传热面积为定值，使阀的开度不应完全与频率成固定的比例。试验表明，在不同频率下存在一个能效比最佳的流量，因而在膨胀阀开度的控制指令中，应包含压缩机频率和蒸发温度等因素。

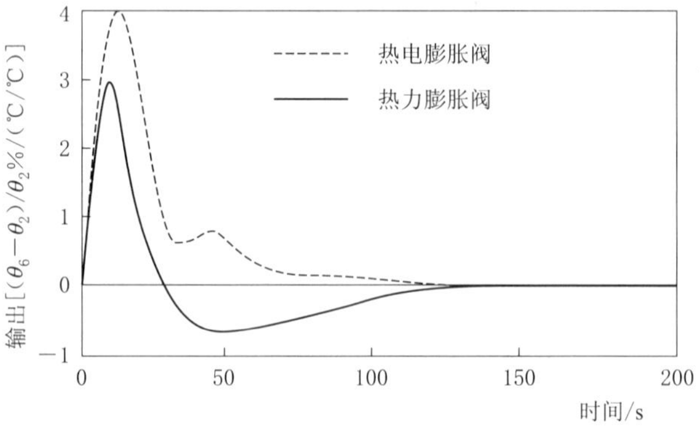

图 6－17 过热度调节的过渡过程

表 6－2 中列出了热力膨胀阀及热电膨胀阀的特点。

表 6－2 热力膨胀阀与热电膨胀阀特点之比较

比较的项目	热力膨胀阀	热力膨胀阀
制冷剂与阀的选择因素	由感温包充注决定	不限
制冷剂流量调节范围	较大	大

续表

比较的项目	热力膨胀阀	热力膨胀阀
流量调节机构	阀开度	阀开度
流量反馈控制的信号	蒸发器出口过热度	蒸发器出口过热度
调节对象	蒸发器	蒸发器
蒸发器过度控制偏差	较小，但蒸发器温度低时大	很小
流量调节特性补偿	困难	可以
过热度调节的过渡过程特性	较好	优
允许负荷变动	较大，但不适合于能量可调节的系统	很大，也适合于能量可调节的系统
价格	较高	高

4. 毛细管

毛细管常用于家用制冷装置，如冰箱、干燥器、空调器和小的制冷机组。它是一种便宜、有效、没有磨损的节流元件。由于直径小，其通路容易被阻塞，为此，通常在毛细管的前面安装过滤器，以阻止脏东西进入。

进入毛细管的制冷剂是过冷液体。过冷液体在毛细管内先经过线性压力降阶段，直到产生气泡为止，在这个阶段中，制冷剂温度不变，此后，制冷剂再经过非线性压力降阶段。在此阶段中，压力与温度的关系为饱和压力与饱和温度的关系。图 6-18 所示为与毛细管长度相应的压力与温度的变化曲线。从毛细管入口至产生第一个气泡的毛细管长度称为液态长度，紧连着的长度称为两相长度。

通常，毛细管受蒸发器出口处低温制冷剂的冷却，以进一步冷却毛细管内的制冷剂，其原理图如图 6-19 所示。

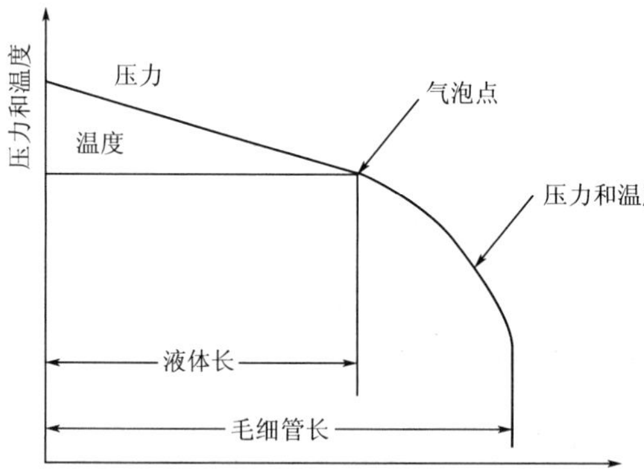

图 6-18　毛细管内的压力与温度

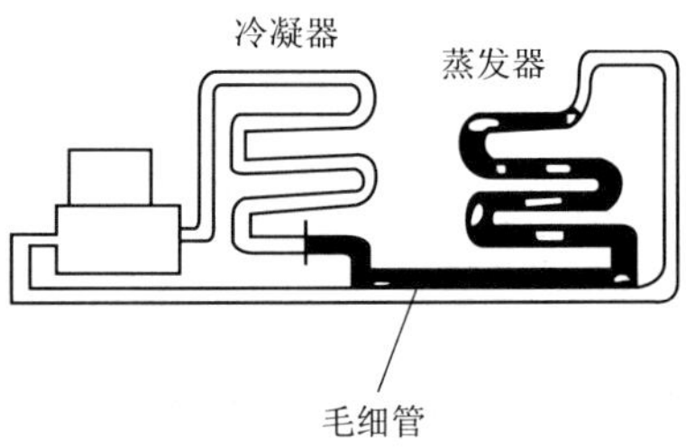

图 6-19　蒸发器出口处制冷剂冷却毛细管

毛细管的功能取决于五个因素：管长、管内径、热交换作用、毛细管的等圆程度以及毛细管的安装位置。

5. 低压浮球调节阀

低压浮球调节阀用于满液式制冷系统，安装在满液式蒸发器的端部或侧面，用来控制蒸发器内制冷剂的液面，使其保持定值。图 6－20 所示为低压浮球阀的结构。浮球阀由壳体、浮球、浮球杆、阀座、阀针和平衡块组成。壳体的上下两个带法兰的孔分别与蒸发器的蒸气空间和液体空间连通。这样，浮球室与蒸发器具有相同的液面。浮球阀中用以启闭阀门的动力是一钢制浮球，当蒸发器的负荷改变而引起液面发生变化时，浮球即随液面在浮球室中升降。浮球杆通过杠杆推动节流阀的阀针，因此阀门可随着蒸发器中液面的下降或上升，自动开大或关小，以保持大致恒定的液面。浮球阀的这种调节方式为比例调节。大容量的浮球阀一般不用阀针，而采用滑阀结构。

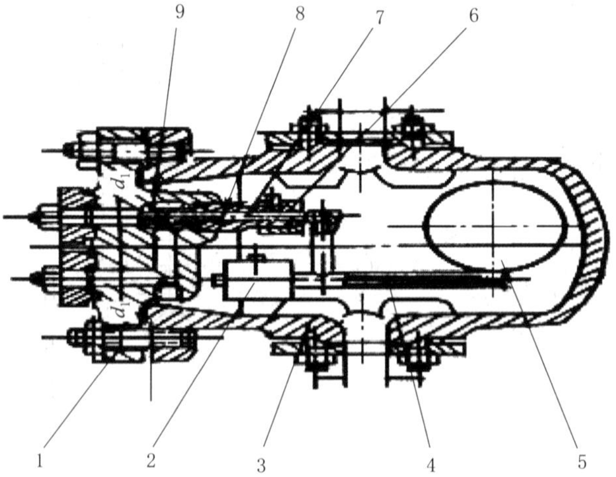

图 6－20　低压浮球阀结构

1—端帽；2—平衡块；3—壳体；4—浮球杆；5—浮球；
6—帽盖；7—接管；8—阀针；9—阀座

任务二　辅　助　设　备

学习目标

1. 掌握辅助设备的作用及类型。
2. 学习热力膨胀阀的工作原理及特点。
3. 掌握电磁阀、截止阀的类型。

制冷系统还包括一些辅助设备，如润滑油的分离及收集设备、制冷剂的储存及分离设备、制冷剂的净化设备以及安全设备等，以保证制冷机正常运转，提高运行的经济性和安全性。

一、润滑油分离器

润滑油分离器用于分离压缩机排出气体中央带的润滑油。分离器的形式随制冷机制冷量的大小和使用的制冷剂而定。

较常用的润滑油分离器有洗涤式、离心式、过滤式和填料式等几种形式。

洗涤式油分离器用于氨制冷机中，其结构如图 6－21 所示。在油氨分离器的下部保持一定高度的液氨。压缩机的排气从顶部的管子进入分离器，经液氨洗涤，与其中的润滑油分离后，从上部侧面的管子引出，进入冷凝器。润滑油依靠排气的减速、改变流动方向、在液氨中冷却和洗涤等四种作用而分离。分离出的润滑油沉淀在油分离器的底部，定期输入集油器后排出。油分离器中的液氨由冷凝器或储液器连续供给，这种油分离器分油效率不高，已逐渐被其他型号的油分离器代替。

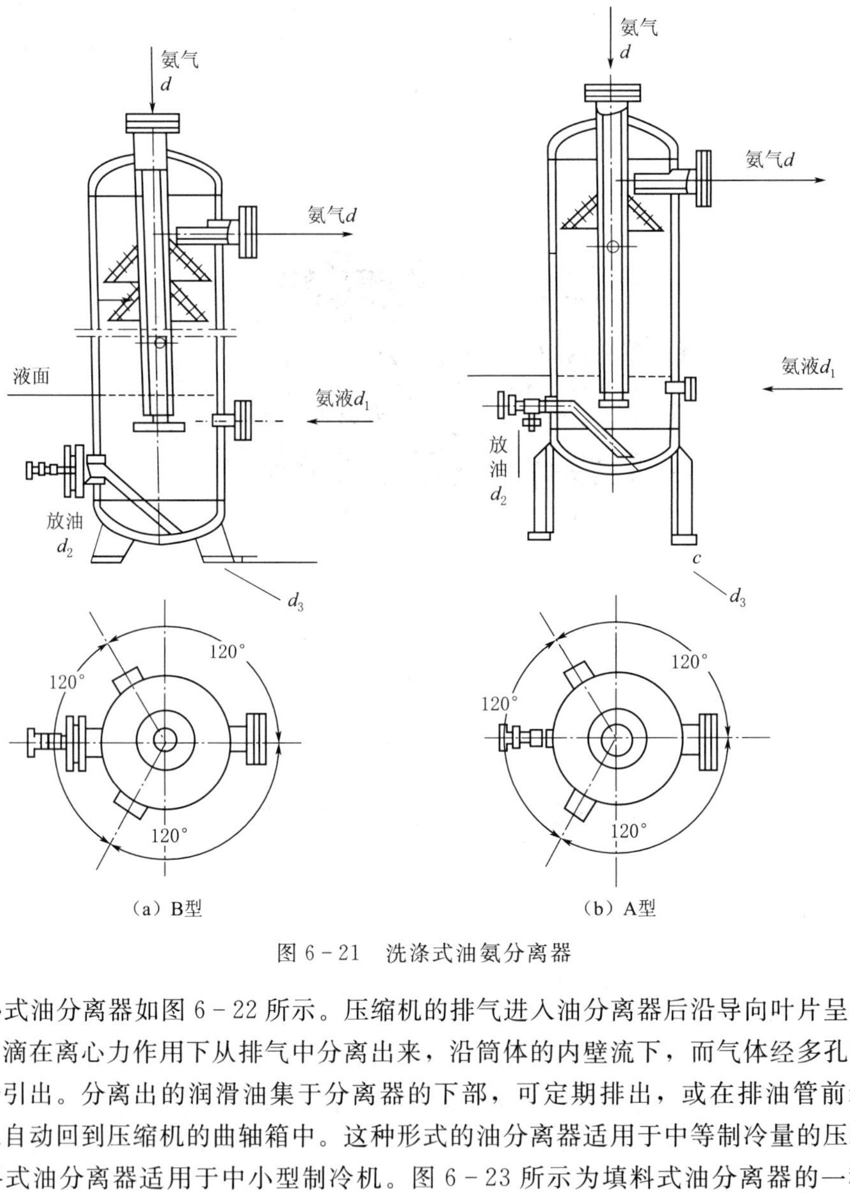

图 6-21　洗涤式油氨分离器

离心式油分离器如图 6-22 所示。压缩机的排气进入油分离器后沿导向叶片呈螺旋状流动，使油滴在离心力作用下从排气中分离出来，沿筒体的内壁流下，而气体经多孔挡板由顶部的管子引出。分离出的润滑油集于分离器的下部，可定期排出，或在排油管前装一浮球阀，使之自动回到压缩机的曲轴箱中。这种形式的油分离器适用于中等制冷量的压缩机。

填料式油分离器适用于中小型制冷机。图 6-23 所示为填料式油分离器的一种结构形式。在分离器的桶内装有填料。油滴依靠气流速度的降低以及填料层的过滤作用而分离，流速应在 0.5m/s 以下。填料可用金属丝网、陶瓷或金属屑，以金属丝网填料的分离效率最高，可达 96%～98%，但其阻力也较大。

过滤式油分离器通常用于小型制冷装置中，其结构如图 6-24 所示。压缩机的排气从顶部管子进入，与其中的润滑油分离后从上部侧面的管子引出。在这种分离器中，润滑油依靠

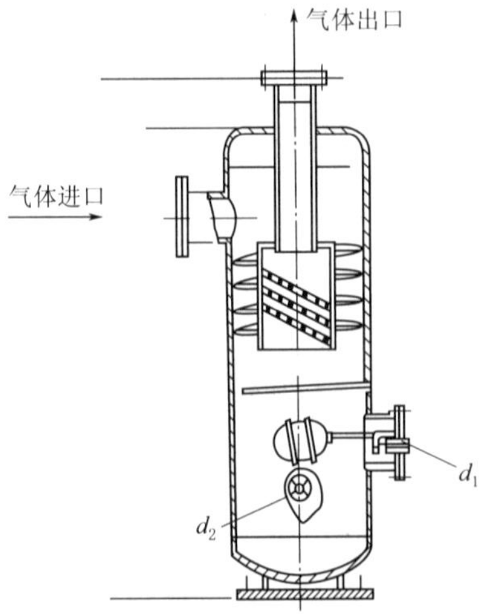

图 6-22 离心式油分离器

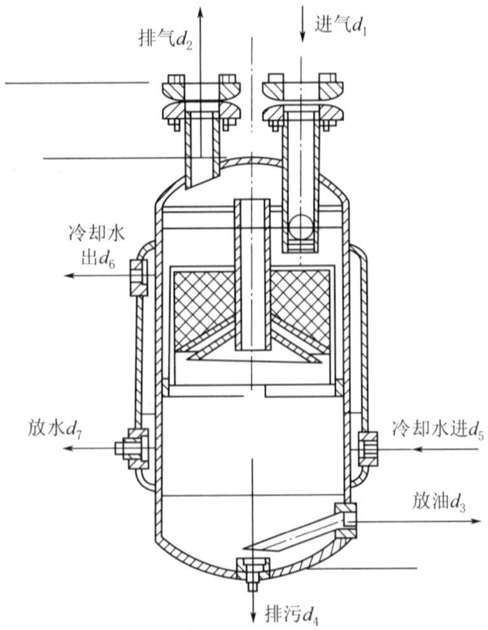

图 6-23 填料式油分离器

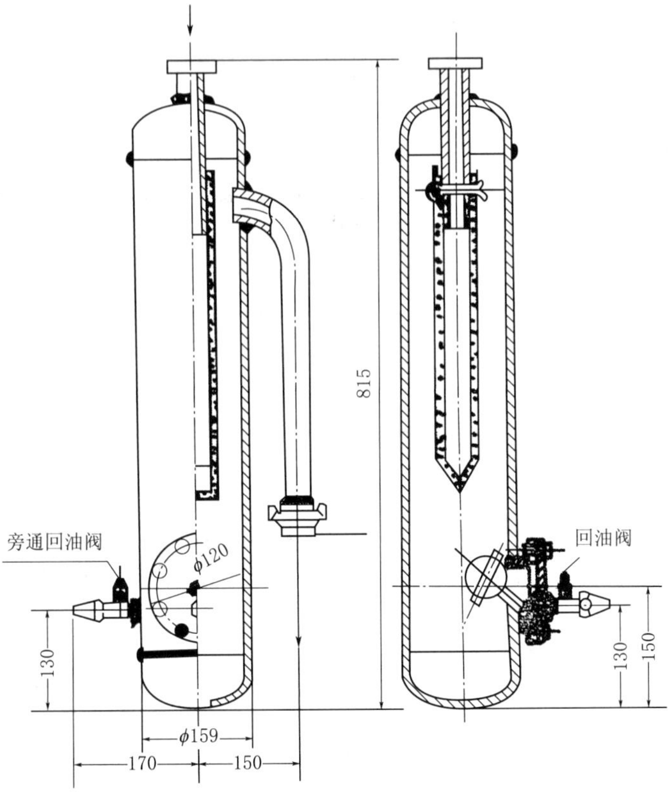

图 6-24 过滤式油分离器

排气的减速、改变流动方向以及通过金属丝网过滤等作用进行分离。分离出的润滑油积集于分离管子进入，与其中的润滑油分离后从上部侧面的管子引出。在这种分离器中，润滑油依靠排气的减速、改变流动方向以及通过金属丝网过滤等作用进行分离。分离出的润滑油积集于分离器下部，通过回油管在进、排气压力差作用下进入曲轴箱。回油管上装有浮球阀，当分离器下部的润滑油积集到一定高度时，浮球阀自动开启，润滑油回到曲轴箱中，油面下降后浮球下落，回油管关闭。正常运行时，浮球阀间断启闭。这种分离器结构简单，制造方便，但分油效果较差。

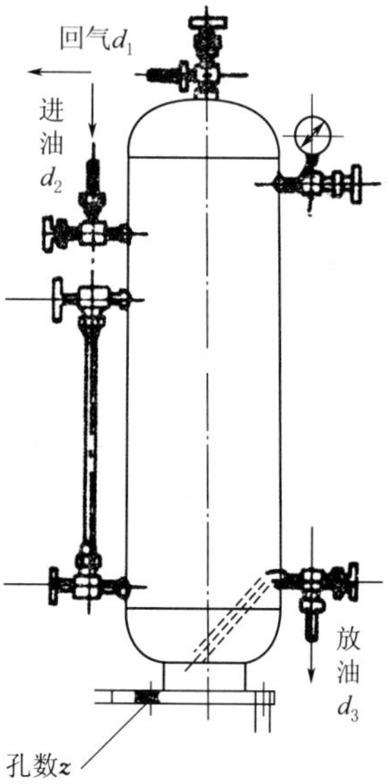

图 6－25　集油器

二、集油器与储液器

1. 集油器

集油器也称放油器。它用于氨制冷机中，用来存放从油分离器、中间冷却器、冷凝器及储液器中分离出来的润滑油，并在低压下将油放出。

图 6－25 所示为一种集油器。从油分离器、冷凝器及其他设备放出的润滑油从进油阀进入并集存，当集存到一定量时从放油阀放出。放油时先关闭进油阀，打开回气阀，使集油器与压缩机的吸气管相通并将其中的氨抽去，直到压力降至大气压力时再关闭回气阀。此时溶解在油中的氨将继续从油中析出，使集油器中的压力回升，等到集油器中的压力略高于大气压力时，打开放油阀将油放出。放油前抽气是为了减少制冷剂的损失。

2. 储液器

储液器又称储液筒，用于储存制冷剂液体。按储液器功能和用途的不同，分为高压储液器和低压储液器两类。高压储液器用于储存由冷凝器来的高压液体制冷剂，以适应工况变化时制冷系统中所需制冷剂量的变化，并减少每年补充制冷剂的次数。高压储液器一般为卧式结构，如图 6－26 所示。高压储液器上应装有液位计、压力表以及安全阀，同时应有气体平衡管与冷凝器连通，以利液体流入储液器中。高压储液器的充灌高度一般不超过筒体直径的 80％。

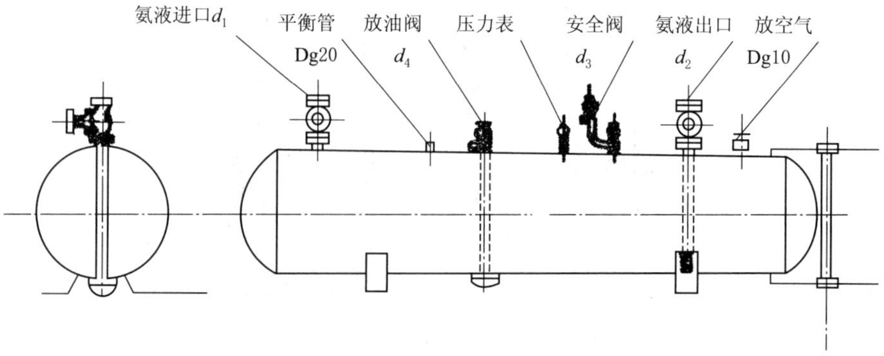

图 6－26　高压储液器

低压储液器仅在大型氨制冷装置中使用。其结构与高压储液器相似，也需要装压力表、液位计以及安全阀等设备。低压储液器有各种用途，有的用于氨泵供液系统以储存循环使用的低压液氨（又称循环储液筒）；有的专门供蒸发器融霜或检修时排液之用（又称排液桶），除循环储液器外，在其他的低压储液器中，当储液量增多后，可通入高压氨气，使储液器中压力升高，将氨液输送到供液管路中去。

三、气液分离器、空气分离器与过滤器

1. 气液分离器

气液分离器有两种，一种用于分配液氨，同时用于分离由蒸发器来的低压蒸气中的液滴。一般用于大中型氨制冷装置。这种气液分离器有立式和卧式两种。图 6－27

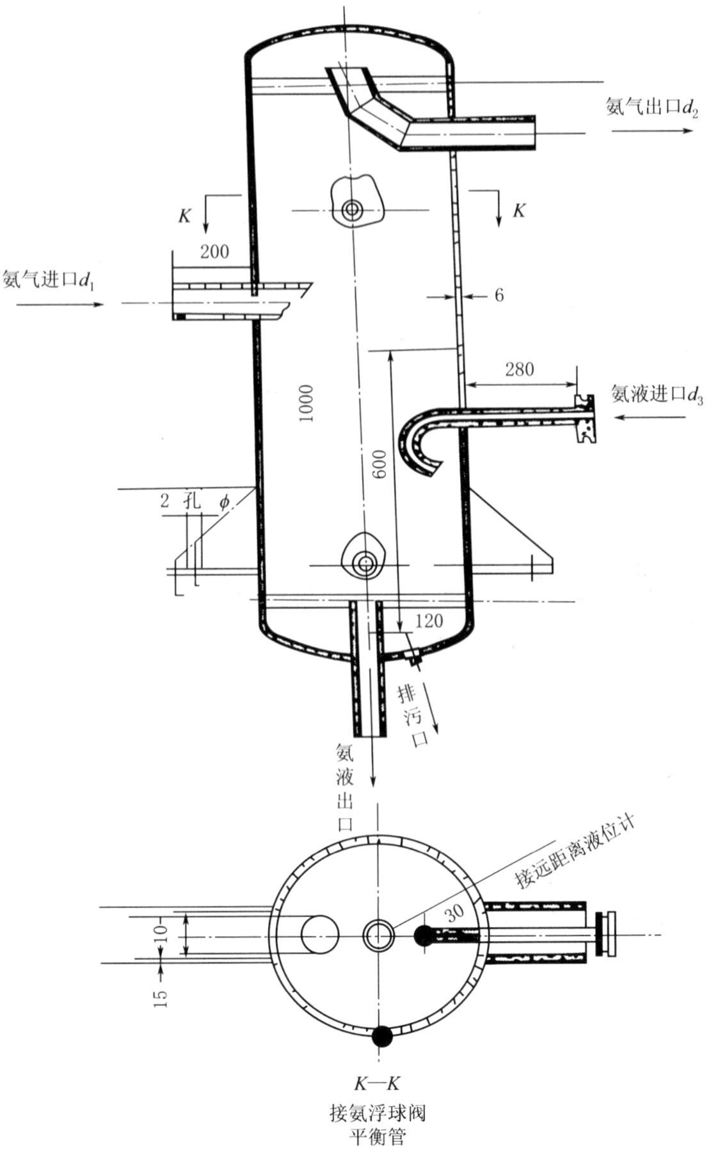

图 6－27　氨用气液分离器

所示为氨制冷装置用立式气液分离器的结构，这种气液分离器中的液滴是依靠气流速度的减慢和流动方向的改变而分离的。设计和使用时，蒸气在筒体内的流速不应大于 0.5m/s。

另一种气液分离器只用于分离蒸发器所排出的低压蒸气中的液滴。

2. 空气分离器

在运行过程中，系统中有时会混有空气及其他不凝性气体，这些气体的来源有：

(1) 在第一次充灌制冷剂前系统中有残留空气。

(2) 补充润滑油、制冷剂或检修机器设备时，空气混入系统中。

(3) 当蒸发压力低于大气压力时，空气从不严密处渗入系统中。

(4) 制冷剂及润滑油分解时产生的不凝性气体。

机器运行时，系统中存在的空气和其他不凝性气体集中在冷凝器中，妨碍冷凝器传热，使压缩机的排气压力和排气温度升高，消耗的电能增加。因此需将空气从系统中（主要从冷凝器中）排除出去。

因为空气与制冷剂蒸气混合在一起，直接从冷凝器中排放时不可避免地要同时放掉一部分制冷剂蒸气，不仅造成损失，而且会污染环境。为了减少所排空气中制冷剂蒸气的含量，通常使用空气分离器，空气分离器的作用是在排放空气的同时将其中的制冷剂蒸气凝结下来，予以回收。

空气分离器有多种不同的结构形式。图 6-28 所示为广泛用于氨制冷装置的卧式套管式空气分离器的结构图。它由四个同心套管焊接而成。空气分离器的工作过程是这样的：高压液氨经节流阀降压后由接头 3 进入内管中，并在内管及第三层管腔内蒸发，产生的蒸

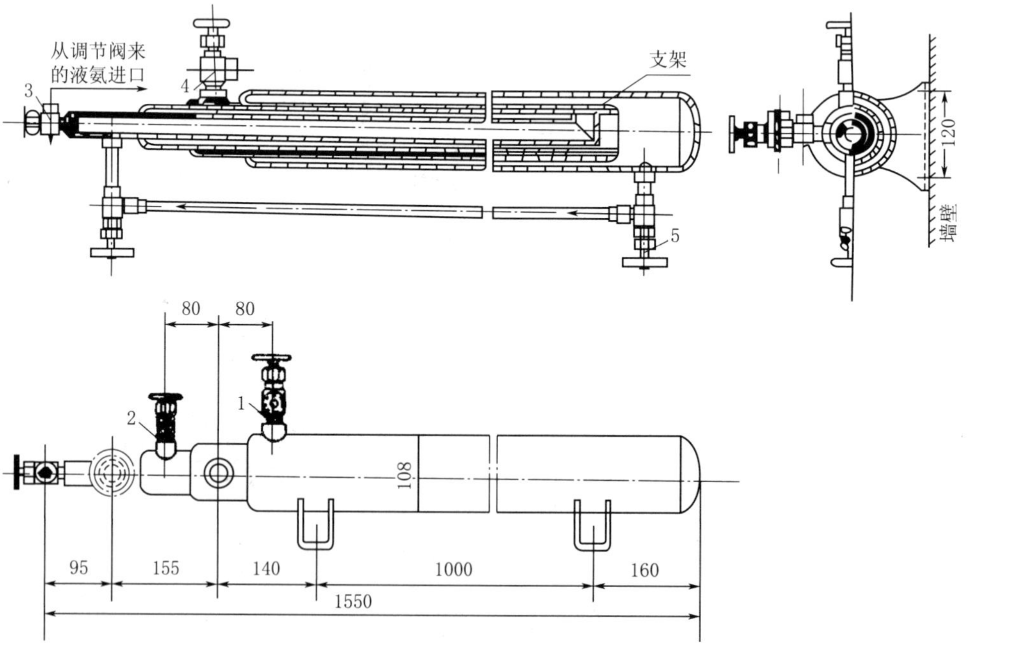

图 6-28 卧式套管式空气分离器

1，2—阀门；3，4—接头；5—节流阀

气从接头 4 引出，至压缩机的吸气管路上。从冷凝器来的混合气体经阀门 1 进入最外层管腔底部，在流动过程中被内管及第三层管腔内蒸发的液氨冷却，混合气体中的氨变成液体，积存一定数量的液体后打开节流阀 5，使之进入内管中蒸发，剩余的空气经阀门 2 通入水池中，这样可使与空气混杂的少量氨气溶解于水中，不致污染周围环境，同时也可检查空气是否已被排净，当空气排净时，水池中不再出现大气泡。

图 6－29 所示为一种盘管式（立式）空气分离器。制冷剂液体经节流后从氨液入口处进入，蒸发的蒸气从氨液出口处引入压缩机吸气管中。混合气体从混合气进口处进入，在壳体内冷却，使其中的制冷剂蒸气凝结成液体，液体经节流阀后进入盘管。使用节流阀前，应关闭氨液入口前的节流阀，分离的空气由阀门放空。

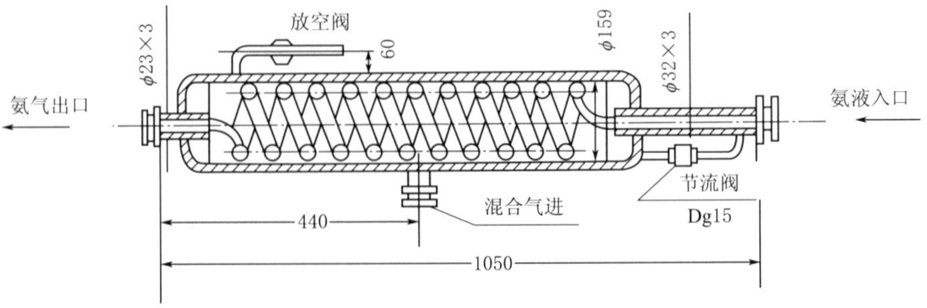

图 6－29　盘管式空气分离器

3. 过滤器

过滤器用于清除制冷剂中的机械杂质，如金属屑及氧化皮等。氨用过滤器一般由 2～3层网孔为 0.4mm 的钢丝网制成，氟利昂过滤器则由网孔为0.1～0.2mm 的铜丝网制成。图 6－30 所示为氨液过滤器的结构，图 6－31 所示为氨气过滤器的结构。

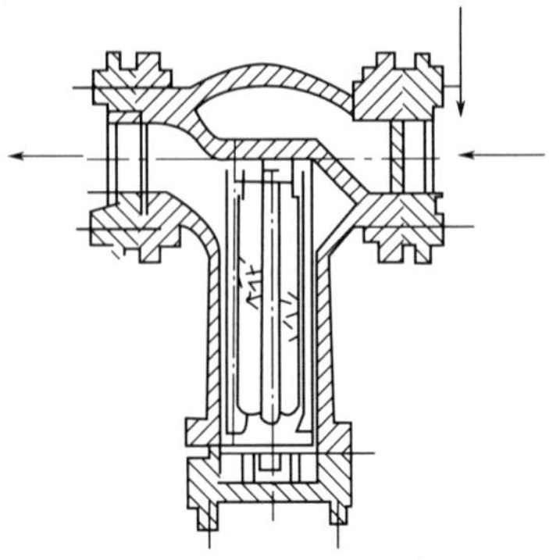

图 6－30　氨液过滤器

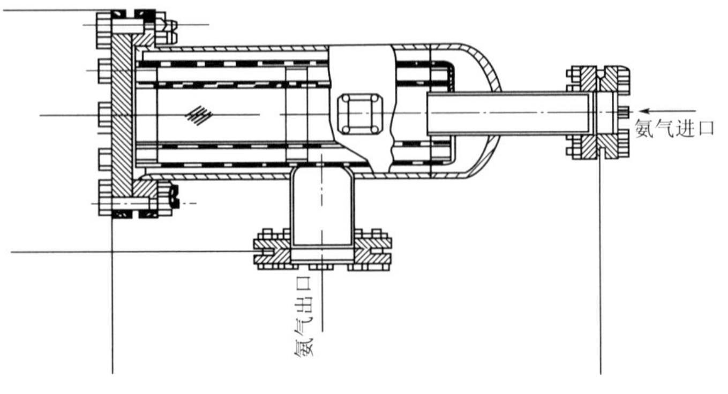

图 6－31　氨气过滤器

在制冷设备中氨液过滤器装设在浮球阀、节流阀和电磁阀前的输液管道中。氨气过滤器装在压缩机吸气管道上，防止氨中的机械杂质进入压缩机气缸。

图 6－32 所示为氟利昂液体过滤器的结构。它的外壳为一段无缝钢管，壳体内装有铜丝网，两端的端盖先用螺纹与壳体连接，再用锡焊焊接，以防止泄漏。端盖上有管接头，

以便与管路连接。壳体上有流向的指示标记。

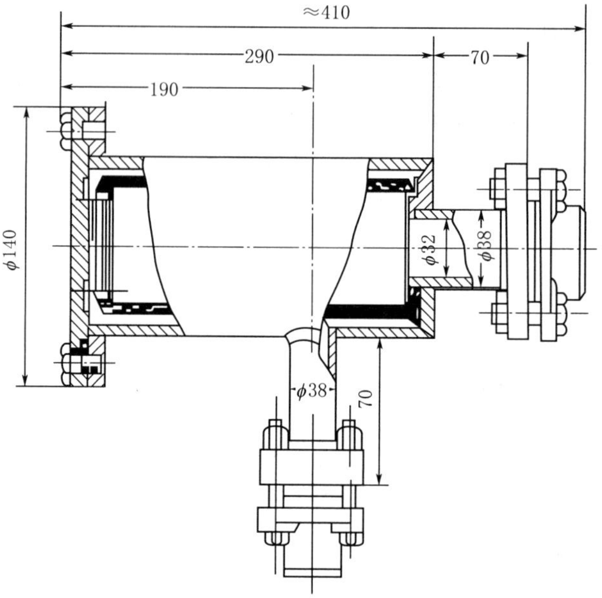

图 6-32　氟利昂液体过滤器

四、干燥器及紧急泄氨器

1. 干燥器

干燥器只用在氟利昂制冷机中，装在液体管路上用以吸附制冷剂中的水分。干燥器一般用硅胶作干燥剂，也有使用分子筛作干燥剂的。干燥器装在节流阀之前，通常和干燥器平行设置旁通管路，以便在干燥器堵塞或拆下清理时制冷机能够继续工作。近年来由于安装工艺的改进，制冷系统清理得比较彻底，再加上密封性的提高，在小型制冷机中往往不装干燥器。液体在干燥器中的流速是 0.013～0.033m/s，流速太大易使干燥剂粉碎。干燥剂吸附能力降低时应及时更换，或取出来再生后使用。

在小型氟利昂制冷装置中，通常将过滤器与干燥器合为一体，称为干燥过滤器，如图 6-33所示。为防止干燥剂进入管路系统中，干燥过滤器两端装有铁丝网或铜丝网、纱布和脱脂棉等过滤层。

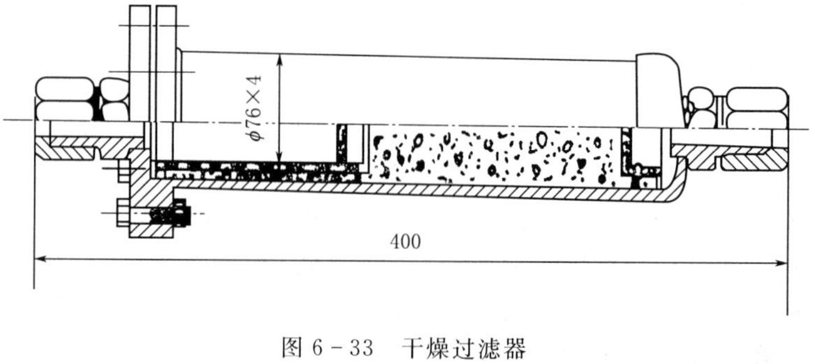

图 6-33　干燥过滤器

2. 紧急泄氨器

制冷系统中充装的氨较多时，一般应设置紧急泄氨器，以便在紧急情况下，例如发生火灾时，迅速将液氨放掉，以保护设备和人身安全，紧急泄氨阀由一段在管壁上钻有很多小孔的管和一根外管套叠而成，内管连接液氨泄出口，外管接自来水，在泄氨时使氨与水溶解成氨水后再排放。

五、制冷系统管道

制冷装置中各设备或部件需用管道连接才能构成完整的系统，制冷剂所产生的冷量也要通过管道才能输送至需要冷量的地方，若将压缩机比作制冷系统的心脏，那么管道就是血管，因此，管道尺寸确定得正确与否，直接影响制冷机的能力，甚至影响制冷机的正常运转。

对于氟利昂制冷机管道，当管径在 ϕmm 以下时都使用铜管，管径较大时为节省铜材可采用无缝钢管，对于氨制冷机，其管道为无缝钢管，冷凝器的冷却水管及蒸发器的盐水管可使用无缝钢管或焊接管。

钢管与钢管之间的连接采用焊接，管道与设备及阀门的连接处以及需要拆修的地方采用法兰连接，但注意不能使用天然橡胶垫片，也不能涂矿物油，必要时可以涂甘油，铜管与铜管之间采用铜焊，对于公称直径在 20mm 以下的细铜管，可拆除部位均采用带螺纹和喇叭口的接头丝扣连接。

在设计制冷系统时，管道内径是根据管内流体流动的速度及管道总压力损失的许可值计算的。表 6－3 中列出了几种制冷剂的常用流速及总压力损失的许可值，这些许可值对于吸气管来说相当于饱和温度降低了 1℃，对于排气管相当于饱和温度升高了 1～2℃。在选定了管内流速后，管子直径用下式计算：

$$d=\sqrt{\frac{4q_{\mathrm{m}}v}{\pi u}} \tag{6-1}$$

式中 d——管子内径，m；

v——流体在工作压力和工作温度下的比体积，m^3/kg；

q_{m}——流体的质量流量，kg/s；

u——流体速度，m/s。

按上述公式算出管子内径后，还要核算其压力损失是否超过许可值。

表 6－3 管内流速及压力损失的许可值

管理名称及蒸发温度/℃		制冷剂	速度/（m/s）	总压力损失的许可值/kPa
压缩机吸气管	$t_0=5$	R-12 R-22 R-502	8～15	12 18 20
	$t_0=0$	R-12 R-22 R-502	8～15	10 17 18
	$t_0=-15$	R-12 R-22 R-502	8～15	7 11 12
	$t_0=-25$	R-12 R-22 R-502	8～15	5 8 9

续表

管理名称及蒸发温度/℃		制　冷　剂	速度/（m/s）	总压力损失的许可值/kPa
压缩机吸气管	$t_0<-25$	R-12 R-22 R-502		<7
	$t_0=0\sim-30$	NH_3	10～20	20～5
	$t_0>-30$	NH_3	10～20	<5
压缩机排气管		R-12 R-22 NH_3	10～18 10～18 12～25	14～28 21～41 14～28
储液器至节流阀之间的液体管		NH_3，R-12，R-22	0.5～1.5	<20

管道的压力损失按下式计算：

$$\Delta p=\sum\Delta p_{m}+\sum\Delta p_{1}=\frac{\rho u^{2}}{2}\sum\left(\xi_{s}\frac{l}{d}+\xi\right) \tag{6-2}$$

式中　ρ——流体的密度；

l——管长；

ξ_s、ξ——沿程阻力系数和局部阻力系数，具体数值可从有关手册中查得。

若按上式求得的压力损失大于许可值，需另行选择较小的流速，重新计算管径和压力损失，直到符合要求为止。

在有些单位（如设计院），用专用的图表计算管径，使设计工作更加简便。

六、其他阀门

1. 截止阀

截止阀安装在制冷设备和管道上，起接通和切断制冷剂通道的作用。截止阀分为直通式和直角式两种，结构如图 6－34 所示。

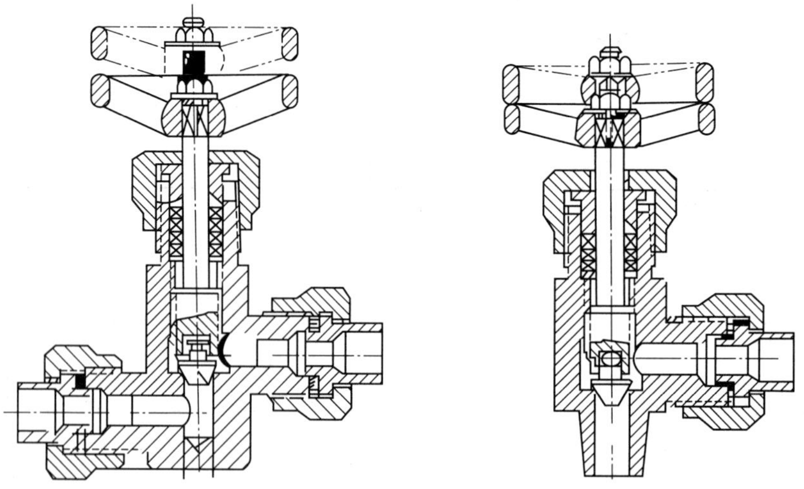

（a）直通式截止阀　　（b）直角式截止阀

图 6－34　截止阀

制冷压缩机上的截止阀和管路上的截止阀结构基本相同，主要区别在于前者具有多用通道。多用通道可以开启和关闭，其用途很多，如装接压力表、对系统进行抽真空操作以及添加制冷剂与润滑油等，给操作与检修带来很大的方便。

压缩机截止阀如图 6－35 所示。

有些压缩机截止阀的多用通道被压力表或压力继电器管路占用，只留下一个通道供检修用。使用时要注意掌握正确的操作方法。当阀杆以逆时针方向退足后，阀门虽全部开启，但多用通道均被关闭，这样就切断了通往压力表或压力继电器的管路。所以还要按顺时针方向回旋 1/2～1 圈，以保持多用通道的畅通。

当截止阀关闭时，多用通道处于全部开启状态。如果此时需要添加制冷剂，还必须先将阀杆沿逆时针方向旋转，使阀杆退足，将多用通道与压缩机之间的通路切断，待添加制冷剂的容器与系统接通后，再将阀杆顺时针方向旋转。多用通道不用时，应用铜制六角螺栓堵塞。

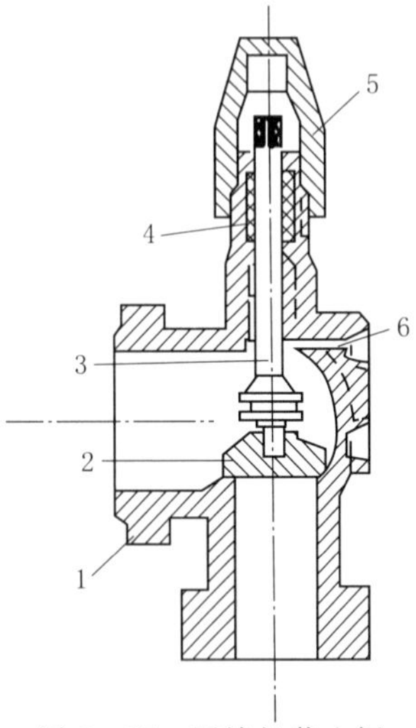

图 6－35　压缩机截止阀

1—阀体；2—阀芯；3—阀杆；4—填料；5—阀帽；6—多用通道

为防止氟利昂泄漏，截止阀的阀杆与阀体之间都用填料密封，一般用丁腈耐氟橡胶模压而成。填料下面有填圈，上面有压紧螺钉。发现沿阀杆有泄漏现象时，可适当旋紧压紧螺钉，提高密封性。

小口径截止阀阀芯的密封是在平面上浇铸软铅形成的。使用时如发现阀门关闭不严，可对密封面进行修复。

2. 电磁阀

电磁阀是一种自动启闭的阀门，用于自动接通和切断制冷系统的管路，广泛应用于氟利昂制冷机中。

电磁阀通常安装在膨胀阀与冷凝器之间。位置应尽量靠近膨胀阀，因为膨胀阀只是一个节流元件，本身无法关严，因而需利用电磁阀切断供液管路。

电磁阀和压缩机同时开动。压缩机停机时电磁阀立即关闭，停止供液，避免停机后大量制冷剂流入蒸发器中，造成再次启动时压缩机中发生液击。

电磁阀分为直接作用式和间接作用式两种。

（1）直接作用式电磁阀，如图 6－36 所示。这种阀主要由阀体、线圈、衔铁和阀针等组成，线圈用漆包线绕制而成，套在铁心外面，铁心又称衔铁，可以带动阀针上下移动，当线圈通电后，产生磁场，将衔铁提起，带动阀针，开启阀门，切断电流时，磁力消失，衔铁和阀针在重力作用下自动下落，关闭阀门，切断供液管道，直接作用式电磁阀结构简单，但它依靠电磁力开启阀门，在进出口压力差较大的情况下，电磁阀开启困难，并且不能快速动作。因此，这种电磁阀仅适用于小型氟利昂制冷装置。

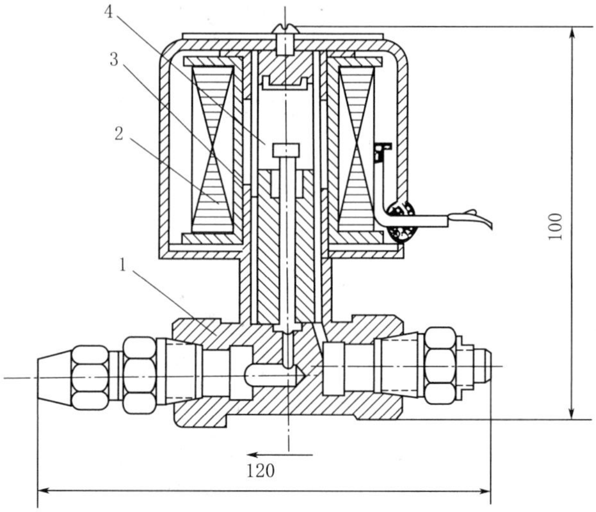

图 6-36　直接作用式电磁阀

1—阀体；2—线圈；3—衔铁；4—阀针

（2）间接作用式电磁阀，如图 6-37 所示。间接作用式电磁阀主要由阀体、浮阀、线圈、衔铁、阀针和调节杆组成，当线圈通电后，电磁力吸引衔铁，衔铁带动阀针上升，开

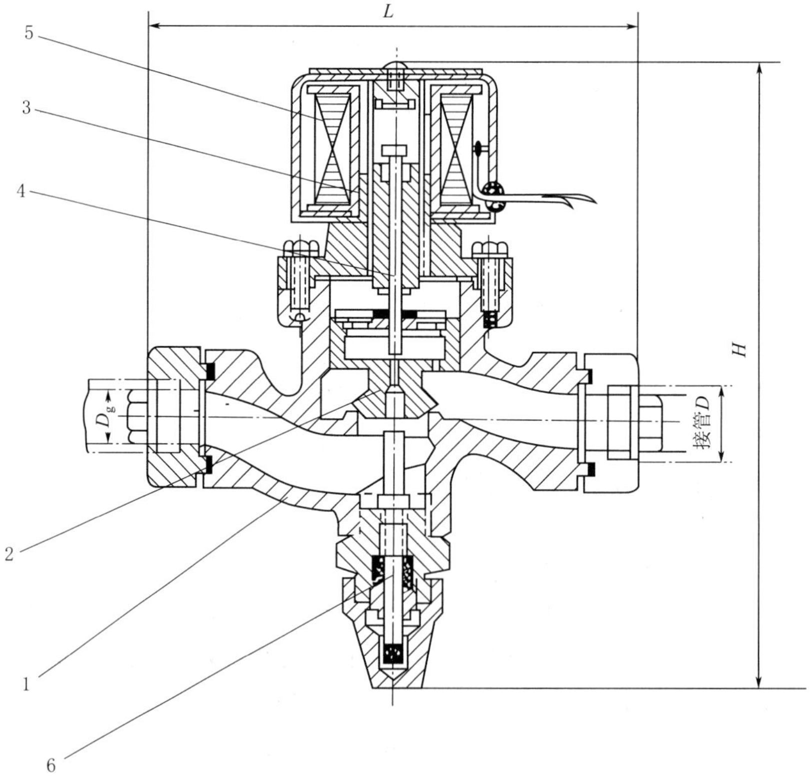

图 6-37　间接作用式电磁阀

1—阀体；2—浮阀；3—衔铁；4—阀针；5—线圈；6—调节杆

启浮阀上的小孔，使浮阀上部空腔内的制冷剂液体通过该小孔流向电磁阀的出口端，减小了浮阀上部的压力。由于浮阀下部受到高压制冷剂液体的作用，在浮阀的上下形成压差，使其慢慢升起，从而开启了电磁阀。当电磁阀出现故障，不能自动启、闭时，可使用阀体下部的调节杆顶起浮阀，实现手动开启和关闭。

间接作用式电磁阀，虽然结构较为复杂，但电磁阀只控制阀针的起落，可以大大减少线圈功率，缩小电磁阀的体积。一般多用在中型氟利昂制冷装置中。

电磁阀的电压有交流 380V、220V、36V 和直流 220V、110V 几种。使用时，要按照铭牌上标明的电压供电，还要满足最大压力差等要求，电磁阀必须垂直地安装在水平管路上，线圈在上方，并使制冷剂液体的流向与阀体上标明的箭头指向一致。只有注意到以上几点后，才能使电磁阀正确、可靠地工作。

思 考 与 练 习 题

1. 在制冷系统中膨胀阀的功能是什么？安装在什么位置？

2. 热力膨胀阀是怎样根据热负荷变化实现制冷量自动调节，并保证蒸发器出口的过热度的？

3. 分析内平衡式热力膨胀阀和外平衡式热力膨胀阀的优缺点，各适用于什么场合？

4. 试述毛细管节流的工作过程和优缺点。

5. 通过调查，制冷空调上还有哪些节流装置应用？

6. 举例说明实际制冷系统中辅助设备的作用。

7. 油分离器有哪些类型，每种类型又是如何实现油分离的？

8. 制冷系统中为什么要除水、除杂质，并如何消除？干燥过滤器安装在什么位置？

9. 有哪些常用的排空气装置，它们是如何排除空气的？

10. 紧急泄氨器什么时候使用，并如何保证系统的安全？

项目七 制 冷 机 组

任务一 吸 收 式 制 冷 机

学习目标

1. 了解吸收式制冷的原理及应用。
2. 掌握溴化锂吸收式制冷机的分类。
3. 了解常用吸收式制冷循环工质对的性质。

一、吸收式制冷工作原理

吸收式制冷是用热能作动力的制冷方法，它也是利用制冷剂汽化吸热来实现制冷的。因此，它与蒸气压缩式制冷有类似之处，所不同的是两者实现把热量由低温处转移到高温处所用的补偿方法不同，蒸气压缩式制冷用机械功补偿，而吸收式制冷用热能来补偿。为了比较，图 7－1 同时给出了吸收式和蒸气压缩式制冷机的工作原理图。吸收式制冷机中所用的工质是由两种沸点不同的物质组成的二元混合物（溶液）。低沸点的物质是制冷剂，高沸点的物质是吸收剂。吸收式制冷机中有两个循环——制冷剂循环和溶液循环。

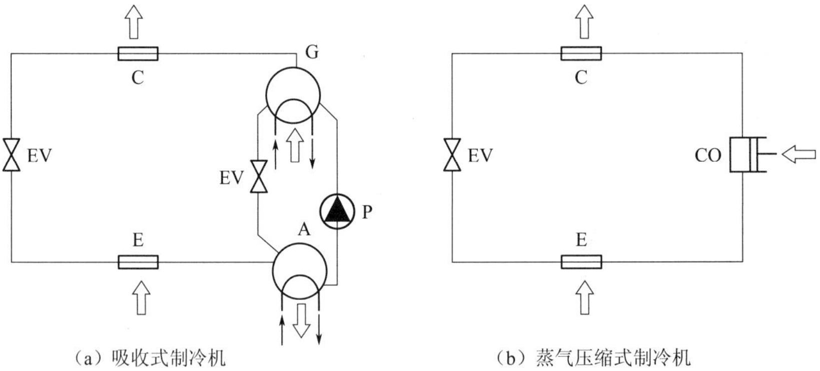

（a）吸收式制冷机　　（b）蒸气压缩式制冷机

图 7－1　吸收式和蒸气压缩式制冷机工作原理

E—蒸发器；C—冷凝器；EV—膨胀阀；CO—压缩机；G—发生器；A—吸收器；P—溶液泵

吸收式制冷循环是由发生器、吸收器、冷凝器、蒸发器、溶液泵以及节流器等组成的。

（1）制冷剂循环的完成过程。由发生器出来的制冷剂蒸气（可能含有少量的吸收剂蒸气）在冷凝器中冷凝成高压液体，同时释放出冷凝热量；高压液体经膨胀阀节流到蒸发压力，进入蒸发器中。低压制冷剂液体在蒸发器中蒸发成低压蒸气，并同时从外界吸取热量。

低压制冷剂蒸气进入吸收器中，而后由吸收器、发生器组成的溶液循环将低压制冷剂蒸气转变成高压蒸气。

(2) 溶液循环过程。在吸收器中，由发生器来的稀溶液（若溶液的浓度以制冷剂的含量计）吸收蒸发器来的制冷剂蒸气，而成为浓溶液，吸收过程释放出的热量用冷却水带走。由吸收器出来的浓溶液经溶液泵提高压力，并输送到发生器中。在发生器中，利用外热源对浓溶液加热，其中低沸点的制冷剂蒸气被蒸发出来（可能有少量吸收剂蒸气同时被蒸发出来），而浓溶液成为稀溶液。溶液经吸收器→发生器→吸收器的循环，实现了将低压制冷剂蒸气转变为高压制冷剂蒸气。

不难看到，吸收式制冷机中制冷剂循环的冷凝、蒸发、节流三个过程与蒸气压缩式制冷机是相同的，所不同的是低压蒸气转变为高压蒸气的方法，蒸气压缩式制冷是利用压缩机来实现的，消耗机械能；吸收式制冷机是利用吸收器、发生器等组成的溶液循环来实现的，消耗热能。很显然，发生器-吸收器组起着压缩机的作用，故称为“热化学压缩器”。

吸收式制冷机中所用的二元混合物主要有两种——氨水溶液和溴化锂水溶液。氨水溶液中氨为制冷剂，水为吸收剂。溴化锂水溶液中水为制冷剂，溴化锂为吸收剂。在空调工程中，目前普遍采用的是溴化锂水溶液，这种制冷机称为溴化锂吸收式制冷机。

二、吸收式制冷机的工质对

1. 吸收式制冷循环工质的选择要求

吸收式制冷以两种沸点相差很大的物质组成的二元溶液作为工质。其中沸点低的物质在温度较低时容易被沸点高的物质吸收；而在温度较高时，沸点低的物质又容易汽化（或称挥发），从溶液里分离出来。在吸收式制冷循环中的二元溶液工质，沸点低的物质作制冷剂，沸点高的物质作吸收剂。因此，将这种工质称为制冷剂-吸收剂工质对，简称为工质对。

(1) 吸收式制冷循环对制冷剂的选择。对制冷剂的要求与蒸气压缩式制冷基本相同，应具有较大的单位容积制冷量，工作压力不应太高或太低，价廉，无毒，且具有不爆炸和不腐蚀等性质。

(2) 对吸收剂的要求。

1) 吸收剂应具有强烈吸收制冷剂的能力，这种能力越强，在制冷机中所需要的吸收剂循环量越少；发生器工作热源的加热量、在吸收器中冷却介质带走的热量以及泵的耗功率也随之减少。

2) 作为吸收剂和制冷剂的两种物质，它们的沸点相差越大越好。吸收剂的沸点越高，越难挥发，在发生器中蒸发出来的制冷剂纯度就越高。如果吸收剂不是一种极难挥发的物质，则发生器中蒸发出来的将不全是制冷剂，这就必须通过精馏的方法将这部分吸收剂除去，否则将影响制冷效果。使用精馏方法将吸收剂与制冷剂分开，不仅需要专用的精馏设备，而且精馏效率也会影响制冷循环的工作效率。

3) 吸收剂也要具有较大的热导率，较小的密度和黏度，而且应具有较小的比热提高制冷循环的工作效率。

4）吸收剂的化学性质应具有较好稳定性，要求无毒、不燃烧、不爆炸，对制冷机的金属材料无腐蚀。

5）吸收式制冷循环工质对所组成的二元溶液，必须是非共沸溶液。因共沸溶液具有共同的沸点，故共沸溶液不能作为吸收式制冷循环的工质对。

2. 吸收式制冷循环工质对

吸收式制冷循环的工质对随制冷剂的不同大致分为四类。

（1）以水作为制冷剂的工质对。除了目前广泛应用的溴化锂水溶液外，对水-氯化锂（$H_2O-LiCl$）和水-碘化锂（H_2O-LiI）也进行了研究，因为它们对设备的腐蚀性较小，而且水-碘化锂便于利用更低品位的热源。但它们的溶解度小，使制冷机的工作范围过窄，故又提出了三元工质系，如水-氯化锂-溴化锂，它具有水-氯化锂性能之优点而又克服了溴化锂工作范围过窄的缺点。而另一种水-溴化锂-硫氰酸锂（$H_2O-LiBr-LiSCN$）三元溶液已试用于太阳能吸收式制冷循环中。

（2）以氨为制冷剂的工质对。主要有氨水（NH_3-H_2O）、乙胺-水（$C_2H_3NH_2-H_2O$）、甲胺-水（$CH_3NH_3-H_2O$）以及硫氰酸钠-氨（$NaSCN-NH_3$）等。用甲胺、乙胺能减轻氨固有的毒性和爆炸性，而乙胺还因其蒸气压比较低，用于热泵很有好处。硫氰酸钠用于太阳能吸收式制冷循环中性能好，造价低。

（3）以甲醇和乙醇作为制冷剂的工质对。主要有甲醇-溴化锂（$CH_3OH-LiBr$）、甲醇-溴化锌（$CH_3OH-ZnBr_2$）、甲醇-溴化锂-溴化锌（$CH_3OH-LiBr-ZnBr_2$）、乙醇-溴化锂-溴化锌（$C_2H_5OH-LiBr-ZnBr_2$）等。甲醇有较大的汽化热，可制取0℃以下的低温，而对金属材料不起腐蚀作用，是一种比较理想的制冷剂。用乙醇作制冷剂，其性能比甲醇差一些，但其最大的优点是发生器加热温度较低，因而用于太阳能吸收式制冷机中比较合适。

（4）以氟利昂为制冷剂的工质对。以氟利昂为制冷剂的工质对主要有氯二氟甲烷-二甲替甲酰胺（R-22-DMF）、氯二氟甲烷-四甘醇二甲醚（R-22-E181）、氯二氟甲烷-酞酸二丁酯（R-22-DBP）等。在高发生温度和低冷凝温度下采用R-22-DMF较有利；对于较低发生温度和较高冷凝温度，如太阳能制冷系统以采用R-22-E181为好。

到目前为止，提出的吸收式制冷循环工质的种类很多，但是实际上使用的还只限于氨-水溶液与溴化锂-水溶液两种。

3. 常用吸收式制冷循环工质对性质

（1）溴化锂-水溶液。溴化锂-水溶液是由固体的溴化锂溶质溶解在水溶剂中而成的。溴化锂由碱族中的元素锂（Li）和卤族中的元素溴（Br）两种元素组成。溴和锂与氯和钠在元素周期表中分别属于卤族和碱族元素，溴化锂的化学性质与氯化钠相似。它在大气中不会变质、分解和挥发，性质稳定。无水溴化锂是白色块状，无毒、无臭，有咸苦味，其主要性质如下：分子式为LiBr；相对分子质量为86.856；成分（质量分数）Li为7.99%，Br为92.01%；熔点为549℃；沸点为1265℃。

用溴化锂-水溶液作为吸收式制冷循环的工质是比较理想的，因为在常压下，水的沸点是100℃，而溴化锂的沸点为1265℃，两者相差甚大，因此，溶液沸腾时产生的蒸气几乎都是水的成分，很少带有溴化锂的成分，这样就不需要进行精馏就可得到几乎纯制冷剂蒸气。

水作为制冷剂，有许多优点：价格低廉，取之方便，汽化热大，无毒、无味，不燃烧、不爆炸等。缺点是常压蒸发温度高，而当蒸发温度降低时，蒸发压力也很低，蒸气的比体积又很大。另外，水在 0℃ 就会结冰，因此，用它作制冷剂所能达到的低温仅限于 0℃以上。

供吸收式制冷机应用的溴化锂，一般以水溶液的形式供应，但应符合下列要求：

1）性状。无色透明液体、无毒、有咸苦味，溅在皮肤上微痒。溶液中加入铬酸锂后溶液呈淡黄色，其浓度为 50%±1%；酸碱度（pH 值）为 9.0～10.5。

2）杂质最高含量（质量分数）。氯化物（Cl^-）为 0.5%；硫酸盐（SO_4^{2-}）为 0.05%；溴酸盐（BrO_3^-）无反应；氨（NH_3）为 0.001%；钡（Ba）为 0.001%；钙（Ca）为 0.005%；镁（Mg）为 0.001%；另外，溶液中不应含有二氧化碳（CO_2）、臭氧（O_3）等不凝性气体。

（2）氨-水溶液。氨由于有较好的热力性质，价廉易得，是一种应用很广的制冷剂（详见项目一）。

氨极易溶解于水，在常温下，一个体积的水可溶解约 700 倍体积的氨蒸气，因此，氨水很早就被人们利用作为吸收式制冷机的工质对。

氨溶解在水中大部分是呈氨分子状态存在的，只有少数氨分子与水结合而生成 NH_4OH、电离为 NH_4^+ 与 OH^-，因此，溶液呈弱碱性。在很多性质上氨-水溶液仍然具有氨的性质，如氨水同样是无色的，带有特殊刺激性臭味。纯粹的氨水对钢无腐蚀作用，但能腐蚀锌、铜、青铜及其他铜的合金（高锡磷青铜除外）。温度过低时，氨-水溶液将析出结晶，已经发现的一种为 NH_3H_2O，它的结晶温度为－79℃；另一种为 $2NH_3H_2O$，它的结晶温度为－78.8℃，这就限制了氨-水溶液在吸收式制冷循环中所能达到的最低温度。

氨与水的沸点不如溴化锂与水的沸点相差大，仅相差 133℃。因此，水相对于氨也具有一定的挥发能力。当氨-水溶液被加热沸腾时，氨蒸发出来的同时也有部分水被蒸发出来。所以在氨水吸收式制冷循环中需用精馏方法来提高进入冷凝器的氨蒸气浓度。

三、吸收式制冷循环

溴化锂吸收式制冷机以水为制冷剂，溴化锂-水溶液为吸收剂，可制取 0℃以上的冷水，多用于空调系统。溶液的质量分数（%）是以溴化锂的质量与溶液总质量之比来表示的。

1. 溴化锂吸收式制冷机的分类

（1）按用途分类。

1）冷水机组。供应空调用冷水或工艺用冷水。冷水出口温度分为 7℃、10℃、13℃、15℃四种。

2）冷热水机组。供应空调和生活用冷热水。冷水进、出口温度为 12℃/7℃；用于采暖的热水进、出口温度为 55℃/60℃。

3）热泵机组。依靠驱动热源的能量，将低势位热量提高到高势位，供采暖或工艺过程使用。输出热的温度低于驱动热源温度，以供热为目的的热泵机组称为第一类吸收式热泵；输出热的温度高于驱动热源温度，以升温为目的的热泵机组称为第二类吸收式热泵。

（2）按驱动热源分类。

1）蒸气型。以蒸气为驱动热源。单效机组工作蒸气表压力一般为0.1MPa；双效机组工作蒸气表压力为0.25～0.8MPa。

2）直燃型。以燃料的燃烧热为驱动热源。根据所用燃料种类，又分为燃油型（轻油或重油）和燃气型（液化气、天然气、城市煤气）两大类。

3）热水型。以热水的显热为驱动热源。单效机组热水温度范围为85～150℃；双效机组热水温度大于150℃。

（3）按驱动热源的利用方式分类。

1）单效。驱动热源在机组内被直接利用一次。

2）双效。驱动热源在机组的高压发生器内被直接利用，产生的高温冷剂水蒸气在低压发生器内被二次间接利用。

3）多效。驱动热源在机组内被直接和间接地多次利用。

（4）按溶液循环流程分类。

1）串联流程。它又分为两种，一种是溶液先进入高压发生器，后进入低压发生器，最后流回吸收器；另一种是溶液先进入低压发生器，后进入高压发生器，最后流回吸收器。

2）并联流程。溶液分别同时进入高、低压发生器，然后分别流回吸收器。

3）串并联流程。溶液分别同时进入高、低发生器，高压发生器流出的溶液先进入低压发生器，然后和低压发生器的溶液一起流回吸收器。

（5）按机组结构分类。

1）单筒型。机组的主要换热器（发生器、冷凝器、蒸发器、吸收器）布置在一个筒体内。

2）双筒型。机组的主要换热器布置在两个筒体内。

3）三筒或多筒型。机组的主要换热器布置在三个或多个筒体内。

2. 溴化锂吸收式制冷机工作过程

（1）单效溴化锂吸收式制冷机工作过程。

1）溴化锂吸收式制冷机的工作原理。溴化锂吸收式制冷机是靠水在低压下不断汽化而产生制冷效应。图7-2(a)是一最简单的利用溴化锂浓溶液的吸收作用实现制冷的装置。该装置把两容器内的空气抽尽并维持一定真空度。由于吸收器A中溴化锂浓溶液强烈的吸收水蒸气的作用，不断吸收蒸发器E中的水蒸气，从而促使水不断蒸发，即产生吸热的制冷效应。但是，这个装置随着溴化锂溶液吸收水蒸气而逐渐变稀，吸收能力逐渐下降，制冷能力也逐渐减小，以至不能制冷。同时，蒸发器中水不断蒸发而逐渐减少，也无法维持连续不断的制冷。

图7-2(b)是改进后的装置，在蒸发器中不断补水，以补充蒸发掉的水。为了提高蒸发器的换热能力及减少液柱对蒸发温度的影响，在蒸发器中设置盘管和制冷剂水泵，将

水喷淋在盘管上。盘管内通以需要冷却的空调用冷冻水。同时，在吸收器中不断补充溴化锂浓溶液，排走吸收水蒸气后变稀了的溶液，从而维持了这个装置连续运行。为了增强吸收作用，将溶液喷淋在管簇上。管簇内通以冷却水，带走吸收过程放出的热量。虽然这种装置可连续运行，但不断消耗溴化锂-水溶液和水，显然是不经济的，为此需将溶液再生利用。

图 7-2(c) 是溶液进行循环、制冷剂水（简称冷剂水）也进行循环的溴化锂吸收式制冷机的流程图。在这个系统中增设了发生器和冷凝器。在发生器中设有加热盘管，在管内通以表压为 0.1MPa 左右的工作蒸气或 120℃左右的高温水，加热稀溶液，使之沸腾，产生水蒸气，使溶液变为浓溶液。浓溶液经节流后再返回吸收器，吸收器中的稀溶液经溶液泵压送到发生器中。为了减少吸收器的排出热量和发生器的耗热量，以提高吸收式制冷机的热效率，系统中设有溶液热交换器，使稀溶液和浓溶液进行热交换，稀溶液被预热，浓溶液被冷却。发生器中产生的冷剂水蒸气在冷凝器中冷凝成冷剂水，再经 U 形管进入蒸发器中。U 形管起冷剂水的节流作用。冷凝器与蒸发器间的压差很小，一般只有 6.5～8kPa，即 U 形管中水柱高差 h 为 0.7～0.85m 即可。

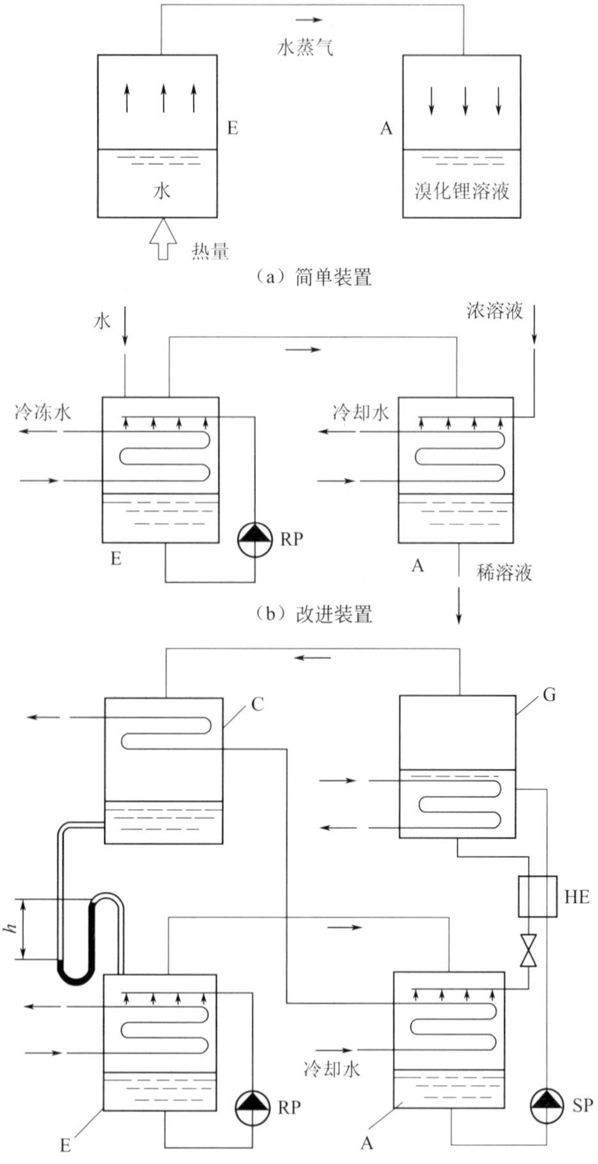

（a）简单装置

（b）改进装置

（c）溶液、制冷剂水循环装置

图 7-2 溴化锂吸收式制冷机的工作原理

A—吸收器；E—蒸发器；C—冷凝器；G—发生器；RP—冷剂水泵；SP—溶液泵；HE—溶液热交换器

图 7-2(c) 所示的溴化锂吸收式制冷机的流程中只有一个发生器，称为单效溴化锂吸收式制冷机。为提高所使用的工作蒸气的压力或高温水的温度，在系统中增设一高压发生器，即有两个发生器，这种溴化锂吸收式制冷机称为双效溴化锂吸收式制冷机。

2）溴化锂吸收式制冷循环过程。溴化锂吸收式制冷循环中的冷剂水经历了以下三个过程。

a. 冷凝过程。发生器蒸发出来的蒸气应该是发生过程所产生蒸气的混合物，产生的是纯水蒸气，该蒸气进入冷凝器后，在冷凝压力下冷凝成饱和水，同时放出冷凝热量。

b. 节流过程。压力为冷凝压力的饱和水经 U 形管节流后，压力降到蒸发压力，焓值不变。

c. 蒸发过程。节流后的冷剂水进入蒸发器中，吸收冷冻水的热量而汽化。

(2) 双效溴化锂吸收式制冷机工作过程。单效溴化锂吸收式制冷机一般采用 0.1～0.25MPa 的蒸气或热水（75℃以上）作为加热热源，循环的热力系数较低（一般 ξ=0.65～0.75）。如果有压力较高的蒸气可以利用（例如 0.4MPa 以上），则可采用双效溴化锂吸收式制冷循环，热力系数可提高到 1 以上。

所谓双效溴化锂吸收式制冷机，是指在机组中装有高压发生器和低压发生器的制冷机。在高压发生器中，采用压力较高的蒸气（一般为 0.6～0.8MPa）或燃气、燃油等高温热源来加热。在高压发生器中产生的高温冷剂水蒸气，用来加热低压发生器，使低压发生器中的溴化锂溶液进一步产生冷剂水蒸气，故双效溴化锂制冷机又称两级发生式溴化锂制冷机。这样，不仅有效地利用了冷剂水蒸气的汽化热，同时又减少了冷凝器的热负荷，使机组的经济性得到提高。

1) 蒸气型。图 7-3 所示为其中一种较为常见的双效蒸气型溴化锂吸收式制冷机并联系统流程。它由高压发生器、低压发生器、冷凝器、蒸发器、高温溶液换热器、低温溶液换热器、凝水换热器、泵、引射器等组成。高压发生器由一个单独的高压筒组成，低压发

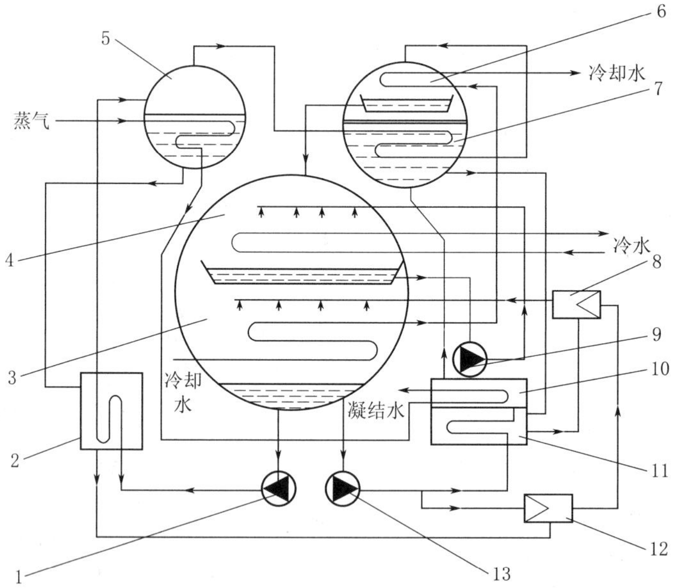

图 7-3　双效溴化锂吸收式制冷机并联系统流程

1—高压发生器泵；2—高温换热器；3—吸收器；4—蒸发器；5—高压发生器；6—冷凝器；7—低压发生器；8、12—引射器；9—冷剂水泵；10—凝水换热器；11—低温换热器；13—溶液泵

生器、冷凝器和蒸发器、吸收器分别置于另外两只筒体内，也可置于一只筒体内。

这种流程的工作过程是由吸收器出来的稀溶液，分为两路：一路经高压发生器泵升压后，流入高温换热器，温度升高后，进入高压发生器，被管内的工作蒸气加热，产生高温冷剂水蒸气，溴化锂的质量分数变高，由高压发生器排出，经高温换热器降温后，被引射器抽入。另一路经溶液泵升压后，又分成两路：一路经低温换热器及凝水换热器，温度升高后进入低压发生器，在其中被高压发生器产生的高温冷剂水蒸气加热，产生冷剂水蒸气，而高温冷剂水蒸气放出潜热后，凝结成冷剂水，节流后与低压发生器产生的冷剂水蒸气一起进入冷凝器，被管内冷却水冷却和冷凝，形成冷剂水。该冷剂水节流后流入蒸发器，由于压力的降低，部分水汽化，剩余的冷剂水积存于水盘中，被冷剂水泵吸入，均匀地喷淋在蒸发器管簇的外表面，吸取管内冷水的热量而蒸发，使冷水得到冷却（制冷）。另一路作为引射器的高压流体，除引射由高压发生器出来的浓溶液外，其混合液又作为引射器的工作流体，引射由低压发生器流出，经低温换热器降温后的浓溶液，形成中间溶液后，均匀洒淋在吸收器管簇外表面，吸收由蒸发器产生的冷剂水蒸气，从而保持蒸发器内所需低压，使冷剂水能在低压、低温下不断蒸发而制取冷量。中间溶液吸收了冷剂水蒸气后，重新变成稀溶液，再分别由高压发生器泵及溶液泵送出。吸收过程中产生的热量，由吸收器管簇内的冷却水带走，从而保证吸收过程的连续进行。显然，设置凝水换热器可充分利用加热蒸气的凝水的显热，降低双效机组的汽耗量。

2）直燃型。直燃型双效溴化锂冷热水机组以燃料的燃烧，产生高温烟气为驱动热源直接加热溴化锂溶液。该机组具有燃烧效率高、对大气环境污染小、只存在一次传热温差、体积小、占地小等优点。既可以用于夏季供冷，又可用于冬季供热，必要时还可提供生活用热水，因而得到了广泛的应用。图 7－4 所示为直燃双效溴化锂冷热水机组。

图 7－4　直燃双效溴化锂吸收式冷热水机组

3. 溴化锂吸收式制冷机的特点

（1）特点。溴化锂吸收式制冷机也是以热能作为补偿来实现制冷的装置，故很多特点与氨水吸收式制冷机相似，主要特点如下：

1）以水作制冷剂，溴化锂溶液作吸收剂，它无臭、无味、无毒，对人体无危害，对大气臭氧层无破坏作用。

2）对热源要求不高，一般的低压蒸气（120kPa 以上）或 75℃以上的热水均能满足要求，特别适用于有废气、废热水可利用的化工、冶金和轻工业企业，有利于热源的综合利用。随着地热和太阳能的开发利用，它将具有更为广泛的前途。

3）整个装置基本上是换热器的组合体，除泵外，没有其他运动部件，所以振动、噪声都很小，运转平稳，对基建要求不高，可在露天甚至楼顶安装，尤其适用于船舰、医院、宾馆等场合。

4）结构简单，制造方便。

5）整个装置处于真空状态下运行，无爆炸危险。

6）操作简单，维护保养方便，易于实现自动化运行。

7）能在10％～100％范围内进行制冷量的自动、无级调节，而且在部分负荷时，机组的热力系数并不明显下降。

8）溴化锂溶液对金属，尤其是黑色金属有强烈的腐蚀性，特别在有空气存在的情况下更为严重，因此，对金属的密封性要求非常严格。

9）由于系统以热能作为补偿，加上溴化锂溶液的吸收过程是放热过程，故对外界的排热量大，通常比蒸气压缩式制冷机大一倍，因此，冷却水消耗量大。但溴化锂吸收式制冷机组允许有较高的冷却水温升，冷却水可以采用串联流动方式，以减少冷却水的消耗量。

10）因用水作为制冷剂，故一般只能制取5℃以上的冷水，多用于空气调节及一些生产工艺用冷冻水。

11）溴化锂价格较贵，机组充灌量大，初期投资较高。

（2）优势。直燃型溴化锂吸收式冷热水机组除具有上述特点外，还具有下列优势：

1）燃烧效率高，对大气环境污染小。

2）一机多能。可供夏季空调、冬季采暖，必要时也可兼顾提供生活用热水。

3）体积小，用地少。

4）只存在一次传热温差，传热损失小。

5）可实现能源消耗的季节平衡。

吸收式制冷是液体汽化制冷的一种形式，它和蒸气压缩式制冷一样，是利用液态制冷剂在低温低压下汽化以达到制冷的目的。所不同的是：蒸气压缩式制冷是靠消耗机械功（或电能）使热量从低温物体向高温物体转移，而吸收式制冷则是靠消耗热能来完成这个过程的。吸收式制冷的特点是可以利用低温热源来制取冷量。因此，它特别适用于有余热可供利用的场合。

吸收式制冷使用的工质是两种沸点相差较大的物质组成的二元溶液，其中沸点低的物质为制冷剂，沸点高的物质为吸收剂，通常称为“工质对”。目前常用的吸收式制冷机有两种：一种是氨吸收式制冷机，工质对是氨-水溶液，氨为制冷剂，水为吸收剂。这种制冷机的制冷温度在－45～1℃范围之内，多用来制取－15℃以下的盐水，为石油化工、医药卫生等工艺生产过程提供冷源。另一种是溴化锂吸收式制冷机，其工质对是溴化锂-水溶液，水为制冷剂，溴化锂为吸收剂。它的制冷温度在0℃以上，多用来制取空气调节用冷水或为其他生产工艺过程提供冷却水。

任务二　多　联　机

学习目标

1. 学习多联机空调系统。

2. 学习多联机空调系统的设计要点。

一、多联机空调系统的特点

多联机指一台室外机并联多台室内机，多联机空调系统常用于办公楼、宾馆、学校等建筑，特别适用于空调房间数量多，同层区域划分多或楼层数多的建筑。对夏热冬冷地区、干旱缺水地区的中小型建筑，可采用风冷式热泵型空调系统。对于严寒、寒冷地区，当建筑物内设有集中供暖时，多联机空调系统要按夏季冷负荷选用室内、外机型号；冬季的系统供热可作为建筑物集中供热的补充。

多联机空调系统的特点如下：

（1）采用变频技术。可用一台室外机组并联多台不同形式和容量的室内机，如图 7－5 所示。

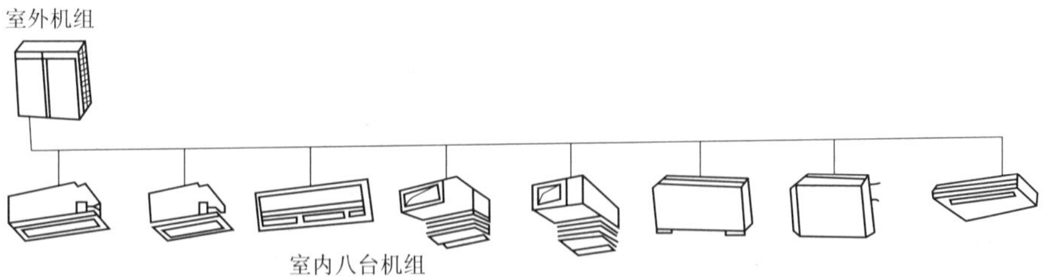

图 7－5　一台室外机组带多台不同形式的室内机

（2）灵活性大。由于各空调房间的室内机具有开、关及负荷调节功能，通过控制器对某台或某个组群的室内单机进行独立的控制，能把不同的楼层和房间出租给不同用户使用。

（3）有效利用空间。除了多联机空调系统的制冷剂配管管径小以外，顶棚型暗装、嵌入式等室内机还配有冷凝水排水泵提高排水扬程，排水管坡度为 0.01，占用吊顶内的空间高度变小，降低了建筑层高。而且，这种系统无须设置专用的空调机房，节省了建筑使用面积。

（4）设计时间短。仅需按产品样本规定说明的配管尺寸选用，节省了设计时间。

（5）安装时间短。由于制冷剂管和配管的管径小，配管的管道及管件均是标准的，能极其简单而迅速地进行安装，同时能一层一层的安装，且安装好的楼层可以提前交付使用，如图 7－6 所示。

（6）运行费用低。各区域或各楼层的室内机，通过遥控器、组群控制器等能独立控制，室外机依据系统中各区域或各室内机总负荷的变化，可在 10%～100%范围内变频调节，仅需向需要空调的房间供冷、供暖，而对不需要空调的房间，系统可完全关闭这些室内机。多联机空调系统自低负荷至满负荷的全运转过程中，室内机及室外机均节能，如图 7－7所示。

（7）更灵活的冷媒配管管长限制。单一系统中，室外机制冷配管最远长度可达 165m（等效配管长度 190m），室外机与室内机之间的高低差可达 90m，室内机之间的高低差可达 30m，第一分支管到最远室内机的配管长度可达 90m，如图 7－8 所示。系统中总管路的最大长度为 1000m。

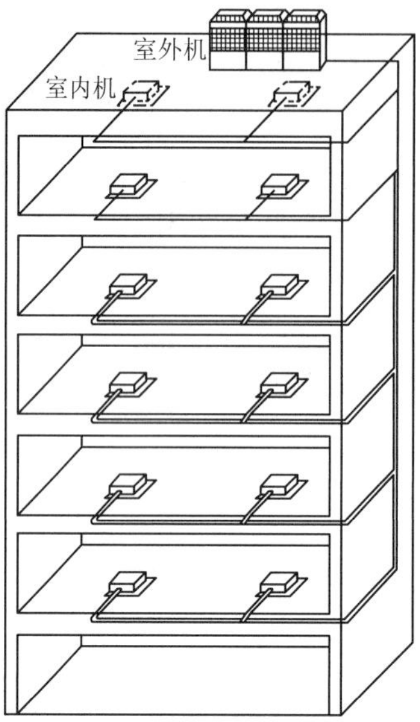

图 7-6　分层安装示意图

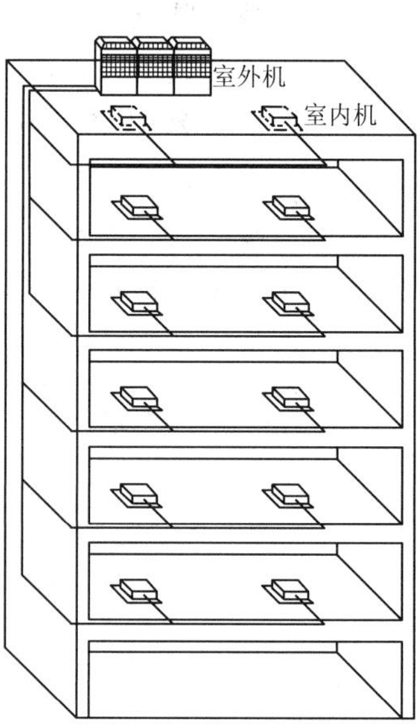

图 7-7　分房间或分层控制示意图

（8）室外机运转的环境温度范围大。夏季制冷运行温度范围为－5～46℃（OB），冬季制热运行温度范围为－20～15.5℃（WB），如图 7-9 所示，宽广的运行温度范围能够满足办公室、宾馆和商场等建筑全年的使用要求。

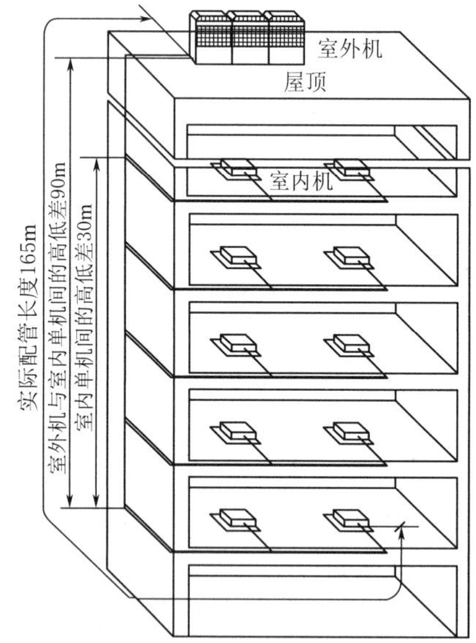

图 7-8　制冷剂配管长度最长限定示意图

注 1. 图中数值是根据室外机安装于室内机上面的条件取的。
2. 室外机位于室内机下面时的高度差最大为 40m。
3. 室内外机高低差默认 50m；室内机高低差默认为 15m。

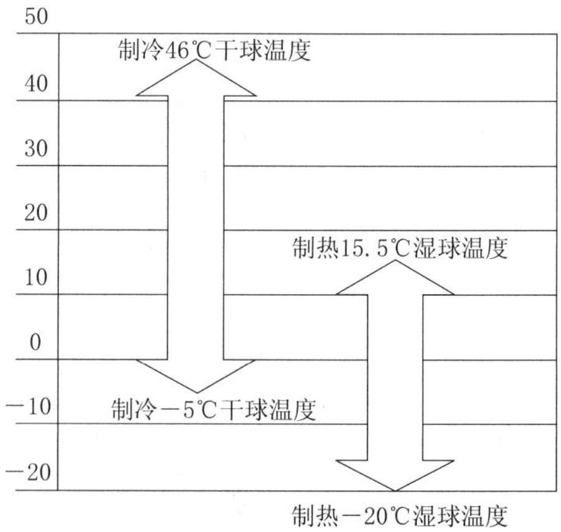

图 7-9　室外机运转的环绕温度范围

注　室外机位于室内机下面时，室外机的运转环境温度限制在 10～46℃干球温度。

二、多联机的设计要点

(1) 合理设置室外机的位置。室外机尽量靠近各室内机的作用域设置，以缩短室外机至各室内机的制冷剂总管的配管等效长度，系统最不利环路的配管等效长度建议不超过70m；对高层大型建筑，室外机一般要安装在不同的楼层，室外机与室内机之间的高低差建议不超过50m。

(2) 合理确定第一分支的位置。第一分支管的位置要尽量使各分支管环路的配管等效长度相差不大，并且最不利环路的配管等效长度建议不超过55m；室内机之间的高低差建议不超过15m。

(3) 室外机与室内机之间及室内机之间的配管长度、高度差不应超过产品允许的最大限值，且尽量短。

(4) 系统最不利环路配管等效长度过长要多损能耗，系统冷媒管等效长度应满足对应制冷工况下满负荷的性能系数，见表7-1中机组综合性能系数［IPLV(C)］限定值及表7-2中能效等级为3级所对应的制冷综合性能系数指标；节能评价值按表7-2中能效等级为2级所对应的制冷综合性能系数指标，以判定制冷剂配管布置的合理性。

表7-1　机组综合性能系数［IPLV(C)］限定值

名义制冷量 Q_{ML}/W	制冷综合性能系数［IPLV(C)］/(W/W)
$Q_{ML} \leqslant 2800$	3.20
$2800 < Q_{ML} \leqslant 8400$	3.15
$Q_{ML} > 8400$	3.10

表7-2　能源效率等级对应的制冷综合性能系数指标　　单位：W/W

名义制冷量 Q_{ML}/W	能效等级				
	1	2	3	4	5
$Q_{ML} \leqslant 2800$	3.60	3.40	3.20	3.00	2.80
$2800 < Q_{ML} \leqslant 8400$	3.55	3.35	3.15	2.95	2.75
$Q_{ML} > 8400$	3.50	3.30	3.10	2.90	2.70

注　测试方法按照《多联式空调（热泵）机组》(GB/T 18837—2015) 的相关规定。安装时，其中分配器前、后的连接管长度为5m或按制造厂规定，分配器的形式不限。

任务三　热　泵　机　组

学习目标

1. 学习热泵机组的应用与分类。
2. 学习多联机空调系统的设计要点。
3. 学习热泵型空调器的结构特点及基本工作原理。

一、热泵的应用与分类

1. 热泵的定义与应用

“热泵”（heat pump）是借“水泵”得来。热泵可将低温热源的热量“泵送”（交换传递）到高温热源利用，热泵是热量提升装置。热泵是消耗少量能量将更多的低温热能提升为高温热能。热泵与制冷机的不同之处是：第一，应用目的不同，热泵用于制热，是从低温热源吸热，通过热力循环放热至高温热源；制冷机用于制冷，也是从低温热源吸热，获得制冷效果。第二，工作温度区段不同，热泵是将环境（水、空气等）作为低温热源，制冷机是将环境作为高温热源，通常热泵的工作温度明显高于制冷机。在工程实践中热泵与制冷机具有许多共同性和使用的特殊性，且常常可将“同一装置”在不同的季节甚至同时实现制热和制冷的功能，即该装置的冷凝器用于制热，而蒸发器用于制冷，该装置可称热泵也可称制冷机。

热泵技术在国内外已广泛应用：①热泵用于大型建筑物或建筑群的供暖（冷）；②热泵用于各类余热（生产工艺废热，排风废热等）的回收与利用；③热泵用于木材和生物质的干燥等。总之热泵可以应用于工农业生产中的各种类型的低位能量进行回收和高效利用。

2. 热泵的分类

由于热泵的热源的种类、系统构成、设备特性以及用途的多样性，热泵的分类多种多样，常见的分类方法有按驱动能源种类分类、按工作原理分类、按热源的种类分类、按主要用途分类、按供热温度分类、按热源和供冷供热介质的组合方式分类、按压缩机类型分类、按热泵机组安装方式分类、按热泵的供能方式分类、按能量提升级数分类等。

（1）按热源种类分类。热泵的热源通常是低品位的，如空气、地表水（包括江河水、湖泊水，海水等）、地下水、土壤、太阳能等。按热源与供热介质的组合方式的不同分为以下几类：

1）空气-空气热泵。以一侧的空气（或废气）为吸热对象，以另一侧的空气（或气体）为供热介质的热泵。常用的空气热泵空调器，可用于冬天供热，夏天制冷。

2）空气-水热泵。以空气（或气体）为热源，以水为供热介质的热泵。目前这类热泵机组是一些写字楼集中式空调系统使用较多的冷热源兼用型一体化设备。

3）水-空气热泵。以水为热源。以空气（或气体）为供热介质的热泵。

4）水-水热泵。以水为热源，也以水为供热介质的热泵。可用于建筑物的热水供热等。由于水的比热大，便于输送，适用于建筑物的集中供热系统。

5）土壤-水热泵。以土壤为热源，以水为供热介质的热泵，电于地下土壤温度比较稳定，将管材埋入土壤中，夏季可以用作冷热水机组的冷却水，冬季用作热源。

6）土壤-空气热泵。以土壤为热源，以水为放热对象的热泵。其余与土壤-水热泵相同。

（2）按照驱动能源种类分类。主要有电动机驱动和热驱动，热驱动分为热能驱动（如吸收式热泵）及发动机驱动（如内燃机驱动）。

（3）按工作原理分类。蒸气压缩式是热泵中广泛应用的一种形式。在这类热泵中，工质是在压缩机、冷凝器、节流装置及蒸发器等部件组成的系统中循环，并通过工质的状态变化实现将低品位热能提升至高品位温度区。

吸收式热泵是消耗较高品位的热能来实现低品位热能向高品位温度区传送的目的，吸收式热泵通常由发生器、冷凝器、吸收器、蒸发器等组成。吸收式热泵的工质最常见的有水-溴化锂、氨-水等。目前溴化锂吸收式热泵机组是以热能驱动、从低品位热源吸取热量，获得供热用中、高温热水或蒸气，实现余热回收利用。

蒸气喷射式热泵是以整气喷射泵代替机械压缩机，其余的工作原理均与蒸气压缩式相同。作为驱动力的蒸气可来自锅炉，也可利用产品生产过程中产生的水蒸气（或其他蒸气）。

二、热泵型空调器的结构特点及基本工作原理

热泵型空调器在冷风型空调器的基础上加了一只电磁换向阀（又称为四通阀）和冷热控制开关。电磁换向阀如图 7－10 所示。恒温控制器采用既可控制制冷温度又可控制制热温度的双触点温控器。若有自动除霜线路，还可以带除霜器进行自动除霜。电磁换向阀的作用是使制冷剂流动方向发生变化，用于制冷系统的冷热转换，如图 7－11 所示。在夏季，室内换热器作为蒸发器使用，向室内送冷风；室外换热器作为冷凝器使用，向室外排热。在冬季，通过四通换向阀的电磁阀的转向切换，使室内换热器变为冷凝器使用，向室内送热风；室外换热器变为蒸发器。这种热泵型冷暖空调器，在外界温度低于 5℃时不能开启。所以热泵型冷暖空调器只适合室外温度在 5℃以上的地区，低于 5℃的地区应采用电加热型冷暖空调器。

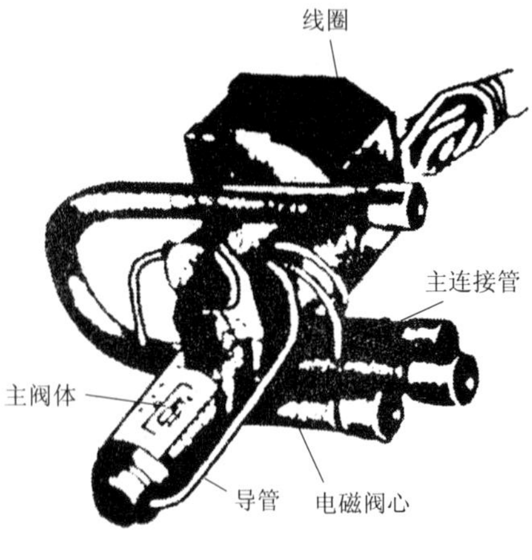

图 7－10　电磁换向阀

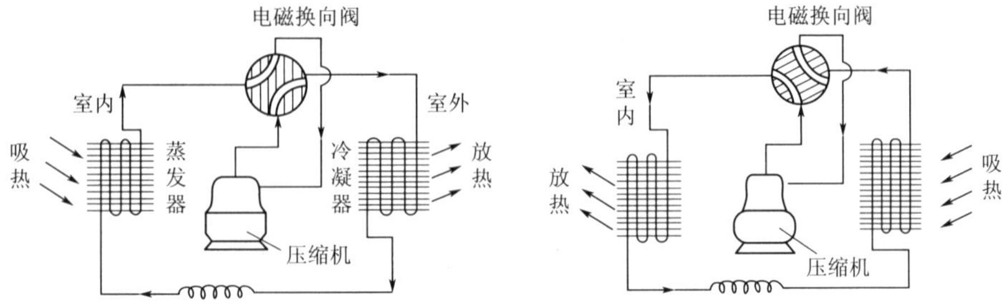

（a）制冷时循环情况　　（b）制热时循环情况

图 7－11　热泵型冷暖空调的循环系统

热泵型空调器工作原理图如图 7－12 所示。空调器制热时，压缩机吸入制冷剂，在气缸内被压缩成为高温高压气体，经排气阀片排至室内侧冷凝器。在冷凝器中，制冷剂被室内循环空气冷却成高压液体，制冷剂释放出来的冷凝热加热空气，使室温上升。高压液体制冷剂通过毛细管节流降压后，喷入室外侧蒸发器，被吸热蒸发后成为湿蒸气。湿蒸气过热后，又被吸入压缩机压缩，然后再排至室内侧冷凝器。如此循环不止。可见，热泵型空

调器除有冷风型空调器的通风、制冷、除尘和去湿的功能外，还多了一个制热功能。

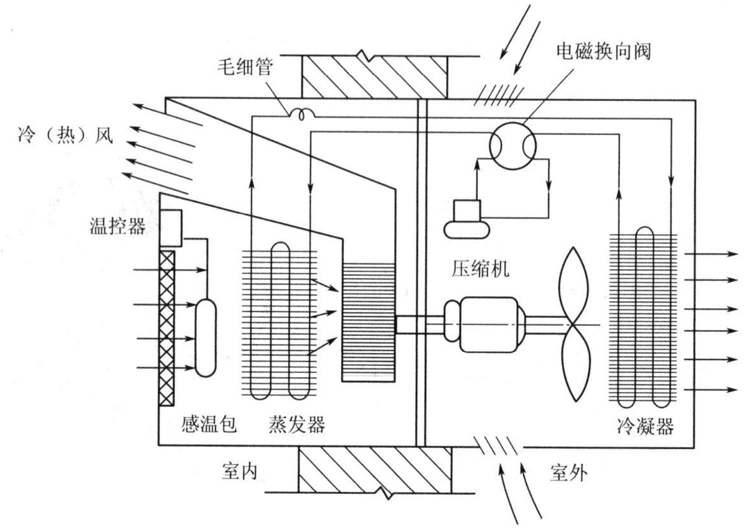

图 7-12　热泵型空调器的工作原理图

为简化系统，以上热泵型窗式空调器采用单根毛细管，优点是节约成本，缺点是制冷量和制热量不能在同一系统中达到最佳状态。

有些热泵型空调器的制冷系统中设有两根毛细管，如图 7-13 所示，这是因为在制冷工况条件下，室内换热器的蒸发温度约为 5℃，蒸发压力约为 0.59MPa(R-22)，室外换热器的压力一般不超过 1.8MPa。而制热工况条件下，室内换热器的压力约为 1.8～2.0MPa，室外换热器的蒸发温度约为－10℃，蒸发压力约为 0.35MPa，这样才能使环境温度为－5℃时，空调器仍然具有制热效能。虽然制冷和制热时制冷剂的流向不同，却都用一套制冷循环系统和设备，但是制冷和制热时的工况条件是不一样的，即蒸发温度是不同的。这表明空调器在由制冷变为制热或是由制热变为制冷时，制冷循环系统是经过了调整的，即调整了运行工

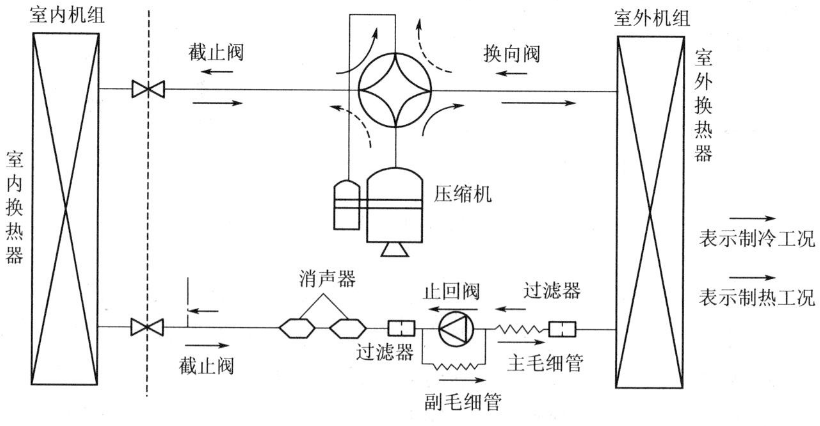

图 7-13　具有两根毛细管的热泵型空调器的工作原理图

况，变更了循环系统的运行状态。这种工况调整在房间空调器中，是通过设置两根毛细管和单向阀实现的。

热泵型空调器采用双毛细管系统中，其中一根毛细管是主毛细管，为制冷工况时制冷剂的节流毛细管，这时另一根毛细管，也称为副毛细管，虽然与主毛细管串联，但其阻力远远大于并联的单向阀，所以节流后的制冷剂通过单向阀进入蒸发器。当变为制热工况时，制冷剂不能通过单向阀，而只能通过副、主毛细管，节流后进入室外换热器。由于制冷时的蒸发温度高于制热时的蒸发温度，故只使用主毛细管，而制热时所用的毛细管应略长，所以应使用副、主两根毛细管，使其达到设定的最佳流量和蒸发温度。但双毛细管的系统要复杂一些，成本也较高。

三、电热型空调器的工作原理

电热型空调器在冷风型空调器的基础上加了一组或几组电热丝，使其既可制冷，又可制热。这种空调器制冷循环运行与冷风型空调器相同。制热时，压缩机不运转，仅风机与电热丝工作。当控制开关旋到制热挡时，离心风扇吸入室内冷空气，通过电热丝加热升温后再吹向室内。当室温升至所要求的温度时，恒温控制器切断电热丝电路，但轴流风扇仍继续运转，使室内空气循环对流。当室温逐渐下降到低于控制值时，恒温控制器又接通电热丝电路，加热室内循环空气，使室温再上升。由于风扇电动机是双向性的，一端装离心风扇，另一端装轴流风扇，故电热型空调器制热运行时，轴流风扇仍工作，但它做的是无用功。

电热型空调器的发热元器件大多采用电热丝，它的热容量小，体积小，重量轻。

电热丝采用镍铬扁丝，用耐高温合成云母层压板为支架，配有高灵敏度温度继电器，使得温度超过选定值后，在 10s 内能切断电热丝电源，使空调器能安全运行。

电热型空调器的发热元器件也有采用电热管的。电热管式加热器具有传热快、热效率高、机械强度大、安装方便、使用安全可靠、寿命长和适应性强等优点。由于电热管的热容量大，所以空调器关机前，最好打开“风”吹数分钟，待余热逐渐消散后，才能关机。

任务四　冷 库 制 冷 系 统

学习目标

1. 学习冷库的分类。
2. 掌握小型冷库建筑的组成及特点。
3. 学习冷库耗冷量计算。

一、冷库的分类

冷库是用人工制冷的方法让固定的空间达到规定的温度便于储藏物品的建筑物。冷库可广泛应用于食品厂、乳品厂、制药厂、化工厂、果蔬仓库、禽蛋仓库、宾馆、酒店、超市、医院、血站、部队、试验室等。冷库主要用作对食品、乳制品、肉类、水产、禽类、果蔬、冷饮、花卉、绿植、茶叶、药品、化工原料、电子仪表仪器等的恒温储藏。

根据使用性质的不同，可分为生产性冷库、分配性冷库和生活服务性冷库三类。生产性冷库是食品加工企业的重要组成部分，一般建在货源集中的地区。鱼、肉、禽、蛋、果、蔬等易腐食品，经过适当加工后，送入冷库进行冷加工，然后运往消费地区进行分配。其特点是冷加工能力大，储存物品零进整出。分配性冷库一般建在大城市或水、陆交通枢纽及人口密集的工矿区，为市场供应、运输中转而储备食品时用。其特点是冷藏容量大、冻结能力小，适宜于多种食品的储存。生活服务性冷库是为调剂生活需要而临时储存食品时用，其特点是库容量小、储存期短、品种多、堆货率低。

1. 按冷库容量规模分类

目前，冷库容量划分也未统一，一般分为大、中、小型。大型冷库的冷藏容量在10000t以上；中型冷库的冷藏容量为1000～10000t；小型冷库的冷藏容量在1000t以下。

2. 按冷藏设计温度分类

按冷藏设计温度分为高温、中温、低温和超低温四大类冷库：①一般高温冷库的冷藏设计温度为－2～8℃；②中温冷库的冷藏设计温度为－23～－10℃；③低温冷库温度一般为－30～－23℃；④超低速冻库温度一般为－80～－30℃。

3. 按冷库结构形式分类

（1）土建冷库。冷库主体结构为钢筋混凝土框架结构或混合结构，常常用于大容量或大吨位的冷库。土建冷库的热惰性比较大，库温比较稳定。土建冷库具有坚固、隔热性好、造价低、建设周期长等特点。

（2）装配式冷库。装配式冷库库体采用钢框架和轻质预制的硬质聚氨酯或聚苯乙烯夹芯板材拼装而成。

（3）夹套式冷库。在常规冷库的围护结构内增加一个内夹套结构，夹套内装设冷却设备，冷风在夹套内循环制冷，即构成夹套式冷库。夹套式冷库的库温均匀，食品干耗小，外界环境对库内干扰小，夹套内空气流动阻力小，气流组织均匀，造价比常规冷库高。

（4）覆土冷库。洞体多采用拱形结构，一般为砖石砌墙，并覆盖一定厚度的土层作为隔热层，具有施工简单、就地取材、造价低、坚固耐用等特点。

（5）气调冷库。气调冷库主要用于要求对新鲜果蔬、农作物种子和花卉作较长期储存，与上述冷库不同的是气调冷库除了要控制库内的温度、湿度外，同时要考虑气调冷库内的植物的呼吸作用，还要对库内的O_2、CO、N_2和乙烯含量进行调控，抑制果蔬等植物的呼吸及新陈代谢，使之处于冬眠状态，以达到长期储存的目的。

二、小型冷库建筑的组成及特点

小型冷库一般由冻结间、高温冷藏间、低温冷藏间、常温穿堂、值班室、机房等组成。图7-14为冷藏容量30t的生产性小型冷库建筑平面图；图7-15为冷藏容量为100t的生活供应性小型冷库建筑平面图。

（1）冻结间。冻结间也称急冻间、速冻间，冻结间的室内设计温度为－30～－23℃。

（2）高温冷藏间。高温冷藏间的室内设计温度一般为0～2℃。

（3）低温冷藏间。低温冷藏间也称冻结物冷藏间，室内温度一般在－12℃以下，储存肉类时室温为－20～－18℃。

（4）穿堂。穿堂是食品进出库的通道，并起到沟通各冷间、便于装卸周转的作用。目前冷库设计中较多采用库外常温穿堂，将穿堂布置在冷库主体建筑之外。

（5）机房。压缩机间、设备间、水泵房、配电间、工人值班室组合在一起的部分。

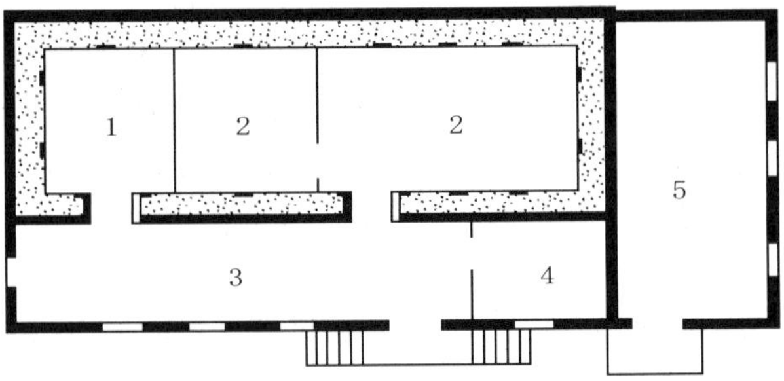

图 7－14　30t 冷库建筑平面图

1—冻结间；2—冷藏库；3—托盘走道；4—值班室；5—机房

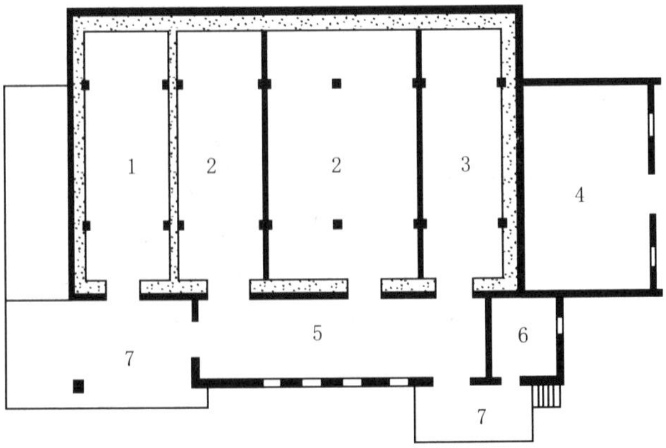

图 7－15　100t 冷库建筑平面图

1—高温冷藏间；2—冻结物冷藏间；3—冻结间；4—机房；5—常温穿堂；6—休息间；7—站台

三、小型冷库建筑的特点

（1）独特结构。冷库主要用于食品的冷冻加工及冷藏，它通过人工制冷，使室内保持一定的低温。冷库的墙壁、地板及平顶都设有一定厚度的隔热材料，以减少外界传入的热量。为了减少吸收太阳的辐射能，冷库外墙表面一般涂成白色或浅颜色。因而冷库建筑与一般工业和民用建筑不同，有它独特的结构。

（2）防潮隔热。冷库建筑要防止水蒸气的扩散和空气的渗透。室外空气侵入时不但增加冷库的耗冷量，而且还向库房内带入水分，水分的凝结引起建筑结构特别是隔热结构受潮冻结损坏，所以要设置防潮隔热层，使冷库建筑具有良好的密封性和防潮隔气性能。

冷库的地基受低温的影响，土壤中的水分易被冻结。因土壤冻结后体积膨胀，会引起地面破裂及整个建筑结构变形，严重的会使冷库不能使用。为此，低温冷库地坪除要有有效的隔热层外，隔热层下还必须进行处理，以防止土壤冻结。

（3）坚固性。冷库的楼板要堆放大量的货物，又要通行各种装卸运输机械设备，平顶上还设有制冷设备或管道。因此，它的结构应坚固并具有较大的承载力。

（4）抗冻性能。低温环境中，特别是在周期性冻结和融解循环过程中，建筑结构易受破坏。因此，冷库的建筑材料和冷库的各部分构造要有足够的抗冻性能。

总的来说，冷库建筑是以其严格的隔热性、密封性、坚固性和抗冻性来保证建筑物的质量。食品冷藏库是在特定的温度和湿度条件下，加工和储藏食品、工业原料、生物制品以及医药等物资的专用建筑物和装置。是冷藏链的一个重要环节。冷藏库对食品的加工和储藏、调节市场供求、改善人民生活等都发挥着重要的作用。

四、冷库耗冷量计算

冷库耗冷量计算包括围护结构耗冷量 Q_1、通风换气耗冷量 Q_2、货物耗冷量 Q_3、食品呼吸热 Q_4、库内人员发热量 Q_5、照明负荷 Q_6、机械发热量 Q_7 七个部分。

1. 围护结构耗冷量 Q_1

$$Q_1 = KF(T_0 - T_1) \tag{7-1}$$

式中 K——库体材料传热系数，W/(℃·m²)，见表 7-3；

F——冷库外表面积，m²；

T_0、T_1——环境温度与库温的温差，℃。

表 7-3 库体材料传热系数

冷藏间种类	高冷藏库间隔墙	速冻库、中温冷藏库外侧板
保温材料	150mm 厚聚苯乙烯	250mm 厚聚苯乙烯
K 值/[W/(℃·m²)]	0.40	0.21

2. 换气负荷 Q_2

$$Q_2 = Vn\Delta h \times 1/24 \times 1/3.6 \tag{7-2}$$

式中 V——库容量，m³；

Δh——环境与库内空气的焓差，kJ/m³，见表 7-4；

n——24h 换气次数，见表 7-5。

表 7-4 环境与库内空气的焓差

库温/℃	−20 以下	−20～−2	−2～10
焓差 Δh/(kJ/m³)	185	155	135

表 7-5 冷库的换气次数 单位：次/天

库容量/m³	库温	
	0℃以下	0℃以上
5	50.0	38.0
10	31.8	28.0
15	25.5	20.0
20	21.0	16.0
30	16.8	13.0
40	14.2	11.3

续表

库容量/m^3	库温	
	0℃以下	0℃以上
50	12.8	10.0
60	11.8	9.0
70	10.5	8.0
100	8.8	6.8
125	7.7	5.9
150	6.9	5.3
175	6.4	4.9
200	5.9	4.6
225	5.5	4.3
250	5.1	4.1
275	4.8	3.9
300	4.5	3.8
400	4.2	3.2
500	3.7	2.8
700	3.0	2.5
900	2.7	2.2
1100	2.3	1.9
1400	2.0	1.7
1700	1.8	1.5
2000	1.6	1.3

注　使用频繁时增加50%；移动时增加1倍；长期储存为上表的0.6倍；有穿堂时为上表的50%；生产车间按每人$25m^3/h$的新风量考虑。

3. 货物耗冷量Q_3

$$Q_3=[G(i_1-i_2)+g(t_1-t_2)c]/24\times 1/3600 \tag{7-3}$$

式中　G——进货量，kg/d；

i_1、i_2——食品加工或储存前后的含热量，kJ/kg；

g——包装材料重量，kg；

t_1-t_2——入出库包装材料温度，℃；

c——包装材料的比热，kJ/(kg·℃)，1号中温冷藏库按日进货20t计算；2号中温冷藏库按日进货10t计算；4号、5号高温冷藏库按日进货30t计算，6号高温冷藏库按日进货15t计算。

4. 食品呼吸热Q_4

冷藏库储存物为蔬菜、水果时要考虑其呼吸热。

5. 库内人员发热量Q_5

$$Q_5=qH_mN\times 1/24 \tag{7-4}$$

式中 q——库内人员发热量，350W/人；

H_m——24h 内操作时间可按 3h/d 计算；

N——操作人数，见表 7-6。

表 7-6 容积与操作人数

库容积/m^3	人数	库容积/m^3	人数
250	1	500～750	3
250～500	2	750～1000	4

生产车间按实际的操作人数取值。

6. 照明负荷 Q_6

$$Q_6=\varphi_d \times A_d \qquad (7-5)$$

式中 φ_d——每平方米地板照明热流量，对于冷库取 2.3W/m^2；

A_d——冷库地面面积，m^2。

7. 机械发热量 Q_7

$$Q_7=\xi WH \times 1/24 \qquad (7-6)$$

式中 ξ——热转化系数，电动机在冷库内时取 1.0；

W——电机功率，W；

H——使用时间，h。

思考与练习题

1. 吸收式制冷的基本组成有哪些设备？
2. 吸收式制冷循环对工质选择的要求有哪些？
3. 常用工质对有哪些？它们谁作为制冷剂？常用工质对的性质、特点有哪些？
4. 单效溴化锂吸收式制冷循环的组成是什么？原理图怎样？发生的过程有哪些？
5. 双效溴化锂吸收式制冷循环的组成是什么？原理图怎样？
6. 其他形式溴化锂吸收式制冷循环有哪些种类？
7. 溴化锂吸收式制冷循环的特点是什么？
8. 溴化锂吸收式制冷机中溶液热交换器起什么作用？不设行不行？
9. 直燃式溴化锂吸收式冷热水机组与双效制冷机有何异同？
10. 试述溴化锂吸收式制冷机的主要特点。
11. 试述溴化锂吸收式制冷机的应用场合。
12. 试述多联机的特点及设计要点。
13. 试述热泵型空调器的结构特点及基本工作原理。
14. 试述冷库的分类。
15. 试述小型冷库建筑的组成及特点。
16. 试述冷库耗冷量包括哪些方面？

参 考 文 献

［1］ 狄春红．制冷技术［M］．成都：西南交通大学出版社，2016.
［2］ 陆耀庆．实用供热空调设计手册［M］．2版．北京：中国建筑工业出版社，2008.
［3］ 彦启森．空气调节用制冷技术［M］．北京：中国建筑工业出版社，2012.
［4］ 李晓东．制冷原理与设备［M］．北京：机械工业出版社，2017.
［5］ 尉迟斌．实用制冷与空调工程手册［M］．北京：机械工业出版社，2006.
［6］ 吴敏，赵钰．制冷设备原理与维修［M］．北京：机械工业出版社，2014.
［7］ 吴业正．制冷原理及设备［M］．西安：西安交通大学出版社，2018.
［8］ 刘孝刚．冷库构造、原理与检修［M］．北京：北京理工大学出版社，2015.
［9］ 杜渐．冷热源系统［M］．北京：中国电力出版社，2015.
［10］ 申江．制冷装置设计［M］．北京：机械工业出版社，2012.
［11］ 贺俊杰．制冷技术［M］．北京：机械工业出版社，2012.
［12］ 张小松．制冷技术与装置设计［M］．重庆：重庆大学出版社，2008.
［13］ 龙建佑．小型制冷装置及其维护［M］．北京：电子工业出版社，2007.
［14］ 何元季．制冷设备维修工实用技术手册［M］．南京：江苏科学技术出版社，2007.
［15］ 赵钰．制冷设备原理与维修［M］．北京：机械工业出版社，2014.
［16］ 严卫东，殷雷．小型制冷装置实训［M］．北京：机械工业出版社，2005.
［17］ 李永安．制冷技术与装置［M］．北京：化学工业出版社，2005.
［18］ 朱勇，常新中，王宏．中央空调［M］．北京：人民邮电出版社，2005.
［19］ 姚国琦，寿炜炜．户式中央空调安装维修手册［M］．北京：机械工业出版社，2006.
［20］ 中国电子工程设计院．空气调节设计手册［M］．北京：中国建筑工业出版社，2017.
［21］ 韩宝琦，李树林．制冷空调原理及应用［M］．2版．北京：机械工业出版社，2002.
［22］ 雷震．制冷原理［M］．北京：机械工业出版社，2002.
［23］ 周金坤．制冷原理［M］．北京：高等教育出版社，2002.
［24］ 郑贤德．制冷原理与装置［M］．北京：机械工业出版社，2001.
［25］ 姜守忠．制冷原理与设备［M］．北京：高等教育出版社，2005.
［26］ 曹德胜，史琳．制冷剂使用手册［M］．北京：冶金工业出版社，2003.
［27］ 汪善国．空调与制冷技术手册［M］．北京：机械工业出版社，2006.
［28］ 缪道平，吴业正．制冷压缩机［M］．北京：机械工业出版社，2001.
［29］ 朱立．制冷压缩机［M］．北京：高等教育出版社，2005.
［30］ 魏龙．制冷与空调设备［M］．北京：机械工业出版社，2012.
［31］ 魏龙．制冷设备维修手册［M］．北京：化学工业出版社，2012.
［32］ 马国远．制冷压缩机及其应用［M］．北京：中国建筑工业出版社，2008.
［33］ 吴业正，李红旗，张华．制冷压缩机［M］．2版．北京：机械工业出版社，2011.
［34］ 董天禄．离心式/螺杆式制冷机组及应用［M］．北京：机械工业出版社，2002.
［35］ 魏龙．冷库安装、运行与维修［M］．北京：化学工业出版社，2011.
［36］ 毛永年．制冷设备维修工技师培训教材［M］．北京：机械工业出版社，2002.

[37] 刘全吉．给排水、暖通空调百问 [M]. 北京：中国建筑工业出版社，2002.
[38] 朱颖．制冷空调机器设备 [M]. 北京：高等教育出版社，2002.
[39] 李树林．制冷机辅助设备 [M]. 北京：科学出版社，2001.
[40] 黄兆奎．水泵风机与站房 [M]. 北京：中国建筑工业出版社，2003.
[41] 准建宁．制冷与空调设备 [M]. 北京：中国商业出版社，2005.
[42] 王寒栋．泵与风机 [M]. 北京：机械工业出版社，2009.

附录　常用制冷剂的压-焓图及热力特性表

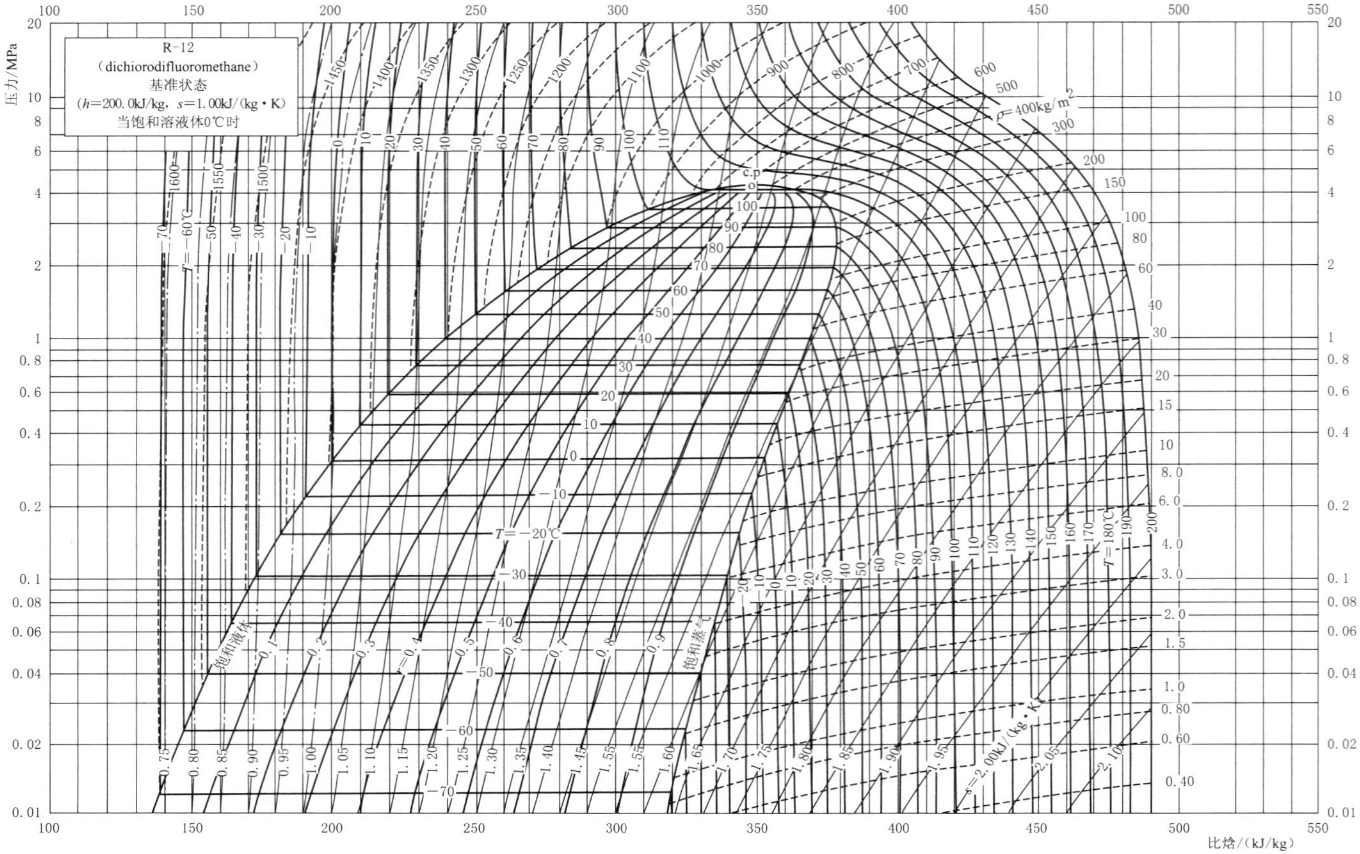

附图1　R-12制冷剂的压-焓图

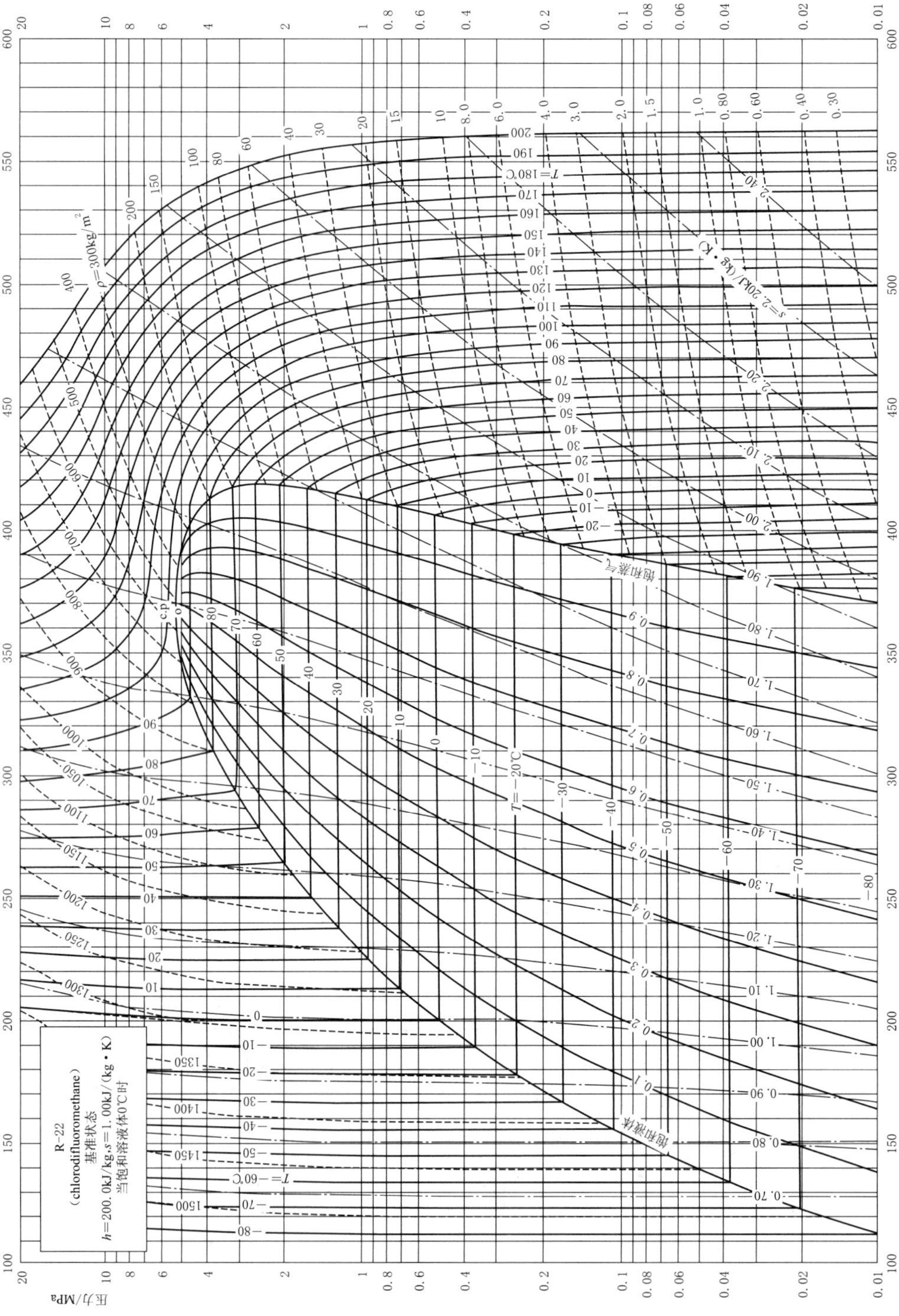

附图2　R-22制冷剂的压-焓图

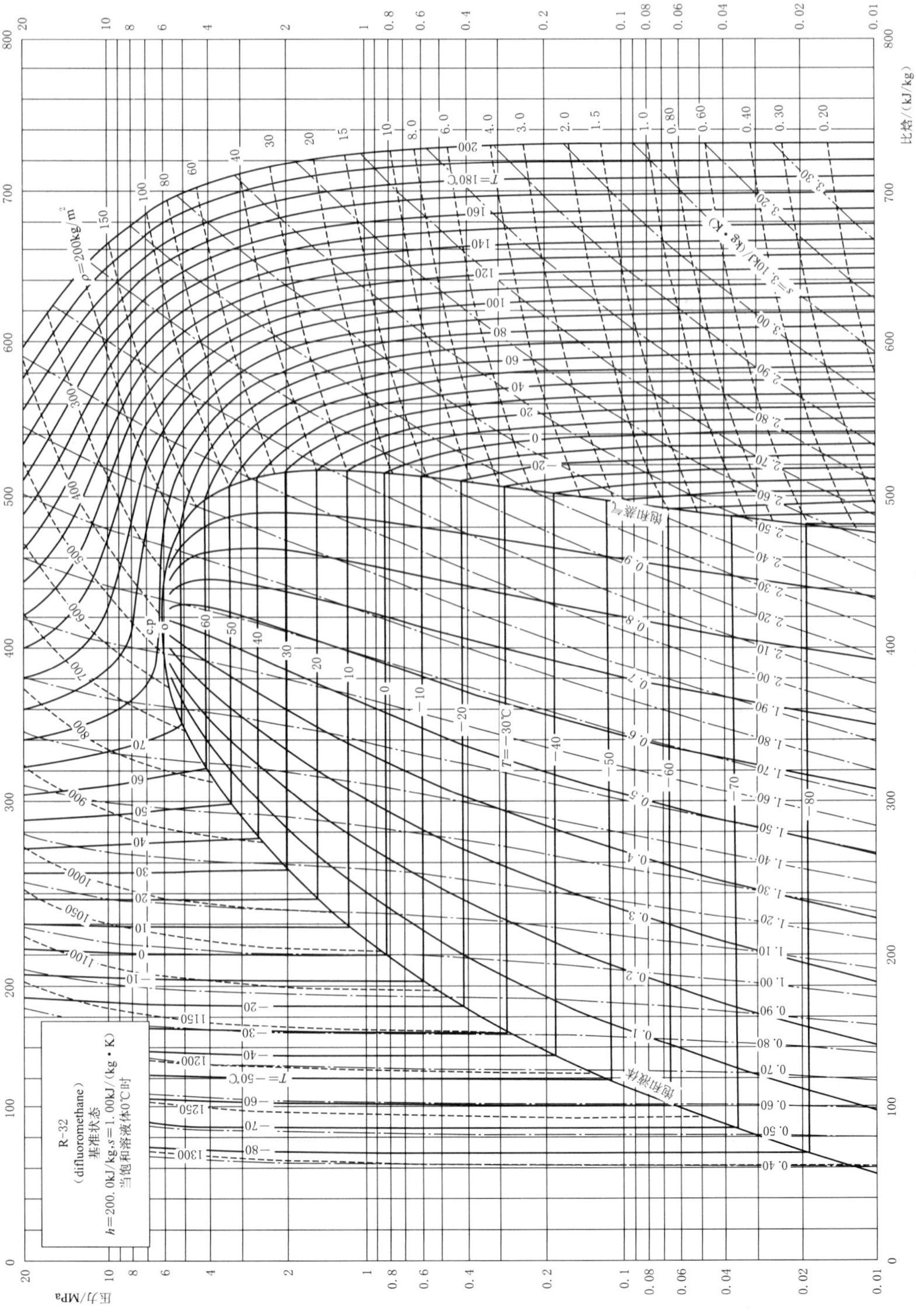

附图3　R-32制冷剂的压-焓图

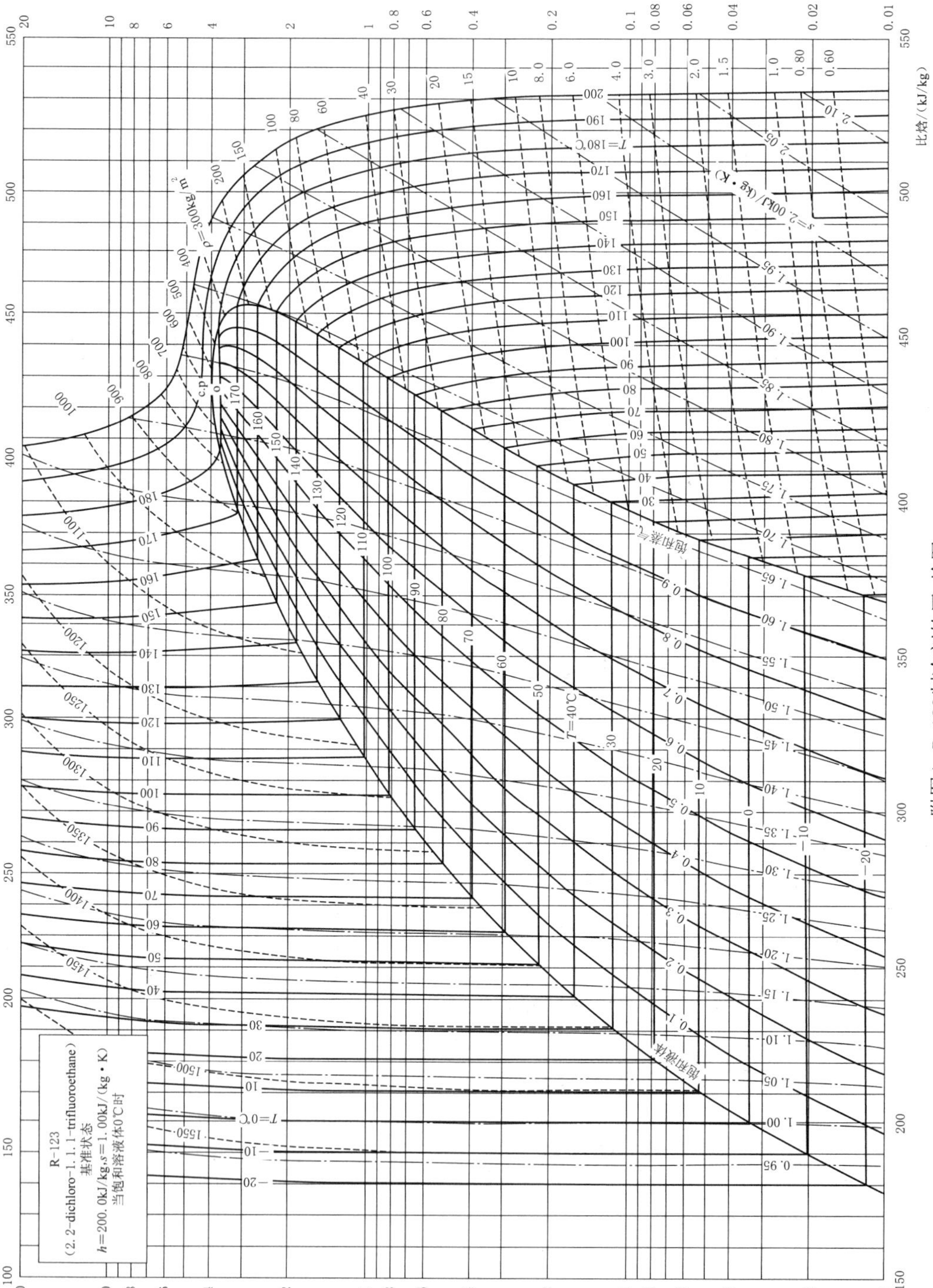

附图4　R-123制冷剂的压-焓图

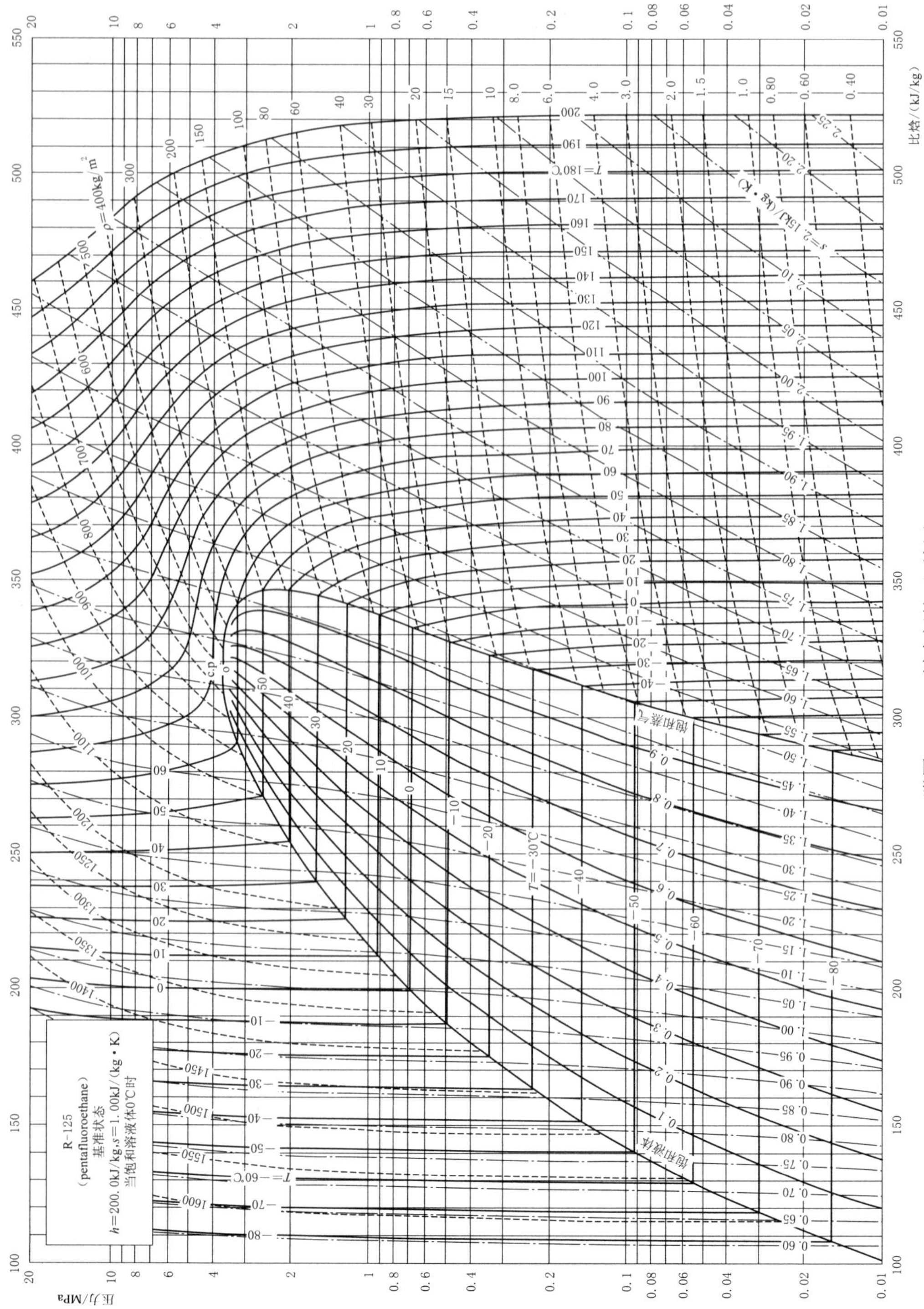

附图5　R-125制冷剂的压-焓图

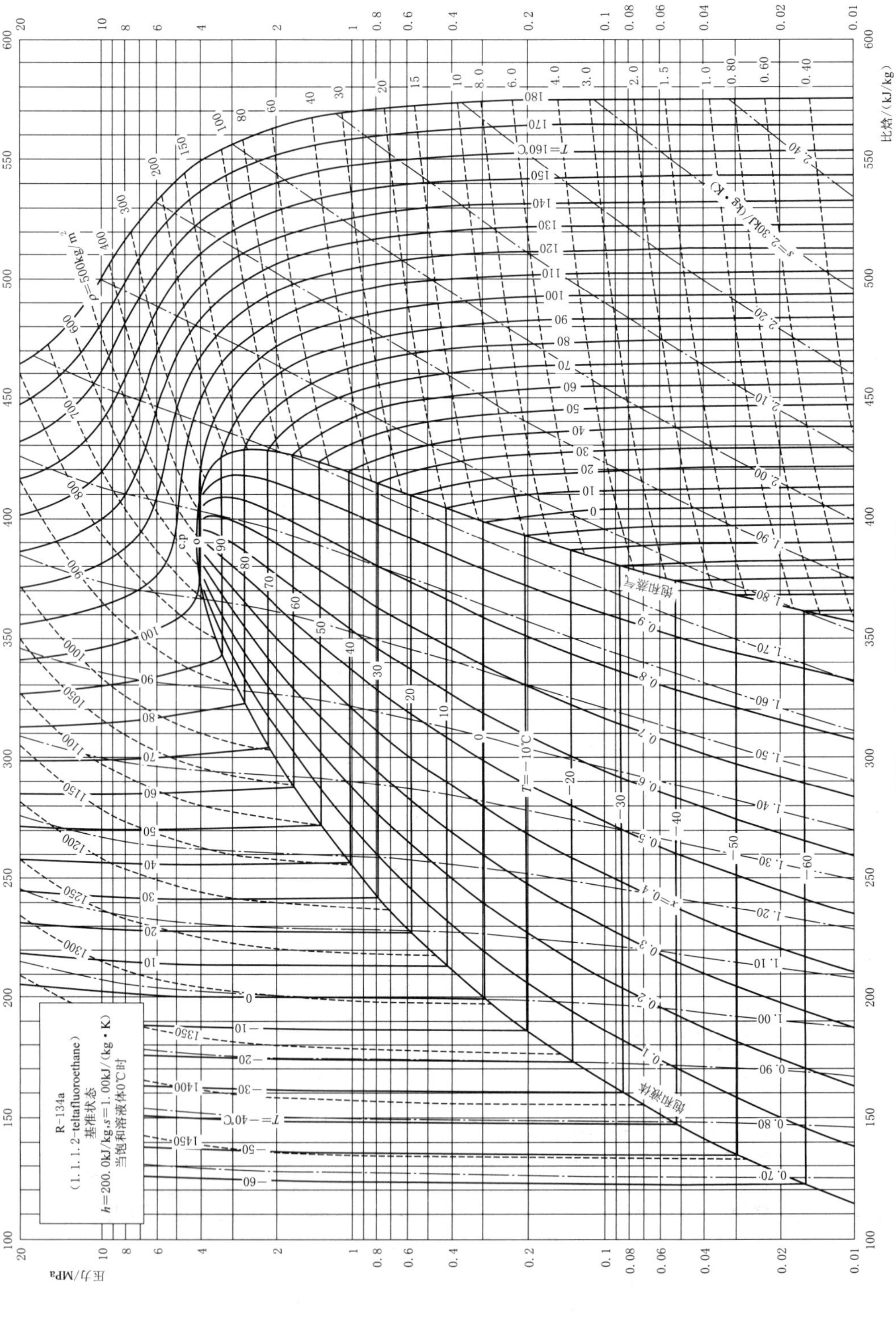

附图6 R-134a制冷剂的压-焓图

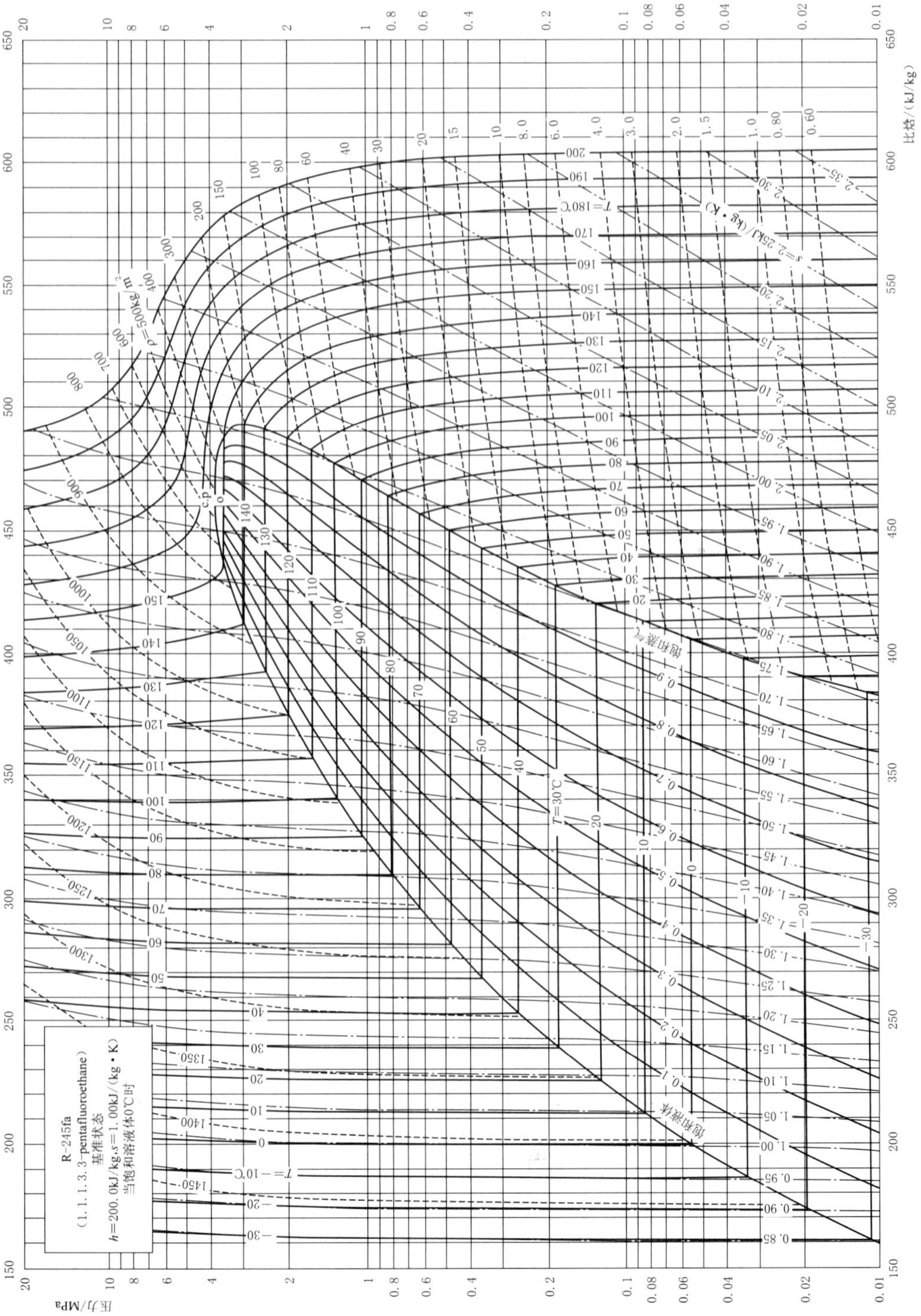

附图7　R-245fa制冷剂的压-焓图

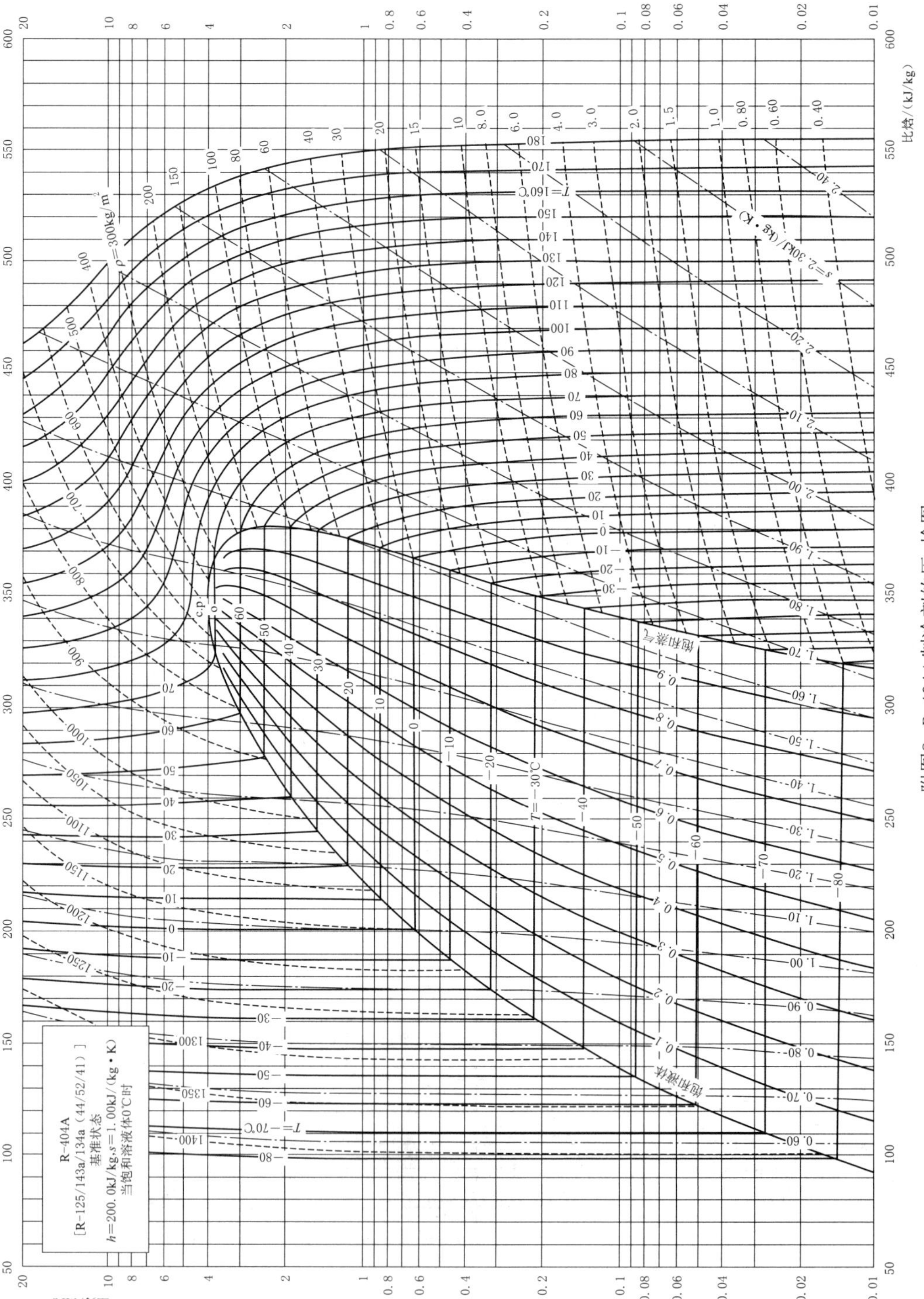

附图8　R-404A制冷剂的压-焓图

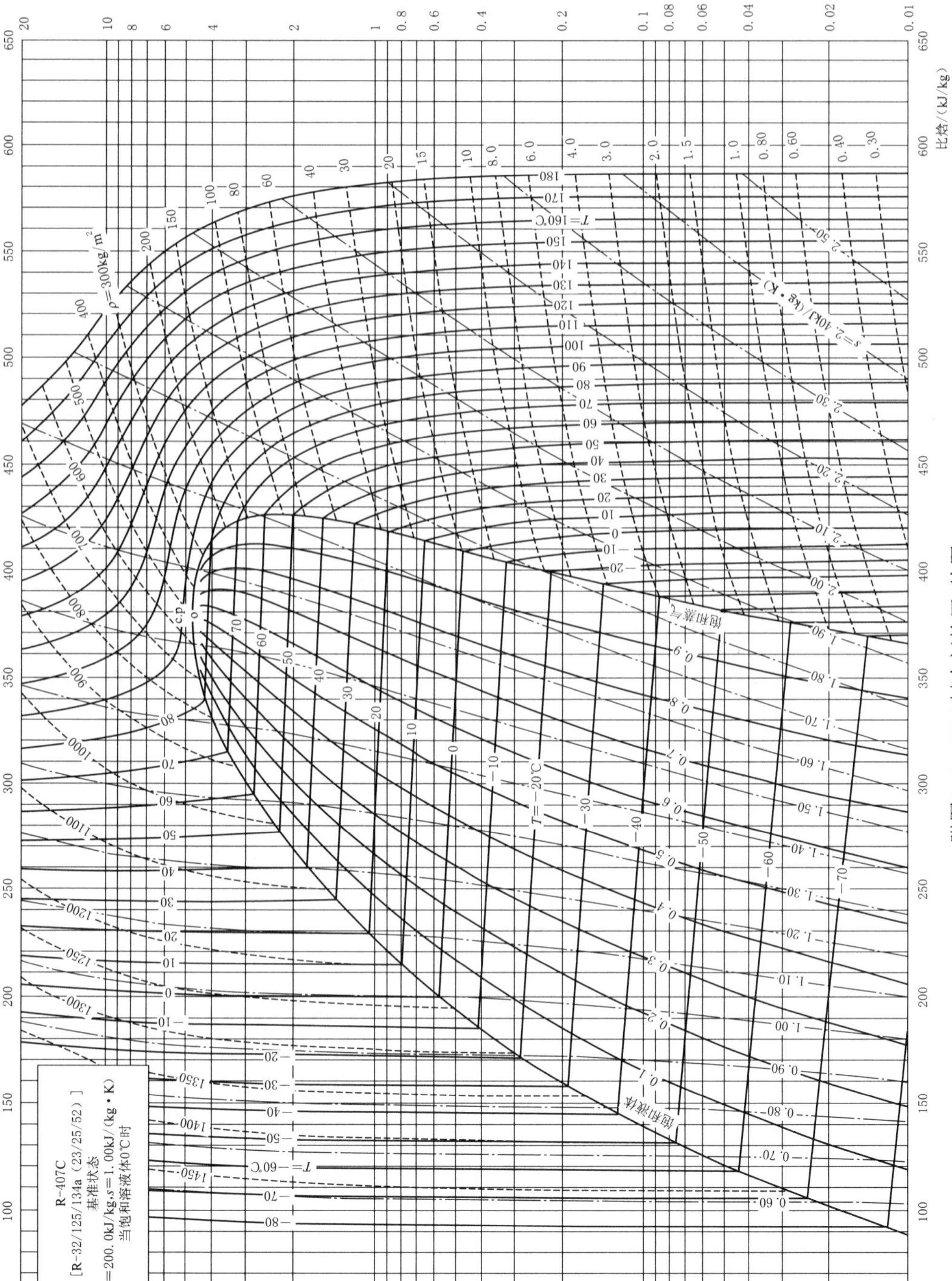

附图9 R-407C制冷剂的压-焓图

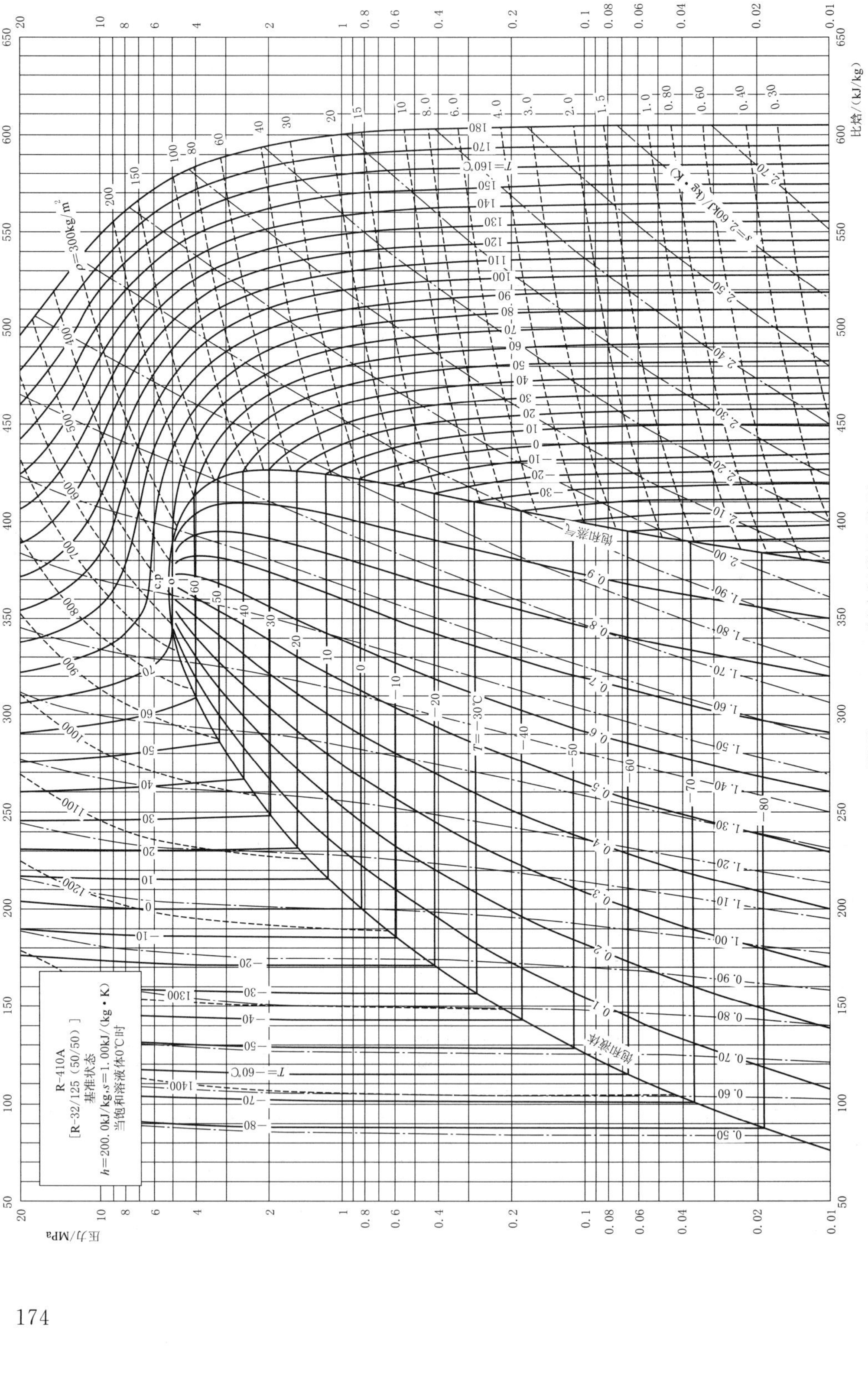

附图10 R-410A制冷剂的压-焓图

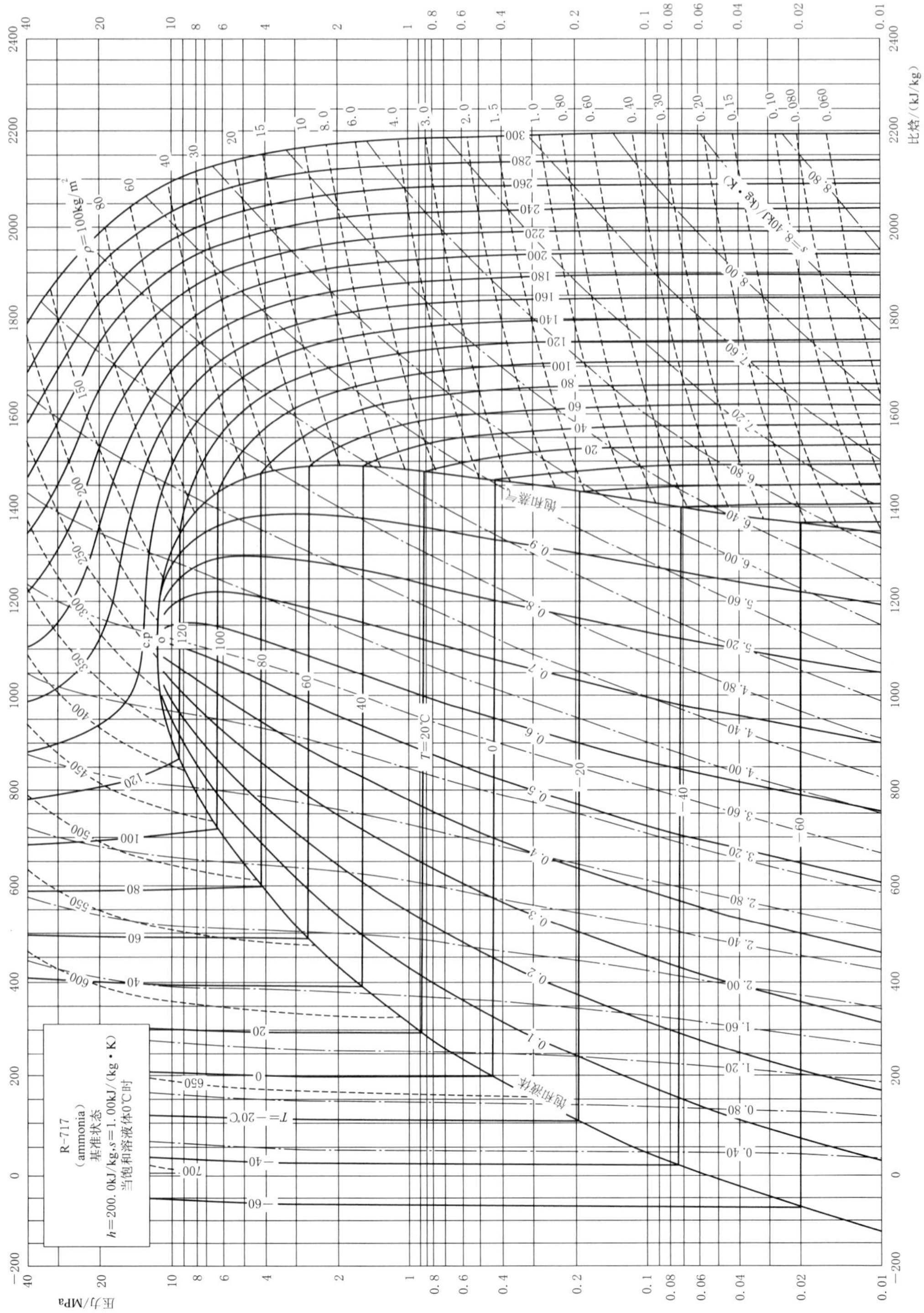

附图11　R-717制冷剂的压-焓图

附表 1　R-12 制冷剂在饱和状态下的热力特性表

温度/℃	压力/MPa	液体密度/(kg/m³)	蒸气比容/(m³/kg)	比焓/(kJ/kg)		比熵/[kJ/(kg·K)]		比热容 c_p/[kJ/(kg·K)]		蒸气 c_p/c_v	声速/(m/s)		黏度 μ/(Pa·s)		热导率/[mW/(m·K)]		表面张力/(mN/m)	温度/℃
				液体	蒸气	液体	蒸气	液体	蒸气		液体	蒸气	液体	蒸气	液体	蒸气		
−100.00	0.00119	1679.1	10.0040	113.32	306.09	0.6077	1.7210	0.819	0.449	1.182	1035	118.5	1005.0	6.78	116.7	4.27	26.48	−100.00
−90.00	0.00286	1652.8	4.3948	121.53	310.59	0.6538	1.6861	0.824	0.465	1.176	990	121.4	819.0	7.18	112.0	4.67	24.90	−90.00
−80.00	0.00619	1626.3	2.1355	129.81	315.19	0.6978	1.6576	0.831	0.481	1.172	945	124.1	684.9	7.58	107.4	5.08	23.35	−80.00
−70.00	0.01228	1599.5	1.1286	138.17	319.87	0.7400	1.6344	0.840	0.497	1.168	902	126.7	584.0	7.97	103.0	5.50	21.81	−70.00
−60.00	0.02261	1572.3	0.63992	146.62	324.61	0.7806	1.6156	0.850	0.513	1.166	859	129.1	505.1	8.37	98.8	5.93	20.30	−60.00
−50.00	0.03911	1544.7	0.38494	155.18	329.39	0.8197	1.6004	0.861	0.530	1.165	816	131.2	441.8	8.76	94.7	6.38	18.81	−50.00
−40.00	0.06409	1516.5	0.24342	163.86	334.18	0.8577	1.5882	0.873	0.548	1.166	775	133.0	389.8	9.16	90.7	6.84	17.35	−40.00
−30.00	0.10026	1487.7	0.16057	172.67	338.94	0.8946	1.5784	0.886	0.566	1.169	733	134.5	346.2	9.55	86.9	7.32	15.91	−30.00
−29.75[b]	0.10133	1487.0	0.15900	172.89	339.06	0.8955	1.5782	0.887	0.567	1.169	732	134.5	345.2	9.56	86.8	7.33	15.88	−29.75
−28.00	0.10910	1481.9	0.14841	174.44	339.89	0.9019	1.5767	0.889	0.570	1.170	725	134.7	338.3	9.63	86.1	7.41	15.63	−28.00
−26.00	0.11854	1476.0	0.13736	176.23	340.83	0.9091	1.5751	0.892	0.574	1.171	717	135.0	330.6	9.71	85.3	7.51	15.35	−26.00
−24.00	0.12860	1470.1	0.12731	178.02	341.78	0.9163	1.5735	0.895	0.578	1.171	709	135.2	323.2	9.79	8.16	7.61	15.06	−24.00
−22.00	0.13931	1464.1	0.11815	179.81	342.72	0.9234	1.5720	0.898	0.582	1.172	701	135.4	316.0	9.87	83.8	7.71	14.78	−22.00
−20.00	0.15070	1458.1	0.10978	181.62	343.65	0.9305	1.5706	0.901	0.586	1.174	693	135.6	309.0	9.95	83.1	7.80	14.50	−20.00
−18.00	0.16279	1452.1	0.10213	183.42	344.59	0.9378	1.5693	0.904	0.590	1.175	684	135.8	302.2	10.03	82.4	7.90	14.23	−18.00
−16.00	0.17562	1446.1	0.09512	185.24	345.52	0.9447	1.5680	0.907	0.594	1.176	676	136.0	295.6	10.10	81.6	8.01	13.95	−16.00
−14.00	0.18920	1440.0	0.08870	187.06	346.44	0.9517	1.5667	0.910	0.598	1.178	668	136.1	289.2	10.18	80.9	8.11	13.67	−14.00
−12.00	0.20358	1433.8	0.08280	188.89	347.37	0.9587	1.5655	0.913	0.602	1.179	660	136.3	283.0	10.26	80.2	8.21	13.40	−12.00
−10.00	0.21878	1427.6	0.07737	190.72	348.29	0.9656	1.5644	0.917	0.607	1.181	652	136.4	276.9	10.34	79.4	8.31	13.12	−10.00
−8.00	0.23483	1421.4	0.07237	192.56	349.20	0.9726	1.5633	0.920	0.611	1.183	644	136.5	271.0	10.42	78.7	8.41	12.85	−8.00
−6.00	0.25176	1415.1	0.06777	194.41	350.11	0.9795	1.5623	0.923	0.616	1.184	636	136.6	265.2	10.50	78.0	8.52	12.58	−6.00
−4.00	0.26960	1408.8	0.06352	196.27	351.01	0.9863	1.5613	0.927	0.620	1.186	628	136.6	259.6	10.58	77.3	8.62	12.31	−4.00
−2.00	0.28839	1402.5	0.05959	198.13	351.91	0.9932	1.5603	0.930	0.625	1.189	620	136.7	254.1	10.66	76.6	8.73	12.04	−2.00

续表

温度/℃	压力/MPa	液体密度/(kg/m³)	蒸气比容/(m³/kg)	比焓/(kJ/kg)		比熵/[kJ/(kg·K)]		比热容 c_p/[kJ/(kg·K)]		蒸气 c_p/c_v	声速/(m/s)		黏度 μ/(Pa·s)		热导率/[mW/(m·K)]		表面张力/(mN/m)	温度/℃
				液体	蒸气	液体	蒸气	液体	蒸气		液体	蒸气	液体	蒸气	液体	蒸气		
0.00	0.30815	1396.1	0.05595	200.00	352.81	1.0000	1.5594	0.934	0.630	1.191	612	136.7	248.7	10.74	75.9	8.84	11.77	0.00
2.00	0.32891	1389.6	0.05258	201.88	353.69	1.0068	1.5586	0.938	0.635	1.193	604	136.7	243.5	10.82	75.1	8.95	11.51	2.00
4.00	0.35071	1383.1	0.04946	203.76	354.57	1.0136	1.5577	0.942	0.640	1.196	596	136.7	238.4	10.90	74.4	9.06	11.24	4.00
6.00	0.37358	1376.5	0.04656	205.65	355.45	1.0203	1.5569	0.946	0.645	1.199	588	136.7	233.4	10.98	73.7	9.17	10.98	6.00
8.00	0.39756	1369.9	0.04386	207.56	356.32	1.0270	1.5561	0.950	0.650	1.202	580	136.6	228.6	11.07	73.0	9.28	10.71	8.00
10.00	0.42267	1363.2	0.04135	209.46	357.18	1.0337	1.5554	0.954	0.656	1.205	572	136.5	223.8	11.15	72.3	9.39	10.45	10.00
12.00	0.44895	1356.5	0.03901	211.38	358.03	1.0404	1.5547	0.958	0.661	1.208	564	136.5	219.1	11.323	71.6	9.51	10.19	12.00
14.00	0.47643	1349.7	0.03683	213.31	358.88	1.0471	1.5540	0.962	0.667	1.211	556	136.3	214.6	11.31	70.9	9.62	9.94	14.00
16.00	0.50514	1342.8	0.03480	215.24	359.71	1.0537	1.5533	0.967	0.672	1.215	548	136.2	210.1	11.40	70.2	9.74	9.68	16.00
18.00	0.53513	1335.9	0.03290	217.18	360.54	1.0603	1.5527	0.971	0.678	1.219	540	136.1	205.7	11.48	69.6	9.86	9.42	18.00
20.00	0.56642	1328.9	0.03112	219.14	361.36	1.0669	1.5521	0.976	0.685	1.223	532	135.9	201.4	11.57	68.9	9.98	9.17	20.00
22.00	0.59905	1321.8	0.02946	221.10	362.17	1.0735	1.5515	0.981	0.691	1.228	524	135.7	197.2	11.65	68.2	10.10	8.92	22.00
24.00	0.63305	1314.6	0.02790	223.07	362.97	1.0801	1.5509	0.986	0.697	1.232	516	135.5	193.1	11.74	67.5	10.23	8.67	24.00
26.00	0.66846	1307.4	0.02643	225.05	363.76	1.0866	1.5503	0.991	0.704	1.237	508	135.2	189.0	11.83	66.8	10.36	8.42	26.00
28.00	0.70531	1300.1	0.02506	227.04	364.54	1.0932	1.5498	0.997	0.711	1.242	499	134.9	185.0	11.92	66.1	10.49	8.17	28.00
30.00	0.74365	1292.7	0.02377	229.04	365.31	1.0997	1.5492	1.002	0.718	1.248	491	134.7	181.1	12.01	65.4	10.62	7.92	30.00
32.00	0.78350	1285.2	0.02256	231.06	366.07	1.1062	1.5487	1.008	0.726	1.254	483	134.3	177.3	12.10	64.8	10.75	7.68	32.00
34.00	0.82491	1277.6	0.02142	233.08	366.81	1.1127	1.5481	1.014	0.734	1.260	475	134.0	173.5	12.19	64.1	10.89	7.43	34.00
36.00	0.86791	1269.9	0.02034	235.12	367.54	1.1192	1.5476	1.020	0.742	1.267	467	133.6	169.8	12.28	63.4	11.03	7.19	36.00
38.00	0.91253	1262.2	0.01933	237.16	368.26	1.1257	1.5470	1.026	0.750	1.274	459	133.2	166.1	12.38	62.7	11.18	6.95	38.00
40.00	0.95882	1254.3	0.01838	239.22	368.96	1.1322	1.5465	1.033	0.759	1.282	450	132.8	162.5	12.48	62.1	11.33	6.72	40.00
42.00	1.00680	1246.3	0.01748	241.29	369.65	1.1387	1.5459	1.040	0.768	1.290	442	132.4	159.0	12.57	61.4	11.48	6.48	42.00
44.00	1.05660	1238.1	0.01662	243.38	370.33	1.1451	1.5454	1.048	0.778	1.299	434	131.9	155.5	12.67	60.7	11.63	6.25	44.00

续表

温度/℃	压力/MPa	液体密度/(kg/m³)	蒸气比容/(m³/kg)	比焓/(kJ/kg)		比熵/[kJ/(kg·K)]		比热容 c_p/[kJ/(kg·K)]		蒸气 c_p/c_v	声速/(m/s)		黏度 μ/(Pa·s)		热导率/[mW/(m·K)]		表面张力/(mN/m)	温度/℃
				液体	蒸气	液体	蒸气	液体	蒸气		液体	蒸气	液体	蒸气	液体	蒸气		
46.00	1.10810	1229.9	0.01582	245.47	370.98	1.1516	1.5448	1.055	0.788	1.308	426	131.4	152.0	12.78	60.0	11.79	6.01	46.00
48.00	1.16140	1221.5	0.01505	247.59	371.62	1.1580	1.5443	1.063	0.798	1.318	417	130.9	148.6	12.88	59.4	11.96	5.78	48.00
50.00	1.21660	1213.0	0.01433	249.71	372.24	1.1645	1.5437	1.072	0.810	1.329	409	130.3	145.3	12.99	58.7	12.13	5.55	50.00
52.00	1.27370	1204.4	0.01365	251.85	372.85	1.1710	1.5431	1.081	0.821	1.340	400	129.7	141.9	13.10	58.0	12.31	5.33	52.00
54.00	1.33270	1195.6	0.01300	254.01	373.43	1.1774	1.5425	1.090	0.834	1.353	392	129.1	138.7	13.21	57.3	12.49	5.10	54.00
56.00	1.39380	1186.6	0.01238	256.18	373.99	1.1839	1.5418	1.100	0.847	1.366	383	128.4	135.4	13.33	56.7	12.68	4.88	56.00
58.00	1.45680	1177.5	0.01180	258.38	374.53	1.1904	1.5411	1.111	0.861	1.381	375	127.7	132.2	13.45	56.0	12.87	4.66	58.00
60.00	1.52190	1168.1	0.01124	260.58	375.05	1.1969	1.5404	1.122	0.876	1.397	366	127.0	129.1	13.57	55.3	13.08	4.44	60.00
62.00	1.58920	1158.6	0.01071	262.81	375.54	1.2033	1.5397	1.135	0.892	1.414	357	126.3	125.9	13.70	54.7	13.29	4.23	62.00
64.00	1.65860	1148.9	0.01021	265.06	376.00	1.2099	1.5389	1.148	0.910	1.433	348	125.5	122.8	13.83	54.0	13.51	4.01	64.00
66.00	1.73020	1139.0	0.00973	267.33	376.44	1.2164	1.5381	1.162	0.929	1.453	339	124.6	119.7	13.96	53.3	13.75	3.80	66.00
68.00	1.80410	1128.8	0.00927	269.62	376.84	1.2229	1.5372	1.177	0.949	1.476	330	123.8	116.7	14.11	52.6	13.99	3.59	68.00
70.00	1.88020	1118.3	0.00883	271.94	377.22	1.2295	1.5363	1.193	0.971	1.501	321	122.9	113.6	14.26	52.0	14.25	3.39	70.00
75.00	2.08110	1090.9	0.00782	277.84	377.99	1.2461	1.5337	1.241	1.037	1.576	298	120.4	106.1	14.66	50.3	14.96	2.88	75.00
80.00	2.29750	1061.4	0.00691	283.94	378.48	1.2629	1.5306	1.302	1.122	1.677	274	117.7	98.6	15.11	48.7	15.80	2.40	80.00
85.00	2.53040	1029.1	0.00608	290.27	378.64	1.2801	1.5268	1.384	1.239	1.817	249	114.7	91.1	15.65	47.2	16.82	1.93	85.00
90.00	2.78080	993.2	0.00533	296.91	378.35	1.2978	1.5220	1.501	1.410	2.026	224	111.4	83.4	16.29	45.9	18.11	1.49	90.00
95.00	3.05010	952.2	0.00463	303.95	377.45	1.3163	1.5195	1.679	1.683	2.362	197	107.8	75.6	17.11	45.1	19.81	1.07	95.00
100.00	3.33990	903.8	0.00396	311.58	375.60	1.3360	1.5076	1.996	2.192	2.990	169	103.7	67.3	18.20	45.7	22.27	0.69	100.00
105.00	3.65250	842.2	0.00330	320.24	372.08	1.3581	1.4952	2.754	3.458	4.544	139	99.3	58.1	19.87	51.7	26.34	0.35	105.00
110.00	3.99240	742.7	0.00252	331.82	363.95	1.3874	1.4712	7.81	11.440	14.140	105	94.0	46.3	23.46	113.7	39.46	0.07	110.00
111.97[c]	4.13610	565.0	0.00177	347.76	347.76	1.4283	1.4283	∞	∞	∞	0	0.0	—	—	∞	∞	0.00	111.97

温度按 ITS－90 分度　　　　正常沸点　　　　临界点

附表 2 R-22 制冷剂在饱和状态下的热力特性表

温度/℃	压力/MPa	液体密度/(kg/m³)	蒸气比容/(m³/kg)	比焓/(kJ/kg)		比熵/[kJ/(kg·K)]		比热容 c_p/[kJ/(kg·K)]		蒸气 c_p/c_v	声速/(m/s)		黏度 μ/(Pa·s)		热导率/[mW/(m·K)]		表面张力/(mN/m)	温度/℃
				液体	蒸气	液体	蒸气	液体	蒸气		液体	蒸气	液体	蒸气	液体	蒸气		
−100.00	0.00201	1571.33	8.26600	90.71	358.97	0.5050	2.0543	1.061	0.497	1.243	1127	143.6	845.8	7.25	143.1	4.46	28.12	−100.00
−90.00	0.00481	1544.9	3.64480	101.32	363.85	0.5646	1.9980	1.061	0.512	1.237	1080	147.0	699.4	7.67	137.8	4.84	26.36	−90.00
−80.00	0.01037	1518.2	1.77820	111.94	368.77	0.6210	1.9508	1.062	0.528	1.233	1033	150.3	591.0	8.09	132.6	5.25	24.63	−80.00
−70.00	0.02047	1491.2	0.94342	122.58	373.70	0.6747	1.9108	1.065	0.545	1.231	986	153.3	507.6	8.52	127.6	5.68	22.92	−70.00
−60.00	0.03750	1463.7	0.53680	133.27	378.59	0.7260	1.8770	1.071	0.564	1.230	940	156.0	441.4	8.94	122.6	6.12	21.24	−60.00
−50.00	0.06453	1435.6	0.32385	144.03	383.42	0.7752	1.848	1.079	0.585	1.232	893	158.3	387.5	9.36	117.8	6.59	19.58	−50.00
−48.00	0.07145	1429.9	0.29453	146.19	384.37	0.7849	1.8428	1.081	0.589	1.233	884	158.7	377.8	9.45	116.9	6.69	12.25	−48.00
−46.00	0.07894	1424.2	0.26837	148.36	385.32	0.7944	1.8376	1.083	0.594	1.234	875	159.1	368.6	9.53	115.9	6.79	18.92	−46.00
−44.00	0.08705	1418.4	0.24498	150.53	386.26	0.8039	1.8327	1.086	0.599	1.235	865	159.5	359.6	9.62	115.0	6.89	18.59	−44.00
−42.00	0.09580	1412.6	0.22402	152.70	387.20	0.8134	1.8278	1.088	0.603	1.236	856	159.9	351.0	9.70	114.0	6.99	18.27	−42.00
−40.81[b]	0.10132	1409.2	0.21260	154.00	387.75	0.8189	1.8250	1.090	0.606	1.236	851	160.1	346.0	9.75	113.5	7.05	18.08	−40.81
−40.00	0.10523	1406.8	0.20521	154.89	388.13	0.8227	1.8231	1.091	0.608	1.237	847	160.3	342.6	9.79	113.1	7.09	17.94	−40.00
−38.00	0.11538	1401.0	0.18829	157.07	389.06	0.8320	1.8186	1.093	0.613	1.238	838	160.6	334.5	9.87	112.2	7.19	17.62	−38.00
−36.00	0.12628	1395.1	0.17304	159.27	389.97	0.8413	1.8141	1.096	0.619	1.239	828	160.9	326.7	9.96	111.2	7.29	7.30	−36.00
−34.00	0.13797	1389.1	0.15927	161.47	390.89	0.8505	1.8098	1.099	0.624	1.241	819	161.2	319.1	10.04	110.3	7.40	16.98	−34.00
−32.00	0.15050	1383.2	0.14682	163.67	391.79	0.8596	1.8056	1.102	0.629	1.242	810	161.5	311.7	10.12	109.4	7.51	16.66	−32.00
−30.00	0.16389	1377.2	0.13553	165.88	392.69	0.8687	1.8015	1.105	0.635	1.244	800	161.8	304.6	10.21	108.5	7.61	16.34	−30.00
−28.00	0.17819	1371.1	0.12528	168.10	393.58	0.8778	1.7975	1.108	0.641	1.246	791	162.0	297.7	10.29	107.5	7.72	16.02	−28.00
−26.00	0.19344	1365.0	0.11597	170.33	394.47	0.8868	1.7937	1.112	0.646	1.248	782	162.3	291.0	10.38	106.6	7.83	15.70	−26.00
−24.00	0.20968	1358.9	0.10749	172.56	395.34	0.8957	1.7899	1.115	0.653	1.250	772	162.5	284.4	10.46	105.7	7.94	15.39	−24.00
−22.00	0.22696	1352.7	0.09975	174.80	396.21	0.9046	1.7862	1.119	0.659	1.253	763	162.7	278.1	10.55	104.8	8.06	15.07	−22.00
−20.00	0.24531	1346.5	0.09268	177.04	397.06	0.9135	1.7826	1.23	0.665	1.255	754	162.8	271.9	10.63	103.9	8.17	14.76	−20.00
−18.00	0.26479	1340.3	0.08621	179.30	397.91	0.9223	1.7791	1.127	0.672	1.258	744	163.0	265.9	10.72	103.0	8.29	14.45	−18.00

续表

温度/℃	压力/MPa	液体密度/(kg/m³)	蒸气比容/(m³/kg)	比焓/(kJ/kg)		比熵/[kJ/(kg·K)]		比热容 c_p/[kJ/(kg·K)]		蒸气 c_p/c_v	声速/(m/s)		黏度 μ/(Pa·s)		热导率/[mW/(m·K)]		表面张力/(mN/m)	温度/℃
				液体	蒸气	液体	蒸气	液体	蒸气		液体	蒸气	液体	蒸气	液体	蒸气		
−16.00	0.28543	1334.0	0.08029	181.56	398.75	0.9311	1.7757	1.131	0.678	1.261	735	163.1	260.1	10.80	102.1	8.40	14.14	−16.00
−14.00	0.30728	1327.6	0.07485	183.83	399.57	0.9398	1.7723	1.135	0.685	1.264	726	163.2	254.4	10.89	101.1	8.52	13.83	−14.00
−12.00	0.33038	1321.2	0.06986	183.11	400.39	0.9485	1.7690	1.139	0.692	1.267	716	163.3	248.8	10.98	100.2	8.65	13.52	−12.00
−10.00	0.35479	1314.7	0.06527	188.40	401.20	0.9572	1.7658	1.144	0.699	1.278	707	163.3	243.4	11.06	99.3	8.77	13.21	−10.00
−8.00	0.38054	1308.2	0.06103	190.70	401.99	0.9658	1.7627	1.149	0.707	1.274	697	163.4	238.1	11.15	98.4	8.89	12.91	−8.00
−6.00	0.40769	1301.6	0.05713	193.01	402.77	0.9744	1.7596	1.154	0.715	1.278	688	163.4	233.0	11.24	97.5	9.02	12.60	−6.00
−4.00	0.43628	1295.0	0.05352	195.33	403.55	0.9830	1.7566	1.159	0.722	1.282	679	163.4	227.9	11.32	96.6	9.15	12.30	−4.00
−2.00	0.46636	1288.3	0.05019	197.66	404.30	0.9915	1.7536	1.164	0.731	1.287	669	163.4	223.0	11.41	95.7	9.28	12.00	−2.00
0.00	0.49799	1281.5	0.04710	200.00	405.05	1.0000	1.7507	1.169	0.739	1.291	660	163.3	218.2	11.50	94.8	9.42	11.70	0.00
2.00	0.53120	1274.7	0.04424	202.35	405.78	1.0085	1.7478	1.175	0.748	1.296	650	163.2	213.5	11.59	93.9	9.56	11.40	2.00
4.00	0.56605	1267.8	0.04159	204.71	406.50	1.0169	1.7450	1.181	0.757	1.301	641	163.1	208.9	11.68	93.1	9.70	11.10	4.00
6.00	0.60259	1260.8	0.03912	207.09	407.20	1.0254	1.7422	1.187	0.766	1.307	632	163.0	204.4	11.77	92.2	9.84	10.81	6.00
8.00	0.64088	1253.8	0.03683	209.47	407.89	1.0338	1.7395	1.193	0.775	1.313	622	162.8	200.0	11.86	91.3	9.99	10.51	8.00
10.00	0.68095	1246.7	0.03470	211.87	408.56	1.422	1.7368	1.199	0.785	1.319	613	162.6	195.7	11.96	90.4	10.14	10.22	10.00
12.00	0.72286	1239.5	0.03271	214.28	409.21	1.0505	1.7341	1.206	0.795	1.326	603	162.4	191.5	12.05	89.5	10.29	9.93	12.00
14.00	0.76668	1232.2	0.03086	216.70	409.85	1.0589	1.7315	1.213	0.806	1.333	594	162.2	187.3	12.14	88.6	10.45	9.64	14.00
16.00	0.81244	1224.9	0.02912	219.14	410.47	1.0672	1.7289	1.220	0.817	1.340	584	161.9	183.2	12.24	87.7	10.61	9.35	16.00
18.00	0.86020	1217.4	0.02750	221.59	411.07	1.0755	1.7263	1.228	0.828	1.348	575	161.6	179.2	12.33	86.8	10.77	9.06	18.00
20.00	0.91002	1209.9	0.02599	224.06	411.66	1.0838	1.7238	1.236	0.840	1.357	565	161.3	175.3	12.43	85.9	10.95	8.78	20.00
22.00	0.96195	1202.3	0.02457	226.54	412.22	1.0921	1.7212	1.244	0.853	1.366	555	161.0	171.5	12.53	85.0	11.12	8.50	22.00
24.00	1.01600	1194.6	0.02324	229.04	412.77	1.1004	1.7187	1.252	0.866	1.375	546	160.6	167.7	12.63	84.1	11.30	8.22	24.00
26.00	1.07240	1186.7	0.02199	231.55	413.29	1.1086	1.7162	1.261	0.879	1.385	536	160.2	163.9	12.74	83.2	11.49	7.94	26.00
28.00	1.13090	1178.8	0.02082	234.08	413.79	1.1169	1.7136	1.271	0.893	1.396	527	159.7	160.3	12.84	82.3	11.69	7.66	28.00

续表

温度 /℃	压力 /MPa	液体密度 /(kg/m³)	蒸气比容 /(m³/kg)	比焓/(kJ/kg)		比熵 /[kJ/(kg·K)]		比热容 c_p /[kJ/(kg·K)]		蒸气 c_p/c_v	声速/(m/s)		黏度 μ/(Pa·s)		热导率 /[mW/(m·K)]		表面张力 /(mN/m)	温度 /℃
				液体	蒸气	液体	蒸气	液体	蒸气		液体	蒸气	液体	蒸气	液体	蒸气		
30.00	1.19190	1170.7	0.01972	236.62	414.26	1.1252	1.7111	1.281	0.908	1.408	517	159.2	156.7	12.95	81.4	11.89	7.38	30.00
32.00	1.25520	1162.6	0.01869	239.19	414.71	1.1334	1.7086	1.291	0.924	1.420	507	158.7	153.1	13.06	80.5	12.10	7.11	32.00
34.00	1.32100	1154.3	0.01771	241.777	415.14	1.1417	1.7061	1.302	0.940	1.434	497	158.2	149.6	13.17	79.6	12.31	6.84	34.00
36.00	1.38920	1145.8	0.01679	244.38	415.54	1.1499	1.7036	1.314	0.957	1.448	487	157.6	146.1	13.28	78.7	2.54	6.57	36.00
38.00	1.46010	1137.3	0.01593	247.00	415.91	1.1582	1.7010	1.326	0.976	1.463	478	157.0	142.7	13.40	77.8	12.77	6.30	38.00
40.00	1.53360	1128.5	0.01511	249.65	416.25	1.1665	1.6985	1.339	0.995	1.480	468	156.4	139.4	13.52	76.9	13.02	6.04	40.00
42.00	1.60980	1119.6	0.01433	252.32	416.55	1.1747	1.6959	1.353	1.015	1.498	458	155.7	136.1	13.64	76.0	13.28	5.77	42.00
44.00	1.68870	1110.6	0.01360	255.01	416.83	1.1830	1.6933	1.368	1.037	1.517	448	155.0	132.8	13.77	75.1	13.55	5.51	44.00
46.00	1.77040	1101.4	0.01291	257.73	417.07	1.1913	1.6906	1.384	1.061	1.538	437	154.2	129.5	13.90	74.1	13.83	5.25	46.00
48.00	1.85510	1091.9	0.01226	260.47	417.27	1.1997	1.6879	1.401	1.086	1.561	427	153.4	126.3	14.04	73.2	14.13	5.00	48.00
50.00	1.94270	1082.3	0.01163	263.25	417.44	1.2080	1.6852	1.419	1.113	1.586	417	152.6	123.1	14.18	72.3	14.45	4.74	50.00
52.00	2.03330	1072.4	0.01104	266.05	417.56	1.2164	1.6824	1.439	1.142	1.614	407	151.7	120.0	14.32	71.4	14.78	4.49	52.00
54.00	2.12700	1062.3	0.01048	268.89	417.63	1.2248	1.6795	1.461	1.173	1.644	396	150.8	116.9	14.47	70.4	15.14	4.24	54.00
56.00	2.22390	1052.0	0.00995	271.76	417.66	1.2333	1.6766	1.485	1.208	1.677	386	149.8	113.8	14.63	69.5	15.52	4.00	56.00
58.00	2.32400	1041.3	0.00944	274.66	417.63	1.2418	1.6736	1.511	1.246	1.714	375	148.8	110.7	14.80	68.6	15.92	3.75	58.00
60.00	2.42750	1030.4	0.00896	277.61	417.55	1.2504	1.6705	1.539	1.287	1.755	364	147.7	107.6	14.98	67.6	16.36	3.51	60.00
65.00	2.70120	1001.4	0.00785	285.18	417.06	1.2722	1.6622	1.626	1.413	1.881	337	144.9	100.0	15.46	65.3	17.61	2.92	65.00
70.00	2.99740	969.7	0.00685	293.10	416.09	1.2945	1.6529	1.743	1.584	2.056	309	141.7	92.4	16.02	62.9	19.16	2.36	70.00
75.00	3.31770	934.4	0.00595	301.46	414.49	1.3177	1.6424	1.913	1.832	2.315	280	138.1	84.6	16.70	60.6	21.16	1.82	75.00
80.00	3.66380	893.7	0.00512	310.44	412.01	1.3423	1.6299	2.181	2.231	2.735	249	134.2	76.6	17.55	58.6	23.87	1.30	80.00
85.00	4.03780	844.8	0.00434	320.38	408.19	1.3690	1.6142	2.682	2.984	3.532	215	129.7	68.1	18.71	57.4	27.82	0.83	85.00
90.00	4.44230	780.1	0.00356	332.09	401.87	1.4001	1.5922	3.981	4.975	5.626	177	124.6	58.3	20.48	59.3	34.55	0.40	90.00
95.00	4.88240	662.9	0.00262	349.56	387.28	1.4462	1.5486	17.31	25.29	26.43	128	118.0	44.4	24.76	83.5	59.15	0.05	95.00
96.15[c]	4.99000	523.8	0.00191	366.90	366.90	1.4927	1.4927	∞	∞	∞	0	0.0	—	—	∞	∞	0.00	96.15

温度按 ITS-90 分度　　正常沸点　　临界点

附表 3

R-32 制冷剂在饱和状态下的热力特性表

温度/℃	压力/MPa	液体密度/(kg/m³)	蒸气比容/(m³/kg)	比焓/(kJ/kg)		比熵/[kJ/(kg·K)]		比热容 c_p/[kJ/(kg·K)]		蒸气 c_p/c_v	声速/(m/s)		黏度 μ/(Pa·s)		热导率/[mW/(m·K)]		表面张力/(mN/m)	温度/℃
				液体	蒸气	液体	蒸气	液体	蒸气		液体	蒸气	液体	蒸气	液体	蒸气		
−136.81[a]	0.00005	1429.3	453.850	−19.07	444.31	−0.1050	3.2937	1.592	0.660	1.321	1414	169.6	1226.0	5.70	242.9	6.95	39.01	−136.81
−130	0.00013	1412.7	174.360	−8.26	448.77	−0.0276	3.1651	1.583	0.665	1.318	1378	173.6	1023.0	5.97	240.6	6.97	37.47	−130
−120	0.00048	1388.4	51.1840	7.52	455.33	0.0790	3.0030	1.573	0.674	1.315	1326	179.2	811.8	6.39	236.1	7.02	35.23	−120
−110	0.00145	1363.8	17.9070	23.20	461.86	0.1782	2.8668	1.565	0.686	1.312	1273	184.5	664.6	6.80	230.6	7.12	33.02	−110
−100	0.00381	1339.0	7.22200	38.83	468.31	0.2711	2.7515	1.560	0.703	1.310	1221	189.5	556.1	7.22	224.3	7.27	30.83	−100
−90	0.00887	1313.9	3.27210	54.42	474.61	0.3586	2.6529	1.559	0.725	1.310	1169	194.1	472.6	7.64	217.4	7.45	28.68	−90
−80	0.01865	1288.4	1.63160	70.02	480.72	0.4415	2.5679	1.561	0.754	1.311	1118	198.3	406.4	8.06	210.0	7.68	26.56	−80
−70	0.03607	1262.4	0.88072	85.66	486.57	0.5204	2.4939	1.566	0.790	1.314	1066	202.0	352.7	8.48	202.2	7.96	24.48	−70
−60	0.06496	1235.7	0.50786	101.38	492.11	0.5958	2.4289	1.576	0.833	1.320	1014	205.1	308.2	8.91	194.2	8.28	22.42	−60
−51.65[b]	0.10133	1212.9	0.33468	114.59	496.45	0.6565	2.3805	1.587	0.875	1.328	971	207.4	276.7	9.26	187.4	8.60	20.74	−51.65
−50	0.11014	1208.4	0.30944	117.22	497.27	0.6683	2.3714	1.589	0.883	1.329	962	207.7	271.0	9.33	186.0	8.66	20.41	−50
−40	0.17741	1180.2	0.19743	133.23	502.02	0.7382	2.3200	1.608	0.940	1.343	910	209.7	239.4	9.75	177.8	9.10	18.44	−40
−38	0.19409	1174.4	0.18134	136.45	502.91	0.7519	2.3103	1.612	0.952	1.347	900	210.1	233.6	9.84	176.1	9.19	18.05	−38
−36.00	0.21197	1168.6	0.16680	139.69	503.78	0.7655	2.3008	1.616	0.965	1.350	889	210.4	228.1	9.92	174.5	9.29	17.66	−36
−34	0.23111	1162.8	0.15365	142.93	504.63	0.7791	2.2916	1.621	0.977	1.354	879	210.6	222.6	10.01	172.8	9.39	17.27	−34
−32	0.25159	1156.9	0.14173	146.18	505.47	0.7926	2.2824	1.626	0.990	1.358	868	210.9	217.4	10.09	171.2	9.50	16.89	−32
−30	0.27344	1151.0	0.13091	149.45	506.27	0.8060	2.2735	1.631	1.004	1.363	858	211.1	212.3	10.18	169.5	9.60	16.50	−30
−28	0.29675	1145.0	0.12107	152.72	507.06	0.8193	2.2647	1.637	1.017	1.367	847	211.3	207.4	10.26	167.9	9.71	16.12	−28
−26	0.32157	1138.9	0.11211	156.01	507.83	0.8326	2.2561	1.642	1.031	1.372	837	211.4	202.6	10.35	166.3	9.83	15.74	−26
−24	0.34796	1132.9	0.10393	159.31	508.57	0.8458	2.2476	1.648	1.045	1.377	826	211.5	197.9	10.43	164.6	9.84	15.36	−24
−22	0.37600	1126.7	0.09646	162.62	509.28	0.8589	2.2392	1.654	1.060	1.383	816	211.6	193.3	10.52	163.0	10.07	14.99	−22
−20	0.40575	1120.6	0.08963	165.94	509.97	0.8720	2.2310	1.661	1.075	1.389	805	211.7	188.9	10.61	161.3	10.19	14.61	−20
−18	0.43728	1114.3	0.0837	169.28	510.64	0.8850	2.2229	1.668	1.090	1.395	794	211.7	184.6	10.70	159.7	10.32	14.24	−18

续表

温度/℃	压力/MPa	液体密度/(kg/m³)	蒸气比容/(m³/kg)	比焓/(kJ/kg)		比熵/[kJ/(kg·K)]		比热容 c_p/[kJ/(kg·K)]		蒸气 c_p/c_v	声速/(m/s)		黏度 μ/(Pa·s)		热导率/[mW/(m·K)]		表面张力/(mN/m)	温度/℃
				液体	蒸气	液体	蒸气	液体	蒸气		液体	蒸气	液体	蒸气	液体	蒸气		
−16	0.47067	1108.0	0.07762	172.63	511.28	0.8979	2.2149	1.675	1.106	1.401	784	211.7	180.5	10.78	157.1	10.46	13.87	−16
−14	0.50597	1101.7	0.07234	175.99	511.89	0.9109	2.2070	1.682	1.122	1.408	773	211.7	176.4	10.87	156.5	10.60	13.50	−14
−12	0.54327	1095.2	0.06749	179.37	512.47	0.9237	2.1992	1.690	1.139	1.416	762	211.6	172.4	10.96	154.9	10.74	13.14	−12
−10	0.58263	1088.8	0.05301	182.76	513.02	0.9365	2.1915	1.698	1.156	1.423	751	211.5	168.5	11.05	153.2	10.89	12.77	−10
−8	0.62414	1082.2	0.05889	186.18	513.54	0.9493	2.1839	1.706	1.174	1.432	741	211.4	164.8	11.14	151.6	11.04	12.41	−8
−6	0.66786	1075.6	0.05508	189.60	514.03	0.9620	2.1764	1.715	1.195	1.440	730	211.2	161.1	11.23	150.0	11.21	12.05	−6
−4	0.71388	1068.9	0.05155	193.05	514.49	0.9747	2.1690	1.725	1.211	1.450	719	211.0	157.5	11.32	148.4	11.38	11.69	−4
−2	0.76226	1062.1	0.04829	196.52	514.91	0.9874	2.1616	1.785	1.231	1.460	708	210.8	154.0	11.42	146.8	11.55	11.34	−2
0	0.81310	1055.3	0.04527	200.00	515.30	1.0000	2.1543	1.745	1.251	1.470	697	210.5	150.6	11.51	145.3	11.73	10.99	0
2	0.86647	1048.3	0.04246	203.50	515.65	1.0126	2.1471	1.756	1.272	1.481	686	210.2	147.3	11.61	148.7	11.93	10.63	2
4	0.92245	1041.3	0.03986	207.03	515.96	1.0252	2.1399	1.767	1.294	1.493	675	209.8	144.0	11.70	142.1	12.13	10.29	4
6	0.98113	1034.2	0.03743	210.58	516.24	1.0377	2.1327	1.779	1.317	1.506	664	209.4	140.8	11.80	110.5	12.34	9.94	6
8	1.04260	1027.0	0.03518	214.15	516.47	1.0503	2.1256	1.792	1.341	1.519	652	209.0	137.7	11.90	139.0	12.56	9.60	8
10	1.10690	1019.7	0.03308	217.74	516.66	1.0628	2.1185	1.806	1.367	1.534	641	208.5	134.6	12.00	137.4	12.79	9.25	10
12	1.17420	1012.2	0.03112	221.36	516.80	1.0753	2.1114	1.820	1.393	1.549	630	208.0	131.6	12.10	135.9	13.04	8.91	12
14	1.24450	1004.7	0.02929	225.01	516.90	1.0878	2.1043	1.835	1.421	1.565	618	207.5	128.7	12.48	134.3	13.29	8.58	14
16	1.31790	997.1	0.02758	228.68	516.95	1.1003	2.0972	1.851	1.450	1.583	607	206.9	125.8	12.60	132.8	13.56	8.24	16
18	1.39460	989.3	0.02598	232.39	516.95	1.1128	2.0902	1.868	1.481	1.602	595	206.3	123.0	12.73	131.2	13.85	7.91	18
20	1.47460	981.4	0.02448	236.12	516.90	1.1253	2.0831	1.886	1.514	1.622	584	205.6	120.3	12.86	129.7	14.16	7.59	20
22	1.55790	973.3	0.02307	239.89	516.79	1.1378	2.0760	1.905	1.548	1.644	572	204.9	117.5	13.00	128.2	14.48	7.26	22
24	1.64480	965.2	0.02175	243.69	516.62	1.1503	2.0688	1.926	1.585	1.668	560	204.1	114.9	13.14	126.6	14.83	6.94	24
26	1.73530	956.8	0.02051	247.53	516.39	1.1629	2.0616	1.948	1.624	1.693	548	203.3	112.2	13.28	125.1	15.19	6.62	26
28	1.82950	948.3	0.01935	251.40	516.09	1.1755	2.0544	1.972	1.667	1.721	536	202.4	109.7	13.43	123.6	15.59	6.30	28

续表

温度/℃	压力/MPa	液体密度/(kg/m³)	蒸气比容/(m³/kg)	比焓/(kJ/kg)		比熵/[kJ/(kg·K)]		比热容 c_p/[kJ/(kg·K)]		蒸气 c_p/c_v	声速/(m/s)		黏度 μ/(Pa·s)		热导率/[mW/(m·K)]		表面张力/(mN/m)	温度/℃
				液体	蒸气	液体	蒸气	液体	蒸气		液体	蒸气	液体	蒸气	液体	蒸气		
30	1.92750	939.6	0.01826	255.32	515.72	1.1881	2.0471	1.997	1.712	1.750	524	201.5	107.1	13.58	122.1	16.01	5.99	30
32	2.02940	930.7	0.01722	259.28	515.29	1.2007	2.0397	2.025	1.760	1.783	512	200.6	104.6	13.74	120.6	16.46	5.68	32
34	2.13530	921.7	0.01625	263.28	514.77	1.2134	2.0322	2.055	1.813	1.819	499	199.6	102.1	13.90	119.1	16.95	5.37	34
36	2.24540	912.4	0.01533	267.34	514.17	1.2262	2.0246	2.088	1.870	1.858	487	198.5	99.7	14.07	117.6	17.47	5.07	36
38	2.35970	902.8	0.01447	271.45	513.49	1.2391	2.0169	2.124	1.933	1.901	474	197.4	97.3	14.25	116.1	18.04	4.77	38
40	2.47830	893.0	0.01365	275.61	512.71	1.2520	2.0091	2.163	2.001	1.948	461	196.2	94.9	14.44	114.6	18.65	4.47	40
42	2.60140	883.0	0.01287	279.84	511.82	1.2650	2.0011	2.206	2.077	2.001	448	194.9	92.5	14.64	113.1	19.32	4.18	42
44	2.72920	872.6	0.01214	284.13	510.83	1.2781	1.9929	2.255	2.160	2.060	435	193.6	90.2	14.84	111.6	20.05	3.89	44
46	2.86160	861.9	0.01144	288.50	509.72	1.2914	1.9845	2.309	2.254	2.126	421	192.3	87.8	15.06	110.1	20.85	3.61	46
48	2.99890	850.8	0.01078	292.95	508.48	1.3048	1.9759	2.369	2.358	2.201	408	190.8	85.5	15.29	108.6	21.73	3.33	48
50	3.14120	839.3	0.01015	297.49	507.10	1.3183	1.9670	2.439	2.477	2.287	394	189.3	83.2	15.54	107.0	22.69	3.06	50
52	3.28870	827.3	0.00955	302.12	505.57	1.3321	1.9578	2.518	2.613	2.385	379	187.7	80.8	15.80	105.5	23.77	2.79	52
54	3.44150	814.8	0.00897	306.87	503.86	1.3461	1.9482	2.609	2.771	2.499	365	186.0	78.5	16.09	104.0	24.97	2.52	54
56	3.59970	801.7	0.00843	311.74	501.95	1.3603	1.9382	2.717	2.956	2.633	350	184.3	76.1	16.39	102.5	26.31	2.26	56
58	3.76350	787.9	0.00790	316.75	499.82	1.3749	1.9277	2.845	3.175	2.793	335	182.4	73.8	16.73	100.9	27.83	2.01	58
60	3.93320	773.3	0.00740	321.93	497.44	1.3898	14.9166	3.001	3.441	2.987	320	180.4	71.4	17.09	99.4	29.55	1.76	60
62	4.10890	757.8	0.00691	327.30	494.76	1.4052	1.9048	3.193	3.771	3.228	304	178.3	68.9	17.49	97.8	31.54	1.52	62
64	4.29090	741.1	0.00644	332.90	491.73	1.4211	1.8922	3.438	4.190	3.535	288	176.1	66.4	17.95	96.3	33.85	1.29	64
66	4.47930	723.0	0.00598	338.78	488.26	1.4377	1.8785	3.761	4.743	3.938	271	173.7	63.8	18.46	94.8	36.59	1.06	66
68	4.67450	703.2	0.00553	345.02	484.25	1.4553	1.8634	4.207	5.508	4.495	254	171.2	61.1	19.06	93.3	39.90	0.85	68
70	4.87680	680.9	0.00508	351.73	479.52	1.4740	1.8464	4.865	6.639	5.316	236	168.4	58.2	19.76	92.0	44.04	0.64	70
75	5.41680	605.9	0.00391	372.39	461.72	1.5314	1.7880	10.130	15.600	11.720	186	159.6	49.5	22.46	91.5	62.91	0.19	75
78.11c	5.78200	424.0	0.00236	414.15	414.15	1.6486	1.6486	∞	∞	∞	0	0.0	—	—	∞	∞	0.00	78.11

温度按 ITS-90 分度　　正常沸点　　临界点

附表 4 **R-123 制冷剂在饱和状态下的热力特性表**

温度/℃	压力/MPa	液体密度/(kg/m³)	蒸气比容/(m³/kg)	比焓/(kJ/kg)		比熵/[kJ/(kg·K)]		比热容 c_p/[kJ/(kg·K)]		蒸气 c_p/c_v	声速/(m/s)		黏度 μ/(Pa·s)		热导率/[mW/(m·K)]		表面张力/(mN/m)	温度/℃
				液体	蒸气	液体	蒸气	液体	蒸气		液体	蒸气	液体	蒸气	液体	蒸气		
−80.00	0.00013	1709.6	83.6670	123.92	335.98	0.6712	1.7691	0.924	0.520	1.117	1133	108.3	2093.0	6.68	107.4	3.22	28.42	−80.00
−70.00	0.00034	1687.4	32.8420	133.17	341.25	0.7179	1.7422	0.927	0.537	1.113	1091	110.8	1680.0	7.09	104.8	3.79	27.09	−70.00
−60.00	0.00081	1665.1	14.3330	142.46	346.66	0.7625	1.7206	0.932	0.553	1.110	1049	113.3	1383.0	7.50	102.0	4.35	25.78	−60.00
−50.00	0.00177	1642.6	6.84600	151.81	352.21	0.8054	1.7034	0.939	0.569	1.107	1006	115.6	1160.0	7.91	99.1	4.92	24.48	−50.00
−40.00	0.00358	1620.0	3.53190	161.25	357.88	0.8468	1.6901	0.948	0.585	1.105	964	117.9	986.4	8.31	96.1	5.49	23.19	−40.00
−30.00	0.00675	1597.0	1.94700	170.78	363.65	0.8868	1.6800	0.958	0.601	1.103	923	120.0	848.0	8.70	93.0	6.05	21.92	−30.00
−20.00	0.01200	1573.8	1.13640	180.41	369.52	0.9256	1.6726	0.968	0.617	1.102	881	122.0	735.4	9.09	89.8	6.61	20.66	−20.00
−10.00	0.02025	1550.1	0.69690	190.15	375.45	0.9633	1.6675	0.979	0.634	1.102	841	123.8	642.4	9.47	86.7	7.18	19.41	−10.00
0.00	0.03265	1526.1	0.44609	200.00	381.44	1.0000	1.6642	0.990	0.651	1.102	801	125.4	564.6	9.84	83.7	7.74	18.18	0.00
2.00	0.03574	1521.3	0.40991	201.98	382.64	1.0072	1.6638	0.993	0.654	1.103	793	125.7	550.6	9.91	83.1	7.86	17.94	2.00
4.00	0.03907	1516.4	0.37720	203.97	383.84	1.0144	1.6634	0.995	0.658	1.103	785	126.0	537.0	9.99	82.5	7.97	17.70	4.00
6.00	0.04264	1511.5	0.34759	205.97	385.05	1.0216	1.6631	0.997	0.661	1.103	777	126.3	523.8	10.06	81.9	8.08	17.45	6.00
8.00	0.04647	1506.6	0.32075	207.96	386.25	1.0287	1.6628	0.999	0.665	1.103	769	126.6	511.1	10.13	81.3	8.20	17.21	8.00
10.00	0.05057	1501.6	0.29637	209.97	387.46	1.0358	1.6626	1.002	0.668	1.104	761	126.8	498.8	10.20	80.7	8.31	16.97	10.00
12.00	0.05495	1496.7	0.27420	211.97	388.66	1.0428	1.6625	1.004	0.672	1.104	754	127.1	486.8	10.28	80.1	8.43	16.73	12.00
14.00	0.05963	1491.7	0.25401	213.99	389.87	1.0499	1.6624	1.006	0.675	1.104	746	127.3	475.3	10.35	79.5	8.54	16.49	14.00
16.00	0.06463	1486.7	0.23559	216.00	391.08	1.0569	1.6623	1.009	0.679	1.105	738	127.6	464.0	10.42	79.0	8.66	16.25	16.00
18.00	0.06995	1481.7	0.21877	218.02	392.29	1.0638	1.6623	1.011	0.682	1.105	730	127.8	453.2	10.49	78.4	8.77	16.01	18.00
20.00	0.07561	1476.6	0.20338	220.05	393.49	1.0707	1.6624	1.014	0.686	1.106	723	128.0	442.6	10.56	77.8	8.89	15.77	20.00
22.00	0.08163	1471.5	0.18929	222.08	394.70	1.0776	1.6625	1.016	0.690	1.106	715	128.2	432.4	10.63	77.3	9.01	15.53	22.00
24.00	0.08802	1466.4	0.17637	224.12	395.91	1.0845	1.6626	1.018	0.693	1.107	707	128.4	422.4	10.70	76.7	9.12	15.30	24.00
26.00	0.09480	1461.3	0.16451	226.16	397.12	1.0913	1.6628	1.021	0.697	1.107	700	128.6	412.8	10.77	76.1	9.24	15.06	26.00
27.82[b]	0.10133	1456.6	0.15453	228.03	398.22	1.0975	1.6630	1.023	0.701	1.108	693	128.7	404.2	10.84	75.6	9.35	14.84	27.82

续表

温度/℃	压力/MPa	液体密度/(kg/m³)	蒸气比容/(m³/kg)	比焓/(kJ/kg)		比熵/[kJ/(kg·K)]		比热容 c_p/[kJ/(kg·K)]		蒸气 c_p/c_v	声速/(m/s)		黏度 μ/(Pa·s)		热导率/[mW/(m·K)]		表面张力/(mN/m)	温度/℃
				液体	蒸气	液体	蒸气	液体	蒸气		液体	蒸气	液体	蒸气	液体	蒸气		
28.00	0.10198	1456.2	0.15360	228.21	398.32	1.0981	1.6630	1.023	0.701	1.108	692	128.7	403.4	10.84	75.6	9.36	14.82	28.00
30.00	0.10958	1451.0	0.14356	230.26	399.53	1.1049	1.6633	1.026	0.705	1.109	684	128.9	394.3	10.91	75.0	9.48	14.59	30.00
32.00	0.11762	1445.8	0.13431	232.31	400.73	1.1116	1.6635	1.028	0.709	1.109	677	129.0	385.4	10.98	74.5	9.60	14.35	32.00
34.00	0.12611	1440.6	0.12577	234.38	401.93	1.1183	1.6639	1.031	0.712	1.110	669	129.1	376.8	11.05	74.0	9.72	14.12	34.00
36.00	0.13507	1435.4	0.11789	236.44	403.14	1.1250	1.6642	1.033	0.716	1.111	662	129.3	368.4	11.12	73.4	9.84	13.89	36.00
38.00	0.14452	1430.1	0.11060	238.51	404.34	1.1317	1.6646	1.036	0.720	1.112	654	129.4	360.3	11.19	72.9	9.96	13.66	38.00
40.00	0.15447	1424.8	0.10385	240.59	405.54	1.1383	1.6651	1.038	0.724	1.113	647	129.5	352.4	11.26	72.4	10.08	13.43	40.00
42.00	0.16495	1419.4	0.09759	242.67	406.73	1.1449	1.6655	1.041	0.728	1.114	639	129.5	344.7	11.33	71.8	10.20	13.20	42.00
44.00	0.17597	1414.1	0.09179	244.76	407.93	1.1515	1.6660	1.044	0.732	1.115	632	120.6	337.2	11.40	71.3	10.32	12.97	44.00
46.00	0.18755	1408.7	0.08641	246.86	409.12	1.1581	1.6665	1.046	0.736	1.116	624	129.7	329.9	11.46	70.8	10.45	12.74	46.00
48.00	0.19971	1403.3	0.08140	248.95	410.31	1.1646	1.6670	1.049	0.741	1.117	617	129.7	322.8	11.53	70.3	10.57	12.51	48.00
50.00	0.21246	1397.8	0.07674	251.06	411.50	1.1711	1.6676	1.052	0.745	1.119	610	129.7	315.9	11.60	69.8	10.70	12.28	50.00
52.00	0.22584	1392.3	0.07240	253.17	412.69	1.1776	1.6682	1.055	0.749	1.120	602	129.7	309.1	11.67	69.3	10.82	12.05	52.00
54.00	0.23985	1386.8	0.06836	255.28	413.87	1.1840	1.6688	1.058	0.753	1.121	595	129.7	302.6	11.74	68.8	10.95	11.83	54.00
56.00	0.25451	1381.2	0.06458	257.41	415.05	1.1905	1.6694	1.060	0.758	1.123	588	129.7	296.2	11.80	68.3	11.08	11.60	56.00
58.00	0.26985	1375.6	0.06106	259.53	416.23	1.1969	1.6701	1.063	0.762	1.124	580	129.7	289.9	11.87	67.8	11.21	11.38	58.00
60.00	0.28589	1370.0	0.05777	261.67	417.40	1.2033	1.6707	1.066	0.767	1.126	573	129.6	283.9	11.94	67.3	11.34	11.16	60.00
62.00	0.30264	1364.3	0.05469	263.81	418.57	1.2096	1.6714	1.069	0.771	1.127	566	129.6	277.9	12.01	66.8	11.47	10.93	62.00
64.00	0.32013	1358.6	0.05180	265.95	419.73	1.2160	1.6721	1.072	0.776	1.129	558	129.5	272.1	12.07	66.3	11.61	10.71	64.00
66.00	0.33838	1352.8	0.04910	268.10	420.89	1.2223	1.6728	1.076	0.781	1.131	551	129.4	266.5	12.14	65.9	11.74	10.49	66.00
68.00	0.35740	1347.0	0.04656	270.26	422.05	1.2286	1.6735	1.079	0.785	1.133	544	129.3	261.0	12.21	65.4	11.88	10.27	68.00
70.00	0.37722	1341.2	0.04418	272.42	423.20	1.2349	1.6743	1.082	0.790	1.135	536	129.2	255.6	12.28	64.9	12.01	10.05	70.00
72.00	0.39787	1335.3	0.04195	274.60	424.35	1.2411	1.6750	1.085	0.795	1.137	529	129.0	250.4	12.35	64.5	12.15	9.84	72.00

续表

温度/℃	压力/MPa	液体密度/(kg/m³)	蒸气比容/(m³/kg)	比焓/(kJ/kg)		比熵/[kJ/(kg·K)]		比热容 c_p/[kJ/(kg·K)]		蒸气 c_p/c_v	声速/(m/s)		黏度 μ/(Pa·s)		热导率/[mW/(m·K)]		表面张力/(mN/m)	温度/℃
				液体	蒸气	液体	蒸气	液体	蒸气		液体	蒸气	液体	蒸气	液体	蒸气		
74.00	0.41936	1329.3	0.03985	276.77	425.50	1.2474	1.6758	1.089	0.800	1.139	522	128.9	245.2	12.42	64.0	12.29	9.62	74.00
76.00	0.44171	1323.4	0.03787	278.96	426.63	1.2536	1.6766	1.092	0.806	1.142	515	128.7	240.2	12.49	63.5	12.44	9.40	76.00
78.00	0.46494	1317.3	0.03601	281.15	427.77	1.2598	1.6774	1.096	0.811	1.144	507	128.5	235.3	12.55	63.1	12.58	9.19	78.00
80.00	0.48909	1311.2	0.03426	283.35	428.89	1.2660	1.6781	1.100	0.816	1.147	500	128.3	230.5	12.63	62.6	12.73	8.97	80.00
82.00	0.51416	1305.1	0.03261	285.55	430.01	1.2722	1.6789	1.103	0.822	1.150	493	128.1	225.9	12.70	62.2	12.87	8.76	82.00
84.00	0.54019	1298.9	0.03105	287.77	431.13	1.2783	1.6797	1.107	0.827	1.152	486	127.8	221.3	12.77	61.7	13.02	8.55	84.00
86.00	0.56720	1292.6	0.02958	289.99	432.23	1.2845	1.6806	1.111	0.833	1.156	478	127.3	212.5	12.91	60.8	13.33	8.13	86.00
88.00	0.59520	1286.3	0.02819	292.22	433.33	1.2906	1.6814	1.115	0.839	1.159	471	127.3	212.5	12.91	60.8	13.33	8.13	88.00
90.00	0.62423	1279.9	0.02687	294.45	434.43	1.2967	1.6822	1.120	0.845	1.162	464	127.0	208.2	12.98	60.4	13.48	7.92	90.00
92.00	0.65430	1273.5	0.2563	296.70	435.51	1.3028	1.6830	1.124	0.851	1.166	457	126.6	204.0	13.06	59.9	13.64	7.71	92.00
94.00	0.68544	1266.9	0.02445	298.95	436.59	1.3089	1.6838	1.129	0.858	1.169	449	126.3	199.9	13.14	59.5	13.80	7.50	94.00
96.00	0.71768	1260.3	0.02334	301.21	437.66	1.3150	1.6846	1.133	0.864	1.173	442	125.9	195.9	13.21	59.1	13.96	7.30	96.00
98.00	0.75103	1253.7	0.02228	303.49	438.72	1.3211	1.6854	1.138	0.871	1.177	435	125.5	191.9	13.29	58.6	14.13	7.09	98.00
100.00	0.78553	1246.9	0.02128	305.77	439.77	1.3271	1.6862	1.143	0.878	1.182	427	125.1	188.1	13.37	58.2	14.29	6.89	100.00
110.00	0.97603	1211.9	0.01697	317.32	444.88	1.3572	1.6902	1.172	0.917	1.208	391	122.8	169.9	13.80	56.0	15.17	5.88	110.00
120.00	1.19900	1174.4	0.01361	329.15	449.67	1.3872	1.6938	1.207	0.964	1.243	354	119.8	153.4	14.29	53.9	16.14	4.91	120.00
130.00	1.45780	1133.6	0.01094	341.32	454.07	1.4173	1.6969	1.254	1.026	1.294	317	116.0	138.1	14.89	51.7	17.22	3.98	130.00
140.00	1.75630	1088.3	0.00879	353.92	457.94	1.4475	1.6992	1.318	1.111	1.369	279	111.5	123.8	15.65	49.5	18.44	3.09	140.00
150.00	2.09870	1036.8	0.00703	367.10	461.05	1.4782	1.7003	1.415	1.240	1.493	239	106.0	110.2	16.68	47.2	19.87	2.24	150.00
160.00	2.49010	975.7	0.00555	381.13	463.01	1.5101	1.699	1.584	1.473	1.726	198	99.3	96.8	18.19	44.8	21.63	1.45	160.00
170.00	2.93720	896.9	0.00425	396.61	462.89	1.5443	1.6939	1.979	2.033	2.309	154	91.1	82.7	20.71	42.3	24.05	0.74	170.00
180.00	3.45060	765.9	0.00292	416.22	456.82	1.5867	1.6763	4.549	5.661	6.158	102	80.6	64.3	26.59	39.7	28.82	0.15	180.00
183.68[c]	3.66180	550.0	0.00182	437.39	437.39	1.6325	1.6325	∞	∞	∞	0	0.0	—	—	∞	∞	0.00	183.68

温度按 ITS-90 分度　　正常沸点　　临界点

附表 5　**R-125 制冷剂在饱和状态下的热力特性表**

温度/℃	压力/MPa	液体密度/(kg/m³)	蒸气比容/(m³/kg)	比焓/(kJ/kg)		比熵/[kJ/(kg·K)]		比热容 c_p/[kJ/(kg·K)]		蒸气 c_p/c_v	声速/(m/s)		黏度 μ/(Pa·s)		热导率/[mW/(m·K)]		表面张力/(mN/m)	温度/℃
				液体	蒸气	液体	蒸气	液体	蒸气		液体	蒸气	液体	蒸气	液体	蒸气		
−100.63[a]	0.00291	1690.7	4.08800	87.13	277.39	0.4902	1.5931	1.035	0.569	1.142	933	116.4	1155.0	7.82	116.0	5.23	21.79	−100.63
−100	0.00309	1688.7	3.87090	87.78	277.74	0.4940	1.5911	1.035	0.570	1.141	929	116.6	1136.0	7.85	115.7	5.28	21.69	−100
−90	0.00729	1656.2	1.73030	98.18	283.36	0.5524	1.5634	1.045	0.592	1.138	878	119.4	894.0	8.26	111.0	5.92	20.08	−90
−80	0.01547	1623.4	0.85534	108.70	289.06	0.6082	1.5421	1.058	0.615	1.136	827	121.9	723.9	8.66	106.3	6.58	18.50	−80
−70	0.03008	1589.9	0.45942	119.36	294.83	0.6620	1.5257	1.074	0.639	1.136	779	124.1	598.2	9.06	101.6	7.25	16.94	−70
−60	0.05432	1555.7	0.26432	130.19	300.60	0.7140	1.5135	1.091	0.664	1.138	731	126.0	501.8	9.46	96.8	7.92	15.41	−60
−58	0.06066	1548.7	0.23836	132.38	301.75	0.7242	1.5114	1.095	0.669	1.138	721	126.3	485.2	9.53	95.9	8.06	15.11	−58
−56	0.06758	1541.7	0.21542	134.57	302.91	0.7343	1.5095	1.099	0.675	1.139	712	126.6	469.3	9.61	95.0	8.20	14.81	−56
−54	0.07511	1534.7	0.19510	136.78	304.06	0.7444	1.5077	1.103	0.680	1.140	702	126.9	454.2	9.69	94.0	8.33	14.51	−54
−52	0.08329	1527.6	0.17706	138.99	305.20	0.7544	1.5060	1.107	0.686	1.141	693	127.2	439.6	9.77	93.1	8.47	14.21	−52
−50	0.09216	1520.5	0.16100	141.21	306.35	0.7644	1.5044	1.111	0.692	1.142	683	127.4	425.7	9.85	92.2	8.61	13.91	−50
−48.09[b]	0.10132	1513.6	0.14728	143.34	307.44	0.7739	1.5030	1.115	0.697	1.143	674	127.6	413.0	9.92	91.3	8.74	13.63	−48.09
−48	0.10177	1513.3	0.14668	143.44	307.49	0.7743	1.5029	1.115	0.697	1.143	674	127.6	412.4	9.92	91.3	8.75	13.61	−48
−46	0.11214	1506.0	0.13387	145.68	308.63	0.7842	1.5016	1.119	0.703	1.144	664	127.8	399.6	10.0	90.3	8.89	13.32	−46
−44	0.12332	1498.8	0.12240	147.92	309.77	0.7940	1.5003	1.123	0.709	1.145	655	128.0	387.4	10.08	89.4	9.03	13.02	−44
−42	0.13536	1491.4	0.11209	150.18	310.90	0.8037	1.4991	1.128	0.715	1.146	645	128.2	375.6	10.16	88.5	9.17	12.73	−42
−40	0.14830	1484.0	0.10283	152.44	312.03	0.8134	1.4980	1.132	0.722	1.148	636	128.3	364.3	10.23	87.6	9.32	12.44	−40
−38	0.16218	1476.6	0.09448	154.71	313.16	0.8231	1.4969	1.137	0.728	1.150	627	128.5	353.4	10.31	86.7	9.46	12.15	−38
−36	0.17705	1469.1	0.08693	157.00	314.28	0.8327	1.4960	1.142	0.734	1.151	617	128.6	342.9	10.39	85.7	9.61	11.86	−36
−34	0.19295	1461.5	0.08011	159.29	315.40	0.8423	1.4951	1.146	0.741	1.153	608	128.7	332.8	10.47	84.8	9.75	11.57	−34
−32	0.20994	1453.8	0.07393	161.59	316.51	0.8519	1.4943	1.151	0.748	1.155	599	128.7	323.1	10.55	83.9	9.90	11.29	−32
−30	0.22806	1446.1	0.06831	163.90	317.61	0.8614	1.4935	1.157	0.755	1.157	589	128.7	313.7	10.63	83.0	10.05	11.00	−30
−28	0.24735	1438.4	0.06321	166.22	318.71	0.8708	1.4928	1.162	0.762	1.160	580	128.7	304.6	10.7	82.1	10.20	10.72	−28

续表

温度/℃	压力/MPa	液体密度/(kg/m³)	蒸气比容/(m³/kg)	比焓/(kJ/kg)		比熵/[kJ/(kg·K)]		比热容 c_p/[kJ/(kg·K)]		蒸气 c_p/c_v	声速/(m/s)		黏度 μ/(Pa·s)		热导率/[mW/(m·K)]		表面张力/(mN/m)	温度/℃
				液体	蒸气	液体	蒸气	液体	蒸气		液体	蒸气	液体	蒸气	液体	蒸气		
−26	0.26787	1430.5	0.05855	168.56	319.80	0.8802	1.4922	1.167	0.769	1.162	570	128.7	295.8	10.78	81.2	10.35	10.44	−26
−24	0.28968	1422.6	0.05431	170.90	320.88	0.8896	1.4916	1.173	0.776	1.165	561	128.7	287.4	10.86	80.3	10.50	10.15	−24
−22	0.31281	1414.5	0.05043	173.26	321.96	0.8990	1.4911	1.178	0.784	1.167	552	128.6	279.2	10.95	79.4	10.65	9.88	−22
−20	0.33733	1406.4	0.04688	175.62	323.03	0.9083	1.4906	1.184	0.791	1.170	542	128.5	271.2	11.03	78.5	10.81	9.60	−20
−18	0.36328	1398.3	0.04363	178.00	324.09	0.9176	1.4901	1.190	0.799	1.173	533	128.4	263.6	11.11	77.7	10.96	9.32	−18
−16	0.39072	1390.0	0.04064	180.39	325.14	0.9268	1.4897	1.196	0.807	1.177	523	128.2	256.1	11.19	76.8	11.12	9.05	−16
−14	0.41970	1381.6	0.03789	182.80	326.19	0.9361	1.4894	1.203	0.815	1.181	514	128.0	248.9	11.28	75.9	11.29	8.78	−14
−12	0.45028	1373.1	0.03536	185.21	327.22	0.9453	1.4890	1.209	0.824	1.184	505	127.8	241.9	11.36	75.0	11.45	8.50	−12
−10	0.48252	1364.5	0.03303	187.64	328.24	0.9544	1.4887	1.216	0.832	1.189	495	127.5	235.2	11.45	74.1	11.62	8.23	−10
−8	0.51646	1355.8	0.03088	190.08	329.25	0.9636	1.4884	1.223	0.841	1.193	486	127.3	228.6	11.54	73.3	11.79	7.97	−8
−6	0.55218	1347.0	0.02890	192.54	330.25	0.9727	1.4882	1.231	0.850	1.198	476	126.9	222.2	11.63	72.4	11.96	7.70	−6
−4	0.58972	1338.1	0.02706	195.01	331.23	0.9818	1.4879	1.238	0.860	1.203	467	126.6	215.9	11.72	71.6	12.14	7.44	−4
−2	0.62915	1329.0	0.02535	197.50	332.20	0.9909	1.4877	1.246	0.870	1.209	457	126.2	209.9	11.82	70.7	12.32	7.17	−2
0	0.67052	1319.8	0.02377	200.00	333.16	1.0000	1.4875	1.255	0.880	1.215	448	125.8	204.0	11.91	69.8	12.50	6.91	0
2	0.71390	1310.5	0.02230	202.52	334.10	1.0091	1.4873	1.263	0.890	1.222	439	125.3	198.2	12.01	69.0	12.69	6.65	2
4	0.75935	1301.0	0.02093	205.05	335.02	1.0181	1.487	1.273	0.902	1.229	429	124.9	192.6	12.11	68.1	12.88	6.40	4
6	0.80694	1291.3	0.01966	207.60	335.92	1.0272	1.4868	1.282	0.913	1.237	420	124.3	187.2	12.21	67.3	13.08	6.14	6
8	0.85672	1281.5	0.01848	210.17	336.80	1.0362	1.4866	1.292	0.926	1.246	410	123.8	181.8	12.32	66.5	13.29	5.89	8
10	0.90875	1271.5	0.01737	212.76	337.66	1.0452	1.4863	1.303	0.939	1.255	400	123.2	176.6	12.43	65.6	13.50	5.64	10
12	0.96312	1261.3	0.01634	215.37	338.50	1.0542	1.4860	1.314	0.954	1.265	391	122.5	171.6	12.55	64.8	13.72	5.39	12
14	1.01990	1250.9	0.01537	218.00	339.31	1.0633	1.4857	1.326	0.969	1.277	381	121.9	166.6	12.67	64.0	13.95	5.14	14
16	1.07910	1240.3	0.01447	220.65	340.10	1.0723	1.4854	1.339	0.986	1.289	371	121.1	161.7	12.79	63.1	14.18	4.90	16
18	1.14080	1229.4	0.01362	223.32	340.85	1.0813	1.4850	1.352	1.003	1.303	362	120.4	156.9	12.92	62.3	14.43	4.66	18

续表

温度/℃	压力/MPa	液体密度/(kg/m³)	蒸气比容/(m³/kg)	比焓/(kJ/kg)		比熵/[kJ/(kg·K)]		比热容 c_p/[kJ/(kg·K)]		蒸气 c_p/c_v	声速/(m/s)		黏度 μ/(Pa·s)		热导率/[mW/(m·K)]		表面张力/(mN/m)	温度/℃
				液体	蒸气	液体	蒸气	液体	蒸气		液体	蒸气	液体	蒸气	液体	蒸气		
20	1.20520	1218.3	0.01283	226.02	341.58	1.0904	1.4846	1.367	1.023	1.318	352	119.6	152.3	13.06	61.5	14.69	4.42	20
22	1.27220	1206.9	0.01208	228.74	342.28	1.0995	1.4842	1.382	1.044	1.334	342	118.7	147.7	13.20	60.7	14.96	40.18	22
24	1.34200	1195.3	0.01138	231.49	342.95	1.1085	1.4836	1.399	1.067	1.352	332	117.8	143.2	13.35	59.8	15.25	3.95	24
26	1.41460	1183.3	0.01072	234.26	343.57	1.1176	1.4831	1.417	1.093	1.372	322	116.8	138.8	13.51	59.0	15.55	3.72	26
28	1.49010	1171.0	0.01010	237.07	344.16	1.1268	1.4824	1.436	1.121	1.395	312	115.8	134.4	13.67	58.2	15.87	3.49	28
30	1.56850	1158.4	0.00951	239.91	344.71	1.1359	1.4817	1.457	1.152	1.420	302	114.8	130.1	13.85	57.4	16.21	3.26	30
32	1.65010	1145.4	0.00895	242.78	345.22	1.1452	1.4809	1.481	1.186	1.448	292	113.7	125.9	14.04	56.6	16.58	3.04	32
34	1.73470	1131.9	0.00843	245.69	345.67	1.1544	1.4799	1.507	1.224	1.480	282	112.5	121.7	14.24	55.8	16.97	2.82	34
36	1.82260	1117.9	0.00793	248.64	346.07	1.1637	1.4789	1.536	1.267	1.516	272	111.3	117.6	14.46	54.9	17.40	2.60	36
38	1.91380	1103.5	0.00746	251.63	346.42	1.1731	1.4778	1.568	1.316	1.558	261	109.9	113.5	14.70	54.1	17.87	2.39	38
40	2.00850	1088.4	0.00702	254.67	346.69	1.1826	1.4764	1.605	1.372	1.606	251	108.6	109.5	14.95	53.3	18.37	2.18	40
42	2.10670	1072.7	0.00659	257.76	346.90	1.1921	1.4750	1.647	1.436	1.662	240	107.1	105.5	15.23	52.5	18.94	1.97	42
44	2.20840	1056.2	0.00619	260.92	347.02	1.2018	1.4733	1.697	1.511	1.728	229	105.6	101.5	15.54	51.7	19.56	1.77	44
46	2.31400	1038.9	0.00580	264.14	347.05	1.2116	1.4714	1.755	1.600	1.808	218	104.0	97.4	15.88	50.9	20.26	1.57	46
48	2.42340	1020.6	0.00543	267.44	346.96	1.2216	1.4692	1.824	1.708	1.906	207	102.3	93.4	16.26	50.1	21.06	1.38	48
50	2.53680	1001.1	0.00507	270.83	346.75	1.2318	1.4667	1.910	1.842	2.029	196	100.5	89.4	16.68	49.3	21.97	1.19	50
52	2.65440	980.2	0.00472	274.33	346.38	1.2422	1.4638	2.019	2.014	2.187	184	98.6	85.3	17.17	48.5	23.03	1.01	52
54	2.77630	957.5	0.00439	277.95	345.82	1.2529	1.4604	2.162	2.241	2.398	172	96.6	81.1	17.74	47.7	24.30	0.84	54
56	2.90270	932.6	0.00406	281.75	345.00	1.2641	1.4563	2.359	2.559	2.695	159	94.5	76.7	18.41	46.9	25.84	0.67	56
58	3.03390	904.5	0.00373	285.77	343.85	1.2758	1.4512	2.652	3.036	3.142	146	92.2	72.2	19.23	46.3	27.80	0.51	58
60	3.17030	872.1	0.00340	290.10	342.21	1.2884	1.4448	3.139	3.833	3.889	132	89.8	67.3	20.28	45.8	30.43	0.36	60
62	3.31210	832.4	0.00305	294.95	339.79	1.3024	1.4362	4.120	5.435	5.389	116	87.3	61.9	21.71	45.9	34.34	0.22	62
64	3.46020	777.5	0.00265	300.86	335.77	1.3195	1.4230	7.170	10.290	9.900	100	84.4	55.1	23.99	47.7	41.72	0.09	64
66.02[c]	3.61770	573.6	0.00174	318.06	318.06	1.3696	1.3696	∞	∞	∞	0	0.0	—	—	∞	∞	0.00	66.02

温度按 ITS－90 分度　　正常沸点　　临界点

附表 6　**R-134a 制冷剂在饱和状态下的热力特性表**

温度/℃	压力/MPa	液体密度/(kg/m³)	蒸气比容/(m³/kg)	比焓/(kJ/kg)		比熵/[kJ/(kg·K)]		比热容 c_p/[kJ/(kg·K)]		蒸气 c_p/c_v	声速/(m/s)		黏度 μ/(Pa·s)		热导率/[mW/(m·K)]		表面张力/(mN/m)	温度/℃
				液体	蒸气	液体	蒸气	液体	蒸气		液体	蒸气	液体	蒸气	液体	蒸气		
−103.30[a]	0.00039	1591.1	35.4960	71.46	334.94	0.4126	1.9639	1.184	0.585	1.164	1120	126.8	2175.0	6.46	145.2	3.08	28.07	−103.30
−100.00	0.00056	1582.4	25.1930	75.36	336.85	0.4354	1.9456	1.184	0.593	1.162	1103	127.9	1893.0	6.60	143.2	3.34	27.50	−100.00
−90.00	0.00152	1555.8	9.7698	87.23	342.76	0.5020	1.8972	1.189	0.617	1.156	1052	131.0	1339.0	7.03	137.3	4.15	25.79	−90.00
−80.00	0.00367	1529.0	4.2682	99.16	348.83	0.5654	1.8580	1.198	0.642	1.151	1002	134.0	1018.0	7.46	131.5	4.95	24.10	−80.00
−70.00	0.00798	1501.9	2.0590	111.20	355.02	0.6262	1.8264	1.210	0.667	1.148	952	136.8	809.2	7.89	126.0	5.75	22.44	−70.00
−60.00	0.01591	1474.3	1.0790	123.36	361.31	0.6846	1.8010	1.223	0.692	1.146	903	139.4	663.1	8.30	120.7	6.56	20.80	−60.00
−50.00	0.02945	1446.3	0.60620	135.67	367.65	0.7410	1.7806	1.238	0.720	1.146	855	141.7	555.1	8.72	115.6	7.36	19.18	−50.00
−40.00	0.05121	1417.7	0.36108	148.14	374.00	0.7956	1.7643	1.255	0.749	1.148	807	143.6	472.2	9.12	110.6	8.17	17.60	−40.00
−30.00	0.08438	1388.4	0.22594	160.79	380.32	0.8486	1.7515	1.273	0.781	1.152	760	145.2	406.4	9.52	105.8	8.99	16.04	−30.00
−28.00	0.09270	1382.4	0.20680	163.34	381.57	0.8591	1.7492	1.277	0.788	1.153	751	145.4	394.9	9.60	104.8	9.15	15.73	−28.00
−26.07[b]	0.10133	1376.7	0.19018	165.81	382.78	0.8690	1.7472	1.281	0.794	1.154	742	145.7	384.2	9.68	103.9	9.31	15.44	−26.07
−26.00	0.10167	1376.5	0.18958	165.90	382.82	0.8694	1.7471	1.281	0.794	1.154	742	145.7	383.8	9.68	103.9	9.32	15.43	−26.00
−24.00	0.11130	1370.4	0.17407	168.47	384.07	0.8798	1.7451	1.285	0.801	1.155	732	145.9	373.1	9.77	102.9	9.48	15.12	−24.00
−22.00	0.12165	1364.4	0.16006	171.05	385.32	0.8900	1.7432	1.289	0.809	1.156	723	146.1	362.9	9.85	102.0	9.65	14.82	−22.00
−20.00	0.13273	1358.3	0.14739	173.64	386.55	0.9002	1.7413	1.293	0.816	1.158	714	146.3	353.0	9.92	101.1	9.82	14.51	−20.00
−18.00	0.14460	1352.1	0.13592	176.23	387.79	0.9104	1.7396	1.297	0.823	1.159	705	146.4	343.5	10.01	100.1	9.98	14.2 2	−18.00
−16.00	0.15728	1345.9	0.12551	178.83	389.02	0.9205	1.7379	1.302	0.831	1.161	695	146.6	334.3	10.09	99.2	10.15	1 3.91	−16.00
−14.00	0.17082	1339.7	0.11605	181.44	390.24	0.9306	1.7363	1.306	0.838	1.163	686	146.7	325.4	10.17	98.3	10.32	13.61	−14.00
−12.0.	0.18524	1333.4	0.10744	184.07	391.46	0.9407	1.7348	1.311	0.846	1.165	677	146.8	316.9	10.25	97.4	10.49	13.32	−12.00
−10.00	0.20060	1327.1	0.09959	186.70	392.66	0.9506	1.7334	1.316	0.854	1.167	668	146.9	308.6	10.33	96.5	10.66	13.02	−10.00
−8.00	0.21693	1320.8	0.09242	189.34	393.87	0.9606	1.7320	1.320	0.863	1.169	658	146.9	300.6	10.41	95.6	10.83	12.72	−8.00
−6.00	0.23428	1314.3	0.08587	191.99	395.06	0.9705	1.7307	1.325	0.871	1.171	649	147.0	292.9	10.49	94.7	11.00	12.43	−6.00
−4.00	0.25268	1307.9	0.07987	194.65	396.25	0.9804	1.7294	1.330	0.880	1.174	640	147.0	285.4	10.57	93.8	11.17	12.14	−4.00

续表

温度/℃	压力/MPa	液体密度/(kg/m³)	蒸气比容/(m³/kg)	比焓/(kJ/kg)		比熵/[kJ/(kg·K)]		比热容 c_p/[kJ/(kg·K)]		蒸气 c_p/c_v	声速/(m/s)		黏度 μ/(Pa·s)		热导率/[mW/(m·K)]		表面张力/(mN/m)	温度/℃
				液体	蒸气	液体	蒸气	液体	蒸气		液体	蒸气	液体	蒸气	液体	蒸气		
−2.00	0.27217	1301.4	0.07436	197.32	397.43	0.9902	1.7282	1.336	0.888	1.176	631	147.0	278.1	10.65	92.9	11.34	11.85	−2.00
0.00	0.29280	1294.8	0.06931	200.00	398.60	1.0000	1.7271	1.341	0.897	1.179	622	146.9	271.1	10.73	92.0	11.51	11.56	0.00
2.00	0.31462	1288.1	0.06466	202.69	399.77	1.0098	1.7260	1.347	0.906	1.182	612	146.9	264.3	10.81	91.1	11.69	11.27	2.00
4.00	0.33766	1281.4	0.06039	205.40	400.92	1.0195	1.7250	1.352	0.916	1.185	503	146.8	257.6	10.90	90.2	11.86	10.99	4.00
6.00	0.36198	1274.7	0.05644	208.11	402.06	1.0292	1.7240	1.358	0.925	1.189	594	146.7	251.2	10.98	89.4	12.04	10.70	6.00
8.00	0.38761	1267.9	0.05280	210.84	403.20	1.0388	1.7230	1.364	0.935	1.192	585	146.5	244.9	11.06	88.5	12.22	10.42	8.00
10.00	0.41461	1261.0	0.04944	213.58	404.32	1.0485	1.7221	1.371	0.945	1.196	576	146.4	238.8	11.15	87.6	12.40	10.14	10.00
12.00	0.44301	1254.0	0.04633	216.33	405.43	1.0581	1.7212	1.377	0.956	1.200	566	146.2	232.9	11.23	86.7	12.58	9.86	12.00
14.00	0.47288	1246.9	0.04345	219.09	406.53	1.0677	1.7204	1.383	0.967	1.204	557	146.0	227.1	11.32	85.9	12.77	9.58	14.00
16.00	0.50425	1239.8	0.04078	221.87	407.61	1.0772	1.7196	1.390	0.978	1.209	548	145.7	221.5	11.40	85.0	12.95	9.30	16.90
18.00	0.53718	1232.6	0.03830	224.66	408.69	1.0867	1.7188	1.397	0.989	1.214	539	145.5	216.0	11.49	84.1	13.14	9.03	18.00
20.00	0.57171	1225.3	0.03600	227.47	409.75	1.0962	1.7180	1.405	1.001	1.219	530	145.1	210.7	11.58	83.3	13.33	8.76	20.00
22.00	0.60789	1218.0	0.03385	230.29	410.79	1.1057	1.7173	1.413	1.013	1.224	520	144.8	205.5	111 67	82.4	13.53	8.48	22.00
24.00	0.64578	1210.5	0.03186	233.12	411.82	1.1152	1.7166	1.421	1.025	1.230	511	144.5	200.4	11.76	81.6	13.72	8.21	24.00
26.00	0.68543	1202.9	0.03000	235.97	412.84	1.1246	1.7159	1.429	1.038	1.236	502	144.1	195.4	11.85	80.7	13.92	7.95	26.00
28.00	0.72688	1195.2	0.02826	238.84	413.84	1.1341	1.71 52	1.437	1.052	1.243	493	143.6	190.5	11.95	79.8	14.13	7.68	28.00
30.00	0.77020	1187.5	0.02564	241.72	414.82	1.1435	1.7145	1.446	1.065	1.249	483	143.2	185.8	12.04	79.0	14.33	7.42	30.00
32.00	0.81543	1179.6	0.02513	244.62	415.78	1.1529	1.7138	1.456	1.080	1.257	474	142.7	181.1	12.14	78.1	14.54	7.15	32.00
34.00	0.86263	1171.6	0.02371	247.54	416.72	1.1623	1.7131	1.466	1.095	1.265	465	142.1	176.6	12.24	77.3	14.76	6.89	34.00
36.00	0.91185	1163.4	0.02238	250.48	417.65	1.1717	1.7124	1.476	1.111	1.273	455	141.6	172.1	12.34	76.4	14.98	6.64	36.00
38.00	0.96315	1155.1	0.02113	253.43	418.55	1.1811	1.7118	1.487	1.127	1.282	446	141.0	167.7	12.44	75.6	15.21	6.38	38.00
40.00	1.0166	1146.7	0.01997	256.41	419.43	1.1905	1.7111	1.498	1.145	1.292	436	140.3	163.4	12.55	74.7	15.44	6.13	40.00
42.00	1.0722	1138.2	0.01887	259.41	420.28	1.1999	1.7103	1.510	1.163	1.303	427	139.7	159.2	12.65	73.9	15.68	5.88	42.00

续表

温度/℃	压力/MPa	液体密度/(kg/m³)	蒸气比容/(m³/kg)	比焓/(kJ/kg)		比熵/[kJ/(kg·K)]		比热容 c_p/[kJ/(kg·K)]		蒸气 c_p/c_v	声速/(m/s)		黏度 μ/(Pa·s)		热导率/[mW/(m·K)]		表面张力/(mN/m)	温度/℃
				液体	蒸气	液体	蒸气	液体	蒸气		液体	蒸气	液体	蒸气	液体	蒸气		
44.00	1.1301	1129.5	0.01784	262.43	421.11	1.2092	1.7096	1.523	1.182	1.314	418	138.9	155.1	12.76	73.0	15.93	5.63	44.00
46.00	1.1903	1120.6	0.01687	265.47	421.92	1.2186	1.7089	1.537	1.202	1.326	408	138.2	151.0	12.88	72.1	16.18	5.38	46.00
48.00	1.2529	1111.5	0.01595	268.53	422.69	1.2280	1.7081	1.551	1.223	1.339	399	137.4	147.0	13.00	71.3	16.45	5.13	48.00
50.00	1.3179	1102.3	0.01509	271.62	423.44	1.2375	1.7072	1.566	1.246	1.354	389	136.6	143.1	13.12	70.4	16.72	4.89	50.00
52.00	1.3854	1092.9	0.01428	274.74	424.15	1.2469	1.7064	1.582	1.270	1.369	379	135.7	139.2	13.24	69.6	17.01	4.65	52.00
54.00	1.4555	1083.2	0.01351	277.89	424.83	1.2563	1.7055	1.600	1.296	1.386	370	134.7	135.4	13.37	68.7	17.31	4.41	54.00
56.00	1.528Z	1073.4	0.01278	281.06	425.47	1.2658	1.7045	1.618	1.324	1.405	360	133.8	131.6	13.51	67.8	17.63	4.18	56.00
58.00	1.6036	1063.2	0.01209	284.27	426.07	1.2753	1.7035	1.638	1.354	1.425	350	132.7	127.9	13.65	67.0	17.96	3.95	58.00
60.00	1.6818	1052.9	0.01144	287.50	426.63	1.2848	1.7024	1.660	1.387	1.448	340	131.7	124.2	13.79	66.1	18.31	3.72	60.00
62.00	1.7628	1042.2	0.01083	290.78	427.14	1.2944	1.7013	1.684	1.422	1.473	331	130.5	120.6	13.95	65.2	18.68	3.49	62.00
64.00	1.8467	1031.2	0.01024	294.09	427.61	1.3040	1.7000	1.710	1.461	1.501	321	129.4	117.0	14.11	64.3	19.07	3.27	64.00
66.00	1.9337	1020.0	0.00969	297.44	428.02	1.3137	1.6987	1.738	1.504	1.532	311	128.1	113.5	14.28	63.4	19.50	3.05	66.00
68.00	2.0237	1008.3	0.00916	300.84	428.36	1.3234	1.6972	1.769	1.552	1.567	301	126.8	109.9	14.46	62.6	19.95	2.83	68.00
70.00	2.1168	996.2	0.00865	304.28	428.65	1.3332	1.6956	1.804	1.605	1.607	290	125.5	106.4	14.65	61.7	20.45	2.61	70.00
72.00	2.2132	983.8	0.00817	307.78	428.86	1.3430	1.6939	1.843	1.665	1.653	280	124.0	102.9	14.85	60.8	20.98	2.40	72.00
74.00	2.3130	970.8	0.00771	311.33	429.00	1.3530	1.6920	1.887	1.734	1.705	269	122.6	99.5	15.07	59.9	21.56	2.20	74.00
76.00	2.4161	957.3	0.00727	314.94	429.04	1.3631	1.6899	1.938	1.812	1.766	259	121.0	96.0	15.30	59.0	22.21	1.99	76.00
78.00	2.5228	943.1	0.00685	318.63	428.98	1.3733	1.6876	1.996	1.904	1.838	248	119.4	92.5	15.56	58.1	22.92	1.80	78.00
80.00	2.6332	928.2	0.00645	322.39	428.81	1.3836	1.6850	2.065	2.012	1.924	237	117.7	89.0	15.84	57.2	23.72	1.60	80.00
85.00	2.9258	887.2	0.00550	332.22	427.76	1.4104	1.6771	2.306	2.397	2.232	207	113.1	80.2	16.67	54.9	26.22	1.14	85.00
90.00	3.2442	837.8	0.00461	342.93	425.42	1.4390	1.6662	2.756	3.121	2.820	176	107.9	70.9	17.81	52.8	29.91	0.71	90.00
95.00	3.5912	772.7	0.00374	355.25	420.67	1.4715	1.6492	3.938	5.020	4.369	141	101.9	60.4	19.61	51.7	36.40	0.33	95.00
100.00	3.9724	651.2	0.00268	373.30	407.68	1.5188	1.6109	17.59	25.35	20.81	101	94.0	45.1	24.21	59.9	60.58	0.04	100.00
101.06c	4.0593	511.9	0.00195	389.64	389.64	1.5621	1.5621	∞	∞	∞	0	0.0	—	—	∞	∞	0.00	101.06

温度按 ITS-90 分度　　正常沸点　　临界点

附表 7　　**R-245fa 制冷剂在饱和状态下的热力特性表**

温度/℃	压力/MPa	液体密度/(kg/m³)	蒸气比容/(m³/kg)	比焓/(kJ/kg)		比熵/[kJ/(kg·K)]		比热容 c_p/[kJ/(kg·K)]		蒸气 c_p/c_v	声速/(m/s)		黏度 μ/(Pa·s)		热导率/[mW/(m·K)]		表面张力/(mN/m)	温度/℃
				液体	蒸气	液体	蒸气	液体	蒸气		液体	蒸气	液体	蒸气	液体	蒸气		
−50	0.00286	1523.5	4.82330	137.62	368.35	0.7482	1.7822	1.196	0.718	1.097	1054	122.8	1495.0	7.71	115.1	8.61	23.48	−50
−40	0.00582	1500.5	2.47050	149.72	375.45	0.8012	1.7694	1.221	0.740	1.095	987	125.1	1168.0	8.05	111.5	9.25	22.26	−40
−30	0.01104	1477.1	1.35460	162.03	382.69	0.8529	1.7604	1.240	0.763	1.094	929	127.3	946.2	8.40	108.0	9.90	21.03	−30
−20	0.01967	1453.3	0.78751	174.52	390.03	0.9032	1.7545	1.257	0.787	1.094	877	129.3	785.7	8.75	104.5	10.58	19.78	−20
−10	0.03324	1428.9	0.48155	187.18	397.45	0.9522	1.7513	1.273	0.811	1.094	829	131.0	664.6	9.09	101.2	11.28	18.52	−10
0	0.05358	1404.0	0.30757	200.00	404.93	1.0000	1.7502	1.290	0.837	1.095	783	132.5	570.1	9.42	97.9	12.00	17.25	0
2	0.05866	1399.0	0.28251	202.59	406.43	1.0094	1.7503	1.294	0.842	1.096	774	132.7	553.7	9.49	97.3	12.14	17.00	2
4	0.06411	1393.9	0.25988	205.18	407.93	1.0188	1.7504	1.297	0.848	1.096	765	133.0	537.9	9.56	96.6	12.29	16.74	4
6	0.06995	1388.8	0.23939	207.78	409.44	1.0281	1.7505	1.301	0.853	1.097	756	133.2	522.8	9.62	96.0	12.44	16.48	6
8	0.07622	1383.7	0.22083	210.39	410.94	1.0374	1.7508	1.305	0.859	1.097	747	133.4	508.3	9.69	95.3	12.59	16.23	8
10	0.08293	1378.5	0.20397	213.00	412.45	1.0467	1.7511	1.309	0.864	1.098	738	133.6	494.4	9.76	94.7	12.74	15.97	10
12	0.09009	1373.3	0.18865	215.63	413.95	1.0559	1.7514	1.312	0.870	1.098	729	133.8	481.0	9.82	94.1	12.89	15.72	12
14	0.09774	1368.1	0.17469	218.26	415.46	1.0651	1.7518	1.316	0.875	1.099	721	134.0	468.1	9.89	93.4	13.04	15.46	14
14.90[b]	0.10133	1365.7	0.16885	219.44	416.13	1.0692	1.7520	1.318	0.878	1.099	717	134.1	462.5	9.92	93.2	13.11	15.34	14.9
16	0.10589	1362.8	0.16197	220.90	416.97	1.0742	1.7523	1.320	0.881	1.100	712	134.2	455.7	9.96	92.8	13.19	15.20	16
18	0.11457	1357.5	0.15035	223.54	418.47	1.0833	1.7528	1.324	0.887	1.100	703	134.3	443.8	10.02	92.2	13.34	14.95	18
20	0.12380	1352.2	0.13973	226.20	419.98	1.0924	1.7534	1.328	0.893	1.101	695	134.4	432.3	10.09	91.6	13.50	14.6.9	20
22	0.13360	1346.9	0.13000	228.86	421.48	1.1014	1.7540	1.332	0.899	1.102	686	134.6	421.2	10.16	90.9	13.65	14.43	22
24	0.14400	1341.5	0.12108	231.54	422.99	1.1104	1.7547	1.337	0.905	1.103	677	134.7	410.5	10.22	90.3	13.81	14.18	24
26	0.15502	1336.1	0.11289	234.22	424.49	1.1194	1.7554	1.341	0.911	1.104	669	13 4.7	400.2	10.29	89.7	13.97	13.92	26
28	0.16670	1330.6	0.10536	236.91	425.99	1.1283	1.7562	1.345	0.917	1.105	660	134.8	390.2	10.36	89.1	14.13	13.66	28
30	0.1 7904	1325.1	0.09843	239.60	427.50	1.1372	1.7570	1.350	0.923	1.106	652	134.9	380.5	10.42	88.5	14.29	13.41	30
32	0.19209	1319.6	0.09205	242.31	428.99	1.1461	1.7578	1.354	0.929	1.107	643	134.9	371.1	10.49	87.9	14.45	13.15	32

续表

温度/℃	压力/MPa	液体密度/(kg/m³)	蒸气比容/(m³/kg)	比焓/(kJ/kg)		比熵/[kJ/(kg·K)]		比热容 c_p/[kJ/(kg·K)]		蒸气 c_p/c_v	声速/(m/s)		黏度 μ/(Pa·s)		热导率/[mW/(m·K)]		表面张力/(mN/m)	温度/℃
				液体	蒸气	液体	蒸气	液体	蒸气		液体	蒸气	液体	蒸气	液体	蒸气		
34	0.20586	1314.0	0.08616	245.03	430.49	1.1549	1.7587	1.359	0.936	1.108	635	134.9	362.1	10.56	87.2	14.61	12.89	34
36	0.22038	1308.4	0.08072	247.75	431.99	1.1637	1.7597	1.364	13.942	1.110	626	134.9	553.3	10.62	86.6	14.77	12.64	36
38	0.23568	1302.7	0.07569	250.49	433.48	1.1725	1.7606	1.368	0.949	1.111	618	134.9	344.8	10.69	86.0	14.94	12.38	38
40	0.25179	1297.0	0.07103	253.24	434.97	1.1813	1.7616	1.373	0.956	1.112	609	134.9	336.5	10.76	85.4	15.10	12.13	40
42	0.26873	1291.2	0.06672	255.99	436.46	1.1900	1.7626	1.378	0.962	1.114	601	134.8	328.5	10.83	84.8	15.27	11.87	42
44	0.28653	1285.4	0.06271	258.76	437.95	1.1987	1.7637	1.383	0.969	1.115	592	134.7	320.7	10.89	84.2	15.44	11.62	44
46	0.30523	1279.6	0.05899	261.53	439.43	1.2074	1.7648	1.388	0.976	1.117	584	134.6	313.1	10.96	83.6	15.61	11.36	46
48	0.32485	1273.7	0.05554	264.32	440.91	1.2160	1.7659	1.394	0.984	1.119	575	134.5	305.8	11.03	83.0	15.78	11.11	48
50	0.34541	1267.7	0.05232	267.11	442.38	1.2246	1.7670	1.399	0.991	1.121	567	134.4	298.6	11.10	82.4	15.96	10.85	50
52	0.36695	1261.7	0.04933	269.92	443.85	1.2333	1.7682	1.405	0.998	2.122	559	134.2	291.6	11.17	81.8	1 6.13	10.6	52
54	0.38951	1255.6	0.04653	272.74	445.32	1.2418	1.7694	1.410	1.006	1.125	550	134.0	284.8	11.24	81.2	16.31	10.35	54
56	0.41310	1249.5	0.04393	275.57	446.78	1.2504	1.7706	1.416	1.013	1.127	542	133.8	278.2	11.32	80.6	16.49	10.10	56
58	0.43776	1243.3	0.04149	278.41	448.24	1.2590	1.7718	1.422	1.021	1.129	533	133.6	271.8	11.39	80.0	16.67	9.84	58
60	0.46352	1237.0	0.03922	281.26	449.69	1.2675	1.7730	1.428	1.029	1.131	525	133.4	265.5	11.46	79.4	16.86	9.59	60
62	0.49042	1230.7	0.03709	284.13	451.13	1.2760	1.7743	1.434	1.038	1.134	516	133.1	259.4	11.54	78.8	17.04	9.34	62
64	0.51848	1224.3	0.03509	287.01	452.57	1.2845	1.7756	1.441	1.046	1.137	508	132.8	253.4	11.61	78.2	17.23	9.09	64
66	0.54774	1217.8	0.03323	289.90	454.0	1.2930	1.7768	1.447	1.055	1.140	500	132.5	247.5	11.69	77.6	17.43	8.85	66
68	0.57822	1211.3	0.03147	292.80	455.43	1.3014	1.7781	1.454	1.063	1.143	491	132.1	241.8	11.77	77.0	17.62	8.60	68
70	0.60997	1204.7	0.02983	295.71	456.85	1.3099	1.7794	1.461	1.072	1.146	483	131.8	236.2	11.85	76.4	17.82	8.35	70
72	0.64301	1198.0	0.02828	298.64	458.26	1.3183	1.7807	1.468	1.082	1.149	474	131.4	230.8	11.93	75.8	18.02	8.10	72
74	0.67738	1191.2	0.02682	301.59	459.66	1.3267	1.7820	1.476	1.091	1.153	466	131.0	225.4	12.01	75.2	18.23	7.86	74
76	0.71312	1184.3	0.02545	304.55	461.05	1.3351	1.7834	1.483	1.101	1.157	457	130.5	220.2	12.10	74.6	18.44	7.61	76
78	0.75025	1177.3	0.02416	307.52	462.43	1.3435	1.7847	1.491	1.111	1.161	449	130.0	215.1	12.18	74.1	18.65	7.37	78

续表

温度/℃	压力/MPa	液体密度/(kg/m³)	蒸气比容/(m³/kg)	比焓/(kJ/kg)		比熵/[kJ/(kg·K)]		比热容 c_p/[kJ/(kg·K)]		蒸气 c_p/c_v	声速/(m/s)		黏度 μ/(Pa·s)		热导率/[mW/(m·K)]		表面张力/(mN/m)	温度/℃
				液体	蒸气	液体	蒸气	液体	蒸气		液体	蒸气	液体	蒸气	液体	蒸气		
80	0.78881	1170.3	0.02295	310.50	463.80	1.3519	1.7860	1.499	1.122	1.165	441	129.5	210.0	12.27	73.4	18.87	7.13	80
82	0.82884	1163.1	0.02180	313.51	465.16	1.3603	1.7873	1.508	1.133	1.169	432	129.0	205.1	12.36	72.9	19.09	6.89	82
84	0.87038	1155.8	0.02072	316.53	466.51	1.3687	1.7886	1.517	1.144	1.174	424	128.4	200.3	12.46	72.3	19.32	6.65	84
86	0.91346	1148.4	0.01970	319.56	467.85	1.3770	1.7899	1.526	1.156	1.180	415	127.8	195.5	12.55	71.7	19.56	6.41	86
88	0.95812	1140.9	0.01873	322.61	469.17	1.3854	1.7912	1.535	1.168	1.185	407	127.2	190.9	12.66	71.1	19.80	6.17	88
90	1.00440	1133.3	0.01782	325.68	470.48	1.3938	1.7925	1.545	1.180	1.191	398	126.5	186.3	12.72	70.5	20.03	5.94	90
92	1.05230	1125.6	0.01 695	328.77	471.77	1.4021	1.7938	1.556	1.194	1.198	390	125.9	181.8	12.83	69.9	20.28	5.70	92
94	1.10190	1117.7	0.01613	331.88	473.05	1.4105	1.7950	1.567	1.208	1.205	381	125.1	177.4	12.93	69.2	20.55	5.47	94
96	1.15330	1109.7	0.01535	335.00	474.31	1.4189	1.7962	1.578	1.222	1.212	373	124.4	173.1	13.04	68.6	20.82	5.24	96
98	1.20640	1101.5	0.01461	338.15	475.55	1.4272	1.7974	1.590	1.237	1.220	364	123.6	168.8	13.16	68.0	21.10	5.01	98
100	1.26140	1093.1	0.01391	341.31	476.77	1.4356	1.7986	1.603	1.254	1.229	356	122.7	164.6	13.28	67.4	21.39	4.79	100
105	1.40690	1071.5	0.01231	349.33	479.73	1.4566	1.8714	1.638	1.299	1.255	334	120.5	154.3	13.61	65.9	22.17	4.23	105
110	1.56480	1048.7	0.01089	357.50	482.53	1.4777	1.8440	1.679	1.352	1.286	312	117.9	144.4	13.97	64.4	23.04	3.68	110
115	1.73570	1024.4	0.00962	365.85	485.13	1.4989	1.8062	1.729	1.416	1.327	290	115.1	134.7	14.40	62.8	24.02	3.15	115
120	1.92050	998.4	0.00849	374.40	487.49	1.5203	1.8079	1.790	1.497	1.381	267	112.0	125.3	14.89	61.2	25.16	2.64	120
125	2.12000	970.1	0.00748	383.19	489.54	1.5420	1.8091	1.868	1.603	1.455	244	108.5	116.0	15.47	59.6	26.50	2.15	125
130	2.33510	939.0	0.00656	392.29	491.19	1.5642	1.8095	1.975	1.749	1.560	221	104.6	106.8	16.18	58.0	28.13	1.68	130
135	2.56710	904.0	0.00571	401.79	492.30	1.5869	1.8087	2.131	1.967	1.723	196	100.2	97.5	17.07	56.4	30.16	1.24	135
140	2.81720	863.4	0.00492	411.85	492.60	1.6108	1.8062	2.389	2.330	2.002	170	95.4	87.9	18.25	54.9	32.84	0.84	140
145	3.08740	813.4	0.00416	422.82	491.58	1.6364	1.8008	2.908	3.070	2.581	143	89.8	77.6	19.94	53.8	36.72	0.47	145
150	3.38020	743.2	0.00336	435.71	487.81	1.6661	1.7892	4.562	5.407	4.431	113	83.5	65.4	22.84	54.0	43.70	0.17	150
154.05[c]	3.64000	517.0	0.00193	463.06	463.06	1.7294	1.7294	∞	∞	∞	0	0.0	—	—	∞	∞	0.00	154.05

温度按 ITS－90 分度　　正常沸点　　临界点

附表 8

R-404A 制冷剂在饱和状态下的热力特性表

温度 /℃	压力 /MPa		液体密度 /(kg/m³)	蒸气比容 /(m³/kg)	比焓/(kJ/kg)		比熵 /[kJ/(kg·K)]		比热容 c_p /[kJ/(kg·K)]		蒸气 c_p/c_v	声速/(m/s)		黏度 μ/(Pa·s)		热导率 /[mW/(m·K)]		表面张力 /(mN/m)	温度 /℃
					液体	蒸气	液体	蒸气	液体	蒸气		液体	蒸气	液体	蒸气	液体	蒸气		
0.005	−93.70	−92.50	1447.1	3.05794	81.16	311.61	0.4716	1.7532	1.220	0.640	1.163	998	132.9	764.[illegible]	7.32	122.5	6.15	17.78	0.005
0.006	−91.48	−90.32	1440.6	2.57690	83.85	312.92	0.4865	1.7450	1.218	0.646	1.162	980	133.6	727.[illegible]	7.41	121.2	6.28	17.58	0.006
0.007	−89.56	−88.42	1434.9	2.22992	86.19	314.06	0.4993	1.7382	1.216	0.651	1.161	966	134.1	697.[illegible]	7.48	120.1	6.40	17.40	0.007
0.008	−87.86	−86.74	1429.9	1.96748	88.26	315.07	0.5106	1.7324	1.215	0.655	1.161	953	134.6	673.[illegible]	7.55	119.2	6.50	17.24	0.008
0.009	−86.32	−85.22	1425.4	1.76182	90.13	315.99	0.5206	1.7273	1.214	0.660	1.160	942	135.0	651.[illegible]	7.61	118.3	6.60	17.09	0.009
0.01	−84.93	−83.84	1421.3	1.59620	91.83	316.83	0.5296	1.7229	1.214	0.663	1.160	933	135.4	633.[illegible]	7.66	117.5	6.68	16.96	0.01
0.02	−75.05	−74.08	1392.4	0.83425	103.81	322.78	0.5917	1.6953	1.215	0.691	1.159	870	137.9	523.[illegible]	8.04	112.2	7.31	16.00	0.02
0.04	−63.85	−62.97	1359.4	0.43619	117.48	329.58	0.6587	1.6707	1.225	0.725	1.159	807	140.4	431.[illegible]	8.47	106.4	8.05	14.85	0.04
0.06	−56.57	−55.75	1337.7	0.29837	126.44	334.00	0.7007	1.6578	1.234	0.749	1.161	770	141.7	383.[illegible]	8.74	102.8	8.55	14.08	0.06
0.08	−51.03	−50.25	1321.0	0.22779	133.31	337.36	0.7320	1.6494	1.243	0.767	1.163	742	142.6	352.[illegible]	8.95	100.1	8.93	13.48	0.08
0.1	−46.50	−45.74	1307.1	0.18467	138.97	340.08	0.7571	1.6434	1.251	0.784	1.166	719	143.2	329.[illegible]	9.12	98.0	9.25	12.98	0.1
0.10132[b]	−46.22	−45.47	1306.3	0.18240	139.31	340.25	0.7586	1.6430	1.252	0.785	1.166	718	143.2	328.[illegible]	9.13	97.8	9.27	12.95	0.10132
0.12	−42.63	−41.90	1295.1	0.15551	143.83	342.40	0.7783	1.6387	1.259	0.798	1.169	700	143.6	311.[illegible]	9.26	96.2	9.53	12.55	0.12
0.14	−39.24	−38.53	1284.5	0.13443	148.12	344.41	0.7967	1.6349	1.266	0.811	1.171	684	143.9	297.[illegible]	9.39	94.6	9.78	12.17	0.14
0.16	−36.20	−35.51	1275.0	0.11846	151.97	346.20	0.8130	1.6318	1.273	0.823	1.174	669	144.1	285.[illegible]	9.50	93.2	10.01	11.82	0.16
0.18	−33.45	−32.78	1266.2	0.10592	155.49	347.81	0.8277	1.6292	1.279	0.834	1.177	656	144.2	274.[illegible]	9.60	91.9	10.21	11.51	0.18
0.2	−30.93	−30.27	1258.0	0.09581	158.73	349.28	0.8411	1.6270	1.285	0.844	1.179	644	144.3	265.[illegible]	9.69	90.8	10.40	11.21	0.2
0.22	−28.59	−27.94	1250.4	0.08748	161.75	350.63	0.8534	1.6250	1.291	0.855	1.182	633	144.3	256.[illegible]	9.78	89.7	10.58	10.94	0.22
0.24	−26.42	−25.78	1243.3	0.08049	164.57	351.88	0.8649	1.6233	1.297	0.864	1.185	623	144.4	249.[illegible]	9.86	88.7	10.75	10.69	0.24
0.26	−24.37	−23.75	1236.5	0.07454	167.23	353.04	0.8755	1.6217	1.303	0.873	1.188	613	144.3	242.[illegible]	9.94	87.8	10.91	10.45	0.26
0.28	−22.45	−21.83	1230.1	0.06941	169.75	354.13	0.8855	1.6203	1.308	0.882	1.190	604	144.3	236.[illegible]	10.01	87.0	11.06	10.22	0.28
0.3	−20.62	−20.02	1223.9	0.06494	172.14	355.15	0.8950	1.6190	1.313	0.891	1.193	595	144.2	231.[illegible]	10.08	86.2	11.21	10.01	0.3

续表

温度/℃	压力/MPa		液体密度/(kg/m³)	蒸气比容/(m³/kg)	比焓/(kJ/kg)		比熵/[kJ/(kg·K)]		比热容 c_p/[kJ/(kg·K)]		蒸气 c_p/c_v	声速/(m/s)		黏度 μ/(Pa·s)		热导率/[mW/(m·K)]		表面张力/(mN/m)	温度/℃
					液体	蒸气	液体	蒸气	液体	蒸气		液体	蒸气	液体	蒸气	液体	蒸气		
0.32	−18.89	−18.29	1218.0	0.06101	174.43	356.12	0.9039	1.6179	1.319	0.899	1.196	587	144.1	225.9	10.15	85.4	11.34	9.81	0.32
0.34	−17.24	−16.65	1212.4	0.05752	176.61	357.03	0.9125	1.6168	1.324	0.907	1.199	579	144.0	221.1	10.21	84.7	11.48	9.61	0.34
0.36	−15.66	−15.08	1206.9	0.05441	178.71	357.90	0.9206	1.6158	1.329	0.915	1.202	572	143.9	216.6	10.27	84.0	11.61	9.42	0.36
0.38	−14.15	−13.57	1201.6	0.05162	180.73	358.72	0.9283	1.6149	1.334	0.923	1.205	565	143.8	212.4	10.33	83.3	11.73	9.24	0.38
0.4	−12.69	−12.12	1196.5	0.04909	182.68	359.51	0.9358	1.6141	1.339	0.931	1.208	558	143.7	208.4	10.39	82.7	11.85	9.07	0.4
0.42	11.29	−10.73	1191.6	0.04680	184.56	360.26	0.9429	1.6133	1.344	0.938	1.211	551	143.5	204.7	10.44	82.1	11.97	8.90	0.42
0.44	−9.94	−9.39	1186.7	0.04471	186.38	360.98	0.9498	1.6125	1.349	0.946	1.214	545	143.4	201.2	10.49	81.5	12.08	8.74	0.44
0.46	−8.64	−8.09	1182.0	0.04279	188.15	361.67	0.9564	1.6118	1.353	0.953	1.217	538	143.2	197.8	10.55	81.0	12.19	8.58	0.46
0.48	−7.37	−6.83	1177.5	0.04103	189.86	362.33	0.9628	1.6112	1.358	0.960	1.220	532	143.0	194.6	10.60	80.4	12.30	8.43	0.48
0.5	−6.15	−5.61	1173.0	0.03940	191.53	362.96	0.9690	1.6105	1.363	0.967	1.223	527	142.8	191.6	10.65	79.9	12.41	8.28	0.5
0.55	−3.24	−2.72	1162.3	0.03584	195.51	364.45	0.9837	1.6091	1.374	0.984	1.231	513	142.4	184.6	10.77	78.7	12.66	7.93	0.55
0.6	−0.53	−0.02	1152.0	0.03284	199.26	365.81	0.9973	1.6078	1.386	1.001	1.239	500	141.9	178.2	10.88	77.5	12.91	7.61	0.6
0.65	2.02	2.52	1142.3	0.03029	202.81	367.06	1.0101	1.6066	1.397	1.018	1.247	488	141.3	172.5	10.99	76.5	13.16	7.30	0.65
0.7	4.42	4.91	1132.9	0.02809	206.18	368.21	1.0222	1.6055	1.409	1.034	1.256	476	140.8	167.2	11.10	75.5	13.41	7.01	0.7
0.75	6.70	7.18	1123.8	0.02618	209.41	369.28	1.0336	1.6044	1.420	1.051	1.264	465	140.2	162.4	11.20	74.5	13.65	6.74	0.75
0.8	8.87	9.34	1115.1	0.02449	212.49	370.27	1.0444	1.6035	1.432	1.067	1.274	455	139.6	157.9	11.30	73.6	13.89	6.48	0.8
0.85	10.94	11.40	1106.5	0.02300	215.46	371.19	1.0547	1.6025	1.443	1.084	1.283	445	139.0	153.6	11.40	72.8	14.12	6.23	0.85
0.9	12.92	13.37	1098.2	0.02166	218.32	372.05	1.0646	1.6016	1.455	1.100	1.293	435	138.3	149.7	11.50	72.0	14.35	5.99	0.9
0.95	14.81	15.26	1090.2	0.02046	221.09	372.85	1.0741	1.6007	1.466	1.117	1.303	126	137.7	146.0	11.59	71.2	14.59	5.76	0.95
1.0	16.64	17.08	1082.2	0.01937	223.77	373.59	1.0832	1.5999	1.478	1.134	1.313	417	137.1	142.5	11.69	70.4	14.82	5.54	1.0
1.1	20.09	20.52	1066.9	0.01749	228.89	374.94	1.1005	1.5982	1.503	1.169	1.336	400	135.7	136.1	11.88	69.0	15.29	5.13	1.1
1.2	23.32	23.73	1052.0	0.01590	233.75	376.12	1.1166	1.5965	1.528	1.206	1.360	384	134.4	130.2	12.07	67.7	15.76	4.75	1.2

续表

温度 /℃	压力 /MPa		液体密度 /(kg/m³)	蒸气比容 /(m³/kg)	比焓/(kJ/kg)		比熵 /[kJ/(kg·K)]		比热容 c_p /[kJ/(kg·K)]		蒸气 c_p/c_v	声速/(m/s)		黏度 μ/(Pa·s)		热导率 /[mW/(m·K)]		表面张力 /(mN/m)	温度 /℃
					液体	蒸气	液体	蒸气	液体	蒸气		液体	蒸气	液体	蒸气	液体	蒸气		
1.3	26.35	26.75	1037.5	0.01455	238.37	377.14	1.1318	1.5949	1.554	1.244	1.386	368	133.0	124.9	12.26	66.5	16.23	4.39	1.3
1.4	29.22	29.60	1023.4	0.01338	242.81	378.02	1.1462	1.5932	1.582	1.285	1.414	354	131.6	119.9	12.45	65.3	16.71	4.06	1.4
1.5	31.93	32.30	1009.5	0.01236	247.07	378.78	1.1599	1.5914	1.611	1.329	1.445	340	130.1	115.3	12.65	64.2	17.21	3.75	1.5
1.6	34.51	34.87	995.7	0.01146	251.19	379.42	1.1730	1.5896	1.643	1.376	1.478	327	128.7	111.0	12.84	63.1	17.72	3.45	1.6
1.7	36.97	37.32	982.1	0.01066	255.17	379.95	1.1856	1.5878	1.676	1.426	1.515	314	127.2	107.0	13.05	62.1	18.24	3.17	1.7
1.8	39.33	39.67	968.6	0.00994	259.05	380.38	1.1977	1.5858	1.712	1.481	1.556	301	125.7	103.2	13.25	61.2	18.80	2.91	1.8
1.9	41.58	41.91	955.1	0.00930	262.83	380.70	1.2095	1.5838	1.751	1.541	1.601	289	124.1	99.5	13.47	60.2	19.37	2.66	1.9
2.0	43.75	44.07	941.6	0.01871	266.52	380.92	1.2208	1.5817	1.794	1.607	1.652	277	122.6	96.1	13.70	59.3	19.98	2.43	2.0
2.1	45.84	46.15	928.1	0.00817	270.14	381.05	1.2319	1.5794	1.841	1.681	1.709	266	121.0	92.7	13.93	58.5	20.62	2.21	2.1
2.2	47.85	48.15	914.4	0.00768	273.70	381.08	1.2427	1.5770	1.893	1.763	1.774	254	119.4	89.5	14.18	57.6	21.31	2.00	2.2
2.3	49.80	50.08	900.6	0.00723	277.20	381.01	1.2532	1.5745	1.952	1.856	1.847	243	117.8	86.5	14.44	56.8	22.04	1.80	2.3
2.4	51.68	51.95	886.5	0.00680	280.66	380.83	1.2635	1.5718	2.019	1.962	1.932	232	116.2	83.5	14.72	56.0	22.83	1.61	2.4
2.5	53.50	53.76	872.2	0.00641	284.09	380.55	1.2737	1.5689	2.095	2.085	2.032	222	114.5	80.5	15.02	55.3	23.69	1.43	2.5
2.6	55.26	55.51	857.5	0.00304	287.50	380.15	1.2837	1.5658	2.183	2.229	2.149	211	112.9	77.7	15.34	54.5	24.62	1.26	2.6
2.7	56.97	57.21	842.4	0.00569	290.89	379.62	1.2937	1.5624	2.288	2.401	2.289	200	111.2	74.9	15.69	53.8	25.65	1.10	2.7
2.8	58.63	58.86	826.8	0.00536	294.29	378.96	1.3036	1.5587	2.414	2.609	2.459	190	109.5	72.1	16.07	53.2	26.79	0.94	2.8
2.9	60.24	60.46	810.5	0.00505	297.70	378.14	1.3135	1.5547	2.569	2.868	2.672	179	107.7	69.3	16.49	52.6	28.06	0.80	2.9
3.0	61.81	62.01	793.4	0.00475	301.15	377.15	1.3234	1.5503	2.765	3.197	2.544	169	106.0	66.5	16.95	52.0	29.51	0.67	3.0
3.2	64.82	64.99	755.6	0.00417	308.25	374.49	1.3438	1.5397	3.381	4.233	3.797	148	102.3	60.9	18.09	51.2	33.17	0.43	3.2
3.4	67.67	67.81	709.8	0.00361	315.97	370.45	1.3657	1.5255	4.771	6.536	5.689	126	98.5	54.7	19.68	51.3	38.73	0.23	3.4
3.729[c]	72.05	72.05	486.5	0.00206	343.92	343.92	1.4455	1.4455	—	—	—	—	—	—	—	—	—	0.00	3.72921

温度按 ITS－90 分度　　正常沸点　　临界点

附表 9　　**R-407C 制冷剂在饱和状态下的热力特性表**

温度/℃	压力/MPa		液体密度/(kg/m³)	蒸气比容/(m³/kg)	比焓/(kJ/kg)		比熵/[kJ/(kg·K)]		比热容 c_p/[kJ/(kg·K)]		蒸气 c_p/c_v	声速/(m/s)		黏度 μ/(Pa·s)		热导率/[mW/(m·K)]		表面张力/(mN/m)	温度/℃
					液体	蒸气	液体	蒸气	液体	蒸气		液体	蒸气	液体	蒸气	液体	蒸气		
0.01	−82.45	−74.81	1495.5	1.89703	90.48	366.78	0.5259	1.9471	1.281	0.668	1.182	1008	149.1	779.8	8.43	151.5	6.94	24.75	0.01
0.02	−72.50	−65.02	1466.7	0.99017	103.24	372.75	0.5910	1.9104	1.283	0.694	1.181	953	151.8	632.8	8.83	145.4	7.52	22.93	0.02
0.04	−61.25	−53.95	1433.7	0.51705	117.72	379.47	0.6612	1.8761	1.291	0.727	1.182	893	154.6	513.1	9.28	138.5	8.19	20.91	0.04
0.06	−53.96	−46.79	1412.0	0.35346	127.17	383.77	0.7050	1.8573	1.299	0.750	1.184	856	156.1	453.1	9.57	134.1	8.64	19.62	0.06
0.08	−48.42	−41.34	1395.3	0.26975	134.39	386.99	0.7374	1.8445	1.306	0.769	1.187	828	157.1	414.4	9.79	130.7	8.99	18.65	0.08
0.1	−43.90	−36.90	1381.5	0.21865	140.31	389.59	0.7635	1.8349	1.312	0.786	1.190	806	157.8	386.2	9.97	128.1	9.28	17.87	0.1
0.10132[b]	−43.63	−36.63	1380.7	0.21595	140.67	389.75	0.7650	1.8343	1.312	0.787	1.190	804	157.8	384.6	9.98	127.9	9.29	17.82	0.10132
0.12	−40.05	−33.11	1369.7	0.18411	145.39	391.78	0.7854	1.8273	1.318	0.800	1.193	787	158.3	364.3	10.12	125.8	9.52	17.21	0.12
0.14	−36.67	−29.79	1359.1	0.15916	149.86	393.68	0.8043	1.8210	1.324	0.813	1.196	770	158.7	346.6	10.25	123.8	9.75	16.63	0.14
0.16	−33.65	−26.83	1349.7	0.14025	153.86	395.36	0.8211	1.8156	1.329	0.825	1.199	755	159.0	331.8	10.37	122.0	9.94	16.12	0.16
0.18	−30.92	−24.15	1341.0	0.12542	157.51	396.86	0.8362	1.8110	1.334	0.837	1.201	742	159.3	319.1	10.48	120.4	10.13	15.66	0.18
0.2	−28.41	−21.69	1333.0	0.11347	160.87	398.22	0.8499	1.8069	1.339	0.848	1.204	730	159.5	308.0	10.57	119.0	10.29	15.24	0.2
0.22	−26.09	−19.41	1325.5	0.13362	163.99	399.47	0.8625	1.8033	1.344	0.858	1.207	719	159.6	298.2	10.66	117.6	10.45	14.86	0.22
0.24	−23.93	−17.29	1318.4	0.09536	166.91	400.62	0.8742	1.8000	1.349	0.868	1.210	708	159.7	289.5	10.75	16.4	10.60	14.50	0.24
0.26	−21.90	−15.31	1311.8	0.03833	169.65	401.69	0.8851	1.7970	1.354	0.877	1.213	698	159.8	281.6	10.83	115.2	10.74	14.16	0.26
0.28	19.99	−13.43	1305.5	0.08227	172.24	402.69	0.8954	1.7942	1.358	0.886	1.216	689	159.8	274.4	10.90	114.2	10.87	13.85	0.28
0.3	−18.10	11.66	1299.5	0.07699	174.71	403.62	0.9050	1.7917	1.362	0.895	1.219	680	159.8	267.8	10.97	113.1	10.99	13.56	0.3
0.32	−16.47	−9.98	1293.7	0.07235	177.06	404.49	0.9141	1.7894	1.367	0.903	1.222	672	159.8	261.8	11.04	112.2	11.11	13.28	0.32
0.34	−14.83	−8.38	1288.2	0.06824	179.30	405.32	0.9228	1.7872	1.371	0.911	1.224	664	159.8	256.1	11.11	111.2	11.23	13.01	0.34
0.36	−13.27	−6.85	1282.9	0.06457	181.45	406.10	0.9313	1.7851	1.375	0.919	1.227	656	159.8	250.9	11.17	110.4	11.35	12.76	0.36
0.38	−11.77	−5.38	1277.8	0.06127	183.52	406.85	0.9389	1.7832	1.379	0.927	1.230	649	159.7	246.0	11.23	109.5	11.46	12.52	0.38
0.4	10.33	3.97	1272.8	0.05830	185.52	407.55	0.9465	1.7814	1.383	0.934	1.233	642	159.7	241.4	11.28	108.7	11.57	12.29	0.4

续表

温度/℃	压力/MPa		液体密度/(kg/m³)	蒸气比容/(m³/kg)	比焓/(kJ/kg)		比熵/[kJ/(kg·K)]		比热容 c_p/[kJ/(kg·K)]		蒸气 c_p/c_v	声速/(m/s)		黏度 μ/(Pa·s)		热导率/[mW/(m·K)]		表面张力/(mN/m)	温度/℃
					液体	蒸气	液体	蒸气	液体	蒸气		液体	蒸气	液体	蒸气	液体	蒸气		
0.42	−8.94	−2.61	1268.0	0.05559	187.44	408.23	0.9537	1.7796	1.387	0.912	1.236	635	159.6	237.1	11.34	107.9	11.68	12.07	0.42
0.44	−7.61	−1.31	1263.4	0.05313	189.30	408.87	0.9607	1.7780	1.391	0.949	1.239	629	159.5	233.0	11.39	107.2	11.78	11.85	0.44
0.46	−6.31	−0.04	1258.8	0.05087	191.11	409.48	0.9674	1.7764	1.395	0.956	1.242	622	159.4	229.1	11.45	106.5	11.88	11.65	0.46
0.48	−5.06	1.18	1254.4	0.04879	192.86	410.07	0.9739	1.7750	1.399	0.963	1.245	616	159.3	225.4	11.50	105.8	11.98	111.45	0.48
0.5	−3.85	2.36	1250.1	0.04687	194.56	410.64	0.9801	1.7735	1.403	0.970	1.248	610	159.2	221.9	11.54	105.1	12.08	11.26	0.5
0.55	−0.98	5.17	1239.8	0.04267	198.61	411.95	0.9950	1.7702	1.413	0.987	1.255	596	158.9	213.9	11.66	103.5	12.31	10.81	0.55
0.6	1.70	7.79	1230.0	0.03915	202.42	413.15	1.0087	1.7672	1.422	1.004	1.262	583	158.6	206.7	11.77	102.1	12.54	10.40	0.6
0.65	4.22	10.24	1220.7	0.03615	206.02	414.25	1.0216	1.7644	1.432	1.020	1.270	571	158.2	200.1	11.88	100.7	12.75	10.01	0.65
0.7	6.60	12.56	1211.7	0.03356	209.44	415.25	1.0338	1.7618	1.441	1.036	1.278	559	157.8	194.1	11.98	99.4	12.96	9.64	0.7
0.75	8.85	14.76	1203.1	0.03131	212.71	416.18	1.0452	1.7594	1.451	1.052	1.286	548	157.4	188.6	12.08	98.2	13.17	9.30	0.75
0.8	11.00	16.85	1194.9	0.02933	215.83	417.03	1.0561	1.7571	1.460	1.067	1.294	537	157.0	183.6	12.17	97.1	13.37	8.98	0.8
0.85	13.04	18.84	1186.8	0.02757	218.83	417.83	1.0665	1.7550	1.469	1.082	1.302	527	156.6	178.8	12.26	96.0	13.58	8.67	0.85
0.9	15.00	20.74	1179.1	0.02600	221.71	418.57	1.0764	1.7529	1.479	1.098	1.310	518	156.1	174.4	12.35	94.9	13.78	8.38	0.9
0.95	16.88	22.56	1171.5	0.02460	224.50	419.25	1.0859	1.7509	1.488	1.113	1.319	508	155.6	170.3	12.44	93.9	13.98	8.11	0.95
1.0	18.69	24.32	1164.1	0.02332	227.19	419.89	1.0950	1.7491	1.498	1.128	1.327	499	155.2	166.4	12.52	93.0	14.18	7.84	1.0
1.1	22.11	27.63	1149.9	0.02111	232.34	421.03	1.1122	1.7455	1.517	1.159	1.346	482	154.2	159.2	12.68	91.1	14.59	7.35	1.1
1.2	25.30	30.73	1136.2	0.01926	237.20	422.03	1.1283	1.7421	1.537	1.190	1.365	466	153.2	152.8	12.84	89.5	14.99	6.89	1.2
1.3	28.30	33.63	1123.0	0.01768	241.82	422.89	1.1434	1.7389	1.557	1.222	1.385	451	152.1	146.9	13.01	87.9	15.39	6.47	1.3
1.4	31.14	36.37	1110.2	0.01631	246.24	423.63	1.1577	1.7358	1.578	1.255	1.106	436	151.0	141.5	13.15	86.4	15.80	6.07	1.4
1.5	33.83	38.97	1097.7	0.01512	250.48	424.27	1.1713	1.7328	1.600	1.289	1.428	423	150.0	136.5	13.31	85.0	16.22	5.70	1.5
1.6	36.39	41.43	1085.5	0.01408	254.57	424.80	1.1843	1.7298	1.622	1.324	1.452	409	148.8	131.8	13.47	83.7	16.64	5.35	1.6

续表

温度/℃	压力/MPa		液体密度/(kg/m³)	蒸气比容/(m³/kg)	比焓/(kJ/kg)		比熵/[kJ/(kg·K)]		比热容 c_p/[kJ/(kg·K)]		蒸气 c_p/c_v	声速/(m/s)		黏度 μ/(Pa·s)		热导率/[mW/(m·K)]		表面张力/(mN/m)	温度/℃
					液体	蒸气	液体	蒸气	液体	蒸气		液体	蒸气	液体	蒸气	液体	蒸气		
1.7	38.84	43.78	1073.5	0.01315	258.51	425.25	1.1967	1.7269	1.645	1.361	1.477	397	147.7	127.5	13.62	82.4	17.07	5.02	1.7
1.8	41.18	46.03	1061.7	0.01231	262.33	425.61	1.2086	1.7241	1.669	1.400	1.504	385	146.6	123.4	13.78	81.2	17.52	4.71	1.8
1.9	43.43	48.18	1050.0	0.01157	266.05	425.89	1.2200	1.7212	1.695	1.440	1.533	373	145.4	119.6	13.94	80.1	17.98	4.42	1.9
2.0	45.59	50.25	1038.5	0.01089	269.66	426.10	1.2311	1.7184	1.722	1.483	1.564	361	144.2	115.9	14.10	78.9	18.45	4.14	2.0
2.1	47.67	52.24	1027.1	0.01027	273.19	426.23	1.2418	1.7155	1.750	1.529	1.597	350	143.0	112.5	14.27	77.9	18.94	3.87	2.1
2.2	49.68	54.15	1015.7	0.00971	276.64	426.29	1.2522	1.7126	1.780	1.577	1.633	339	141.8	109.2	14.44	76.8	19.45	3.62	2.2
2.3	51.63	56.00	1004.4	0.00919	280.02	426.28	1.2624	1.7097	1.813	1.629	1.671	329	140.6	106.0	14.62	75.8	19.98	3.38	2.3
2.4	53.51	57.79	993.1	0.00871	283.34	426.20	1.2723	1.7068	1.847	1.684	1.713	318	139.4	103.0	14.79	74.9	20.54	3.15	2.4
2.5	55.34	59.51	981.8	0.00827	286.60	426.06	1.2819	1.7038	1.884	1.744	1.758	308	138.2	100.0	14.98	73.9	21.12	2.93	2.5
2.6	57.11	61.19	970.5	0.00786	289.82	425.85	1.2914	1.7007	1.924	1.810	1.808	298	136.9	97.2	15.17	73.0	21.73	2.72	2.6
2.7	58.83	62.81	959.0	0.00747	292.99	425.57	1.3006	1.6976	1.968	1.881	1.863	288	135.6	94.5	15.37	72.1	22.38	2.52	2.7
2.8	60.51	64.38	947.5	0.00711	296.12	425.21	1.3097	1.6944	2.016	1.958	1.923	279	134.4	91.9	15.58	71.3	23.06	2.33	2.8
2.9	62.14	65.91	935.9	0.00677	299.23	424.79	1.3187	1.6911	2.069	2.044	1.990	269	133.1	89.3	15.80	70.4	23.79	2.14	2.9
3.0	63.73	67.40	924.1	0.00645	302.31	424.29	1.3276	1.6877	2.128	2.139	2.065	259	131.7	86.8	16.03	69.6	24.56	1.96	3.0
3.2	66.80	70.25	899.9	0.00587	308.43	423.06	1.3450	1.6805	2.268	2.355	2.243	240	129.1	81.9	16.53	68.1	26.26	1.63	3.2
3.4	69.73	72.94	874.6	0.00533	314.54	421.46	1.3622	1.6726	2.451	2.657	2.475	222	126.4	77.1	17.09	66.6	28.22	1.33	3.4
3.6	72.53	75.50	847.6	0.00484	320.71	419.45	1.3795	1.6639	2.701	3.050	2.789	203	123.6	72.5	17.75	65.2	30.54	1.05	3.6
3.8	75.22	77.92	818.1	0.00439	327.02	416.91	1.3970	1.6540	3.065	3.613	3.239	184	120.7	67.7	18.52	64.0	33.33	0.79	3.8
4.0	77.82	80.21	785.1	0.00395	333.64	413.66	1.4152	1.6424	3.647	4.486	3.935	165	117.7	62.9	19.48	63.1	36.86	0.56	4.0
4.2	80.32	82.37	746.0	0.00352	340.83	409.34	1.4348	1.6281	4.726	6.029	5.159	146	114.6	57.6	20.75	62.7	41.59	0.36	4.2
4.63	86.03	86.03	484.2	0.00207	378.48	378.48	1.5384	1.5384	—	—	—	—	—	—	—	—	—	0.00	4.62941

温度按 ITS－90 分度　　　　正常沸点　　　　临界点

附表 10　　**R-410A 制冷剂在饱和状态下的热力特性表**

温度 /℃	压力 /MPa		液体密度 /(kg/m³)	蒸气比容 /(m³/kg)	比焓/(kJ/kg)		比熵 /[kJ/(kg·K)]		比热容 c_p /[kJ/(kg·K)]		蒸气 c_p/c_v	声速/(m/s)		黏度 μ/(Pa·s)		热导率 /[mW/(m·K)]		表面张力 /(mN/m)	温度 /℃
					液体	蒸气	液体	蒸气	液体	蒸气		液体	蒸气	液体	蒸气	液体	蒸气		
0.01	−88.23	−88.14	1460.6	2.09888	76.56	378.76	0.4588	2.0927	1.344	0.668	1.227	1004	159.7	669.9	8.29	177.3	7.44	24.72	0.01
0.02	−78.79	−78.70	1432.9	1.09659	89.26	384.25	0.5258	2.0432	1.345	0.696	1.228	958	162.8	552.9	8.71	170.8	7.79	22.91	0.02
0.04	−68.12	−68.04	1401.1	0.57309	103.64	390.29	0.5978	1.9956	1.351	0.734	1.231	906	165.8	454.8	9.17	163.3	8.21	20.90	0.04
0.06	−61.22	−61.14	1380.0	0.39193	113.00	394.10	0.6426	1.9687	1.358	0.762	1.235	872	167.5	404.6	9.47	158.3	8.50	19.62	0.06
0.08	−55.98	−55.90	1363.9	0.29918	120.14	396.92	0.6758	1.9500	1.364	0.785	1.239	847	168.7	371.8	9.70	154.6	8.73	18.66	0.08
0.1	−51.70	−51.62	1350.5	0.24256	125.99	399.17	0.7024	1.9358	1.369	0.805	1.243	826	169.5	347.8	9.88	151.5	8.93	17.88	0.1
0.10132[b]	−51.44	−51.36	1349.7	0.23957	126.34	399.31	0.7040	1.9350	1.370	0.807	1.244	824	169.5	346.4	9.90	151.3	8.94	17.84	0.10132
0.12	−48.06	−47.98	1339.0	0.20427	130.99	401.05	0.7247	1.9243	1.375	0.823	1.247	808	170.1	329.0	10.04	148.9	9.11	17.23	0.12
0.14	−44.87	−44.79	1328.8	0.17661	135.39	402.67	0.7441	1.9147	1.380	0.839	1.251	792	170.6	313.8	10.18	146.6	9.26	16.65	0.14
0.16	−42.02	−41.94	1319.6	0.15565	139.34	404.09	0.7612	1.9065	1.385	0.854	1.255	778	170.9	300.9	10.30	144.6	9.40	16.15	0.16
0.18	−39.44	−39.36	1311.2	0.13921	142.93	405.36	0.7766	1.8993	1.390	0.868	1.259	765	171.2	289.9	10.41	142.8	9.53	15.69	0.18
0.2	−37.07	−36.99	1303.4	0.12595	146.23	406.50	0.7905	1.8928	1.395	0.881	1.263	753	171.5	280.3	10.51	141.11	9.66	15.27	0.2
0.22	−34.89	−34.80	1296.2	0.11503	149.29	407.53	0.8034	1.8871	1.399	0.893	1.266	743	171.6	271.8	10.61	139.5	9.77	14.89	0.22
0.24	−32.85	−32.76	1289.4	0.10587	152.15	408.49	0.8153	1.8818	1.404	0.904	1.270	732	171.8	264.2	10.70	138.1	9.88	14.54	0.24
0.26	−30.94	−30.85	1283.0	0.09807	154.84	409.36	0.8264	1.8770	1.408	0.916	1.274	723	171.9	257.2	10.78	136.7	9.98	14.21	0.26
0.28	−29.14	−29.05	1276.9	0.09135	157.38	410.18	0.8368	1.8726	1.413	0.926	1.277	714	172.0	251.0	10.86	135.5	10.08	13.90	0.28
0.3	−27.44	−27.35	1271.1	0.08550	159.80	410.94	0.8466	1.8685	1.417	0.936	1.281	705	172.0	245.2	10.93	134.3	10.18	13.60	0.30
0.32	−25.82	−25.73	1265.5	0.08035	162.10	411.65	0.8558	1.8647	1.421	0.946	1.285	697	172.0	239.8	11.00	133.10	10.27	13.33	0.32
0.34	−24.28	−24.19	1260.2	0.07579	164.29	412.32	0.8646	1.8611	1.426	0.956	1.288	689	172.1	234.9	11.07	132.10	10.36	13.06	0.34
0.36	−22.81	−22.72	1255.0	0.07172	166.40	412.95	0.8703	1.8577	1.430	0.965	1.292	682	172.1	230.3	11.13	131.00	10.46	12.81	0.36
0.38	−21.40	−21.31	1250.1	0.06806	168.43	413.54	0.8810	1.8545	1.434	0.975	1.295	675	172.0	226.0	11.19	130.10	10.55	12.57	0.38
0.4	−20.04	−19.95	1245.3	0.06476	170.38	414.10	0.8887	1.8514	1.438	0.983	1.299	668	172.0	221.9	11.25	129.10	10.64	12.35	0.40

续表

温度/℃	压力/MPa		液体密度/(kg/m^3)	蒸气比容/(m^3/kg)	比焓/(kJ/kg)		比熵/[kJ/(kg·K)]		比热容 c_p/[kJ/(kg·K)]		蒸气 c_p/c_v	声速/(m/s)		黏度 μ/(Pa·s)		热导率/[mW/(m·K)]		表面张力/(mN/m)	温度/℃
					液体	蒸气	液体	蒸气	液体	蒸气		液体	蒸气	液体	蒸气	液体	蒸气		
0.42	−18.74	−18.65	1240.6	0.06176	172.26	414.64	0.8960	1.8486	1.443	0.992	1.303	661	172.0	218.1	11.31	128.20	10.73	12.13	0.42
0.44	−17.48	−17.39	1236.1	0.05902	174.08	415.14	0.9031	1.8458	1.447	1.001	1.306	655	171.9	214.5	11.36	127.30	10.82	11.92	0.44
0.46	−16.27	16.18	1231.8	0.05652	175.84	415.63	0.9099	1.8432	1.451	1.009	1.310	649	171.8	211.1	11.42	126.50	10.91	11.71	0.46
0.48	−15.10	−15.00	1227.5	0.05421	177.55	416.09	0.9165	1.8407	1.455	1.017	1.313	643	171.8	207.8	11.47	125.70	10.99	11.52	0.48
0.5	−13.96	−13.86	1223.3	0.05209	179.21	416.53	0.9228	1.8383	1.459	1.025	1.317	637	171.7	204.7	11.52	124.90	11.08	11.33	0.50
0.55	−11.26	−11.16	1213.4	0.04743	183.17	417.54	0.9379	1.8326	1.469	1.045	1.326	623	171.4	197.6	11.64	123.10	11.28	10.89	0.55
0.6	−8.74	−8.64	1203.9	0.04352	186.89	418.46	0.9518	1.8275	1.479	1.064	1.335	610	171.2	191.2	11.75	121.40	11.48	10.47	0.60
0.65	−6.38	−6.28	1194.9	0.04019	190.40	419.28	0.9649	1.8227	1.489	1.083	1.344	597	170.9	185.3	11.86	119.70	11.68	10.09	0.65
0.7	−4.15	−4.05	1186.3	0.03732	193.74	420.03	0.9772	1.8183	1.499	1.101	1.354	586	170.5	180.0	11.96	118.20	11.88	9.73	0.70
0.75	−2.04	−1.93	1178.1	0.03482	196.92	420.71	0.9888	1.8141	1.509	11.119	1.363	574	170.2	175.1	12.06	116.80	12.07	9.39	0.75
0.8	−0.03	0.08	1170.1	0.03262	199.96	421.33	0.9998	1.8102	1.519	1.136	1.373	564	169.8	170.6	12.15	115.50	12.26	9.07	0.80
0.85	1.89	1.99	1162.4	0.03068	202.88	421.89	1.9103	1.8065	1.529	1.154	1.382	554	169.4	166.4	12.24	114.20	12.45	8.77	0.85
0.9	3.72	3.83	1154.9	0.02894	205.69	422.41	1.0204	1.8030	1.540	1.171	1.392	544	169.0	162.4	12.33	113.00	12.64	8.48	0.90
0.95	5.48	5.58	1147.6	0.02738	208.40	422.88	1.0300	1.7996	1.550	1.188	1.402	535	168.6	158.7	12.41	111.80	12.82	8.21	0.95
1.0	7.17	7.27	1140.5	0.02596	211.02	423.31	1.0392	1.7964	1.560	1.205	1.413	525	168.1	155.3	12.49	110.70	13.01	7.95	1.00
1.1	10.36	10.47	1126.8	0.02351	216.03	424.07	1.0567	1.7903	1.581	1.239	1.434	508	167.2	148.8	12.65	108.60	13.39	7.46	1.10
1.2	13.34	13.46	1113.7	0.02145	220.76	424.68	1.0730	1.7846	1.603	1.274	1.457	492	166.3	143.1	12.81	106.70	13.79	7.01	1.20
1.3	16.15	16.26	1101.0	0.01970	225.26	425.19	1.0883	1.7792	1.624	1.31	1.481	477	165.4	137.8	12.95	104.80	14.19	6.59	1.30
1.4	18.79	18.91	1088.8	0.01819	229.56	425.59	1.1027	1.7741	1.647	1.347	1.506	462	164.4	133.0	13.12	103.10	14.60	6.20	1.40
1.5	21.30	21.41	1076.9	0.01687	233.68	425.89	1.1165	1.7691	1.670	1.385	1.532	448	163.4	128.5	13.23	101.50	15.03	5.83	1.50
1.6	23.68	23.80	1065.2	0.01571	237.65	426.11	1.1296	1.7644	1.694	1.424	1.560	435	162.4	124.3	13.38	99.98	15.46	5.49	1.60

续表

温度/℃	压力/MPa		液体密度/(kg/m³)	蒸气比容/(m³/kg)	比焓/(kJ/kg)		比熵/[kJ/(kg·K)]		比热容 c_p/[kJ/(kg·K)]		蒸气 c_p/c_v	声速/(m/s)		黏度 μ/(Pa·s)		热导率/[mW/(m·K)]		表面张力/(mN/m)	温度/℃
					液体	蒸气	液体	蒸气	液体	蒸气		液体	蒸气	液体	蒸气	液体	蒸气		
1.7	25.96	26.07	1053.8	0.01468	241.48	426.25	1.1421	1.7597	1.719	1.465	1.590	422	161.4	120.4	13.52	98.53	15.91	5.16	1.70
1.8	28.13	28.25	1042.6	0.01376	245.19	426.31	1.1542	1.7552	1.745	1.509	1.621	4I0	160.3	116.8	13.66	97.15	16.38	4.86	1.80
1.9	30.22	30.34	1031.6	0.01293	248.79	426.31	1.1657	1.7508	1.772	1.555	1.655	398	159.3	113.3	13.81	95.82	16.86	4.57	1.90
2.0	32.22	32.34	1020.7	0.01218	252.29	426.24	1.1769	1.7464	1.800	1.603	1.690	386	158.2	110.1	13.95	94.56	17.36	4.29	2.00
2.1	34.16	34.28	1009.9	0.0115	255.71	426.10	1.1878	1.7421	1.830	1.655	1.728	375	157.1	107.0	14.10	93.34	17.88	4.03	2.10
2.2	36.02	36.14	999.2	0.01088	259.05	425.90	1.1983	1.7379	1.861	1.709	1.769	364	156.0	104.0	14.25	92.17	18.42	3.78	2.20
2.3	37.82	37.94	988.6	0.01031	262.32	425.64	1.2085	1.7336	1.894	1.768	1.813	353	154.9	101.2	14.40	91.05	18.99	3.54	2.30
2.4	39.56	39.68	978.0	0.00978	265.52	425.33	1.2185	1.7294	1.929	1.831	1.860	343	153.8	98.5	14.55	89.96	19.58	3.31	2.40
2.5	41.25	41.37	967.5	0.00929	268.67	424.95	1.2282	1.7251	1.967	1.898	1.911	332	152.6	95.9	14.71	88.91	20.21	3.10	2.50
2.6	42.89	43.00	957.0	0.00883	271.77	424.51	1.2377	1.7209	2.008	1.971	1.966	322	151.5	93.4	14.87	87.89	20.87	2.89	2.60
2.7	44.48	44.59	946.4	0.00841	274.82	424.02	1.2470	1.7166	2.052	2.050	2.026	313	150.3	91.0	15.03	86.91	21.56	2.69	2.70
2.8	46.02	46.14	935.8	0.00802	277.84	423.47	1.2561	1.7123	2.100	2.136	2.091	303	149.1	88.6	15.21	85.96	22.29	2.50	2.80
2.9	47.53	47.64	925.2	0.00764	280.82	422.85	1.2651	1.7079	2.153	2.230	2.163	293	147.9	86.3	15.38	85.04	23.07	2.31	2.90
3.0	48.99	49.10	914.5	0.00729	283.78	422.18	1.2740	1.7035	2.211	2.333	2.243	284	146.7	84.1	15.57	84.14	23.89	2.14	3.00
3.2	51.81	51.91	892.6	0.00665	289.62	420.62	1.2913	1.6944	2.348	2.575	2.429	265	144.2	79.9	15.96	82.42	25.70	1.81	3.20
3.4	54.49	54.59	870.0	0.00607	295.43	418.78	1.3085	1.6849	2.522	2.879	2.663	247	141.7	75.7	16.39	80.81	27.77	1.50	3.40
3.6	57.05	57.15	846.3	0.00555	301.26	416.60	1.3254	1.6747	2.752	3.276	2.970	229	139.0	71.7	16.87	79.29	30.17	1.22	3.60
3.8	59.50	59.59	821.0	0.00506	307.16	414.03	1.3425	1.6638	3.070	3.815	3.386	210	136.3	67.7	17.43	77.90	33.02	0.97	3.80
4.0	61.85	61.93	793.5	0.00460	313.24	410.97	1.3600	1.6517	3.541	4.596	3.987	192	133.4	63.7	18.08	76.68	36.48	0.74	4.00
4.2	64.10	64.17	762.6	0.00417	319.65	407.24	1.3783	1.6380	4.306	5.826	4.929	173	130.4	59.4	18.87	75.77	40.86	0.53	4.20
4.903[c]	71.36	71.36	459.5	0.00218	368.55	368.55	1.5181	1.5181	—	—	—	—	—	—	—	—	—	0.00	4.90287

温度按 ITS-90 分度　　正常沸点　　临界点

附表 11 R-717 制冷剂在饱和状态下的热力特性表

温度/℃	压力/MPa	液体密度/(kg/m³)	蒸气比容/(m³/kg)	比焓/(kJ/kg)		比熵/[kJ/(kg·K)]		比热容 c_p/[kJ/(kg·K)]		蒸气 c_p/c_v	声速/(m/s)		黏度 μ/(Pa·s)		热导率/[mW/(m·K)]		表面张力/(mN/m)	温度/℃
				液体	蒸气	液体	蒸气	液体	蒸气		液体	蒸气	液体	蒸气	液体	蒸气		
−77.65	0.00609	732.9	15.602	−143.15	1341.23	−0.4716	7.1213	4.202	2.063	1.325	2124	354.1	559.6	6.84	819.0	19.64	62.26	−77.65
−70.00	0.01094	724.7	9.0079	−110.81	1355.55	−0.3094	6.9088	4.245	2.086	1.327	2051	360.5	475.0	7.03	792.1	19.73	59.10	−70.00
−60.00	0.02189	713.6	4.7057	−68.06	1373.73	−0.1040	6.6602	4.303	2.125	1.330	1967	368.4	391.3	7.30	757.0	19.93	55.05	−60.00
−50.00	0.04084	702.1	2.6277	−24.73	1391.19	0.0945	6.4396	4.360	2.178	1.335	1890	375.6	328.9	7.57	722.3	20.24	51.11	−50.00
−40.00	0.07169	690.2	1.5533	19.17	1407.76	0.2867	6.2425	4.414	2.244	1.342	1816	382.2	281.2	7.86	688.1	20.64	47.26	−40.00
−38.00	0.07971	687.7	1.4068	28.01	1410.96	0.3245	6.2056	4.424	2.259	1.343	1802	383.4	273.1	7.92	681.4	20.73	46.51	−38.00
−36.00	0.08845	685.3	1.2765	36.88	1414.11	0.3619	6.1694	4.434	2.275	1.345	1787	384.6	265.3	7.98	674.6	20.83	45.75	−36.00
−34.00	0.09795	682.8	1.1604	45.77	1417.23	0.3992	6.1339	4.444	2.291	1.347	1773	385.8	257.9	8.03	667.9	20.93	45.00	−34.00
−33.33[b]	0.10133	682.0	1.1242	48.76	1418.26	0.4117	6.1221	4.448	2.297	1.348	1768	386.2	255.5	8.05	665.7	20.97	44.75	−33.33
−32.00	0.10826	680.3	1.0567	54.67	1420.29	0.4362	6.0992	4.455	2.308	1.349	1759	387.0	250.8	8.09	661.3	21.04	44.26	−32.00
−30.00	0.11943	677.8	0.96396	63.60	1423.31	0.4730	6.0651	4.465	2.326	1.351	1744	388.1	244.1	8.15	654.6	21.15	43.52	−30.00
−28.00	0.13151	675.3	0.88082	72.55	1426.28	0.5096	6.0317	4.474	2.344	1.353	1730	389.2	237.6	8.21	648.0	21.26	42.78	−28.00
−26.00	0.14457	672.8	0.80614	81.52	1429.21	0.5460	5.9989	4.484	2.363	1.355	1716	390.2	231.4	8.27	641.5	21.38	42.05	−26.00
−24.00	0.15864	670.3	0.73896	90.51	1432.08	0.5821	5.9667	4.494	2.383	1.358	1702	391.2	225.5	8.33	634.9	21.51	41.32	−24.00
−22.00	0.17379	667.7	0.67840	99.52	1434.91	0.6180	5.9351	4.504	2.403	1.360	1687	392.2	219.8	8.39	628.4	21.63	40.60	−22.00
−20.00	0.19008	665.1	0.62373	108.55	1437.68	0.6538	5.904i	4.514	2.425	1.363	1673	393.2	214.4	8.45	622.0	21.77	39.88	−20.00
−18.00	0.20756	662.6	0.57428	117.60	1440.39	0.6893	5.8736	4.524	2.446	1.365	1659	394.1	209.2	8.51	615.5	21.90	39.16	−18.00
−16.00	0.22630	660.0	0.52949	126.67	1443.06	0.7246	5.8437	4.534	2.469	1.368	1645	395.0	204.2	8.57	609.1	22.05	38.45	−16.00
−14.00	0.24637	557.3	0.48885	135.76	1445.66	0.7597	5.8143	4.543	2.493	1.371	1631	395.8	199.3	8.63	602.8	22.19	37.74	−14.00
−12.00	0.26782	654.7	0.45192	144.88	1448.21	0.7946	5.7853	4.553	2.517	1.375	1616	396.7	194.7	8.69	596.4	22.35	37.04	−12.00
−10.00	0.29071	552.1	0.41830	154.01	1450.70	0.8293	5.7569	4.564	2.542	1.378	1602	397.5	190.2	8.75	590.1	22.50	36.34	−10.00
−8.00	0.31513	649.4	0.38767	163.16	1453.14	0.8638	5.7289	4.574	2.568	1.382	1588	398.2	185.9	8.81	583.9	22.67	35.65	−8.00

续表

温度 /℃	压力 /MPa	液体密度 /(kg/m³)	蒸气比容 /(m³/kg)	比焓/(kJ/kg)		比熵 /[kJ/(kg·K)]		比热容 c_p /[kJ/(kg·K)]		蒸气 c_p/c_v	声速/(m/s)		黏度 μ/(Pa·s)		热导率 /[mW/(m·K)]		表面张力 /(mN/m)	温度 /℃
				液体	蒸气	液体	蒸气	液体	蒸气		液体	蒸气	液体	蒸气	液体	蒸气		
−6.00	0.34114	646.7	0.35970	172.34	1455.51	0.8981	5.7013	4.584	2.594	1.385	1574	398.9	181.7	8.87	577.7	22.83	34.96	−6.00
−4.00	0.36880	644.0	0.33414	181.54	1457.81	0.9323	5.6741	4.595	2.622	1.389	1559	399.5	177.7	8.93	571.5	23.00	34.27	−4.00
−2.00	0.39819	641.3	0.31074	190.76	1460.06	0.9662	5.6474	4.606	2.651	1.393	1545	400.2	173.8	8.99	565.3	23.18	33.59	−2.00
0.00	0.42938	638.6	0.28930	200.00	1462.24	1.0000	5.6210	4.617	2.650	1.398	1531	400.8	170.1	9.06	559.2	23.37	32.91	0.00
2.00	0.46246	635.8	0.26962	209.27	1464.35	1.0336	5.59.51	4.628	2.710	1.402	1516	401.4	166.5	9.12	553.1	23.55	32.24	2.00
4.00	0.49748	633.1	0.25153	218.55	1466.40	1.0670	5.5695	4.639	2.742	1.407	1502	401.9	162.9	9.18	547.1	23.75	311.57	4.00
6.00	0.53453	630.3	0.23489	227.87	1468.37	1.1003	5.5442	4.651	2.774	1.412	1487	402.4	159.5	9.24	541.1	23.95	30.91	6.00
8.00	0.57370	527.5	0.21956	237.20	1470.28	1.1334	5.5192	4.663	2.807	1.417	1473	402.8	156.2	9.30	535.1	24.15	30.24	8.00
10.00	0.61505	624.6	0.20543	246.57	1472.11	1.1664	5.4945	4.576	2.841	1.422	1458	403.2	153.0	9.36	529.1	24.37	29.59	10.00
12.00	0.65866	621.8	0.19237	255.95	1473.88	1.1992	5.4703	4.689	2.877	1.428	1443	403.6	149.9	9.43	523.2	24.58	28.94	12.00
14.00	0.70463	618.9	0.18031	265.37	1475.56	1.2318	5.4463	4.702	2.913	1.434	1429	403.9	146.9	9.49	517.3	24.81	28.29	14.00
16.00	0.75303	616.0	0.16914	274.81	1477.17	1.2643	5.4226	4.716	2.951	1.440	1414	404.2	144.0	9.55	511.5	25.04	27.65	16.00
18.00	0.80395	613.1	0.15879	284.28	1478.70	1.2967	5.3991	4.730	2.990	1.446	1399	404.4	141.1	9.61	505.6	25.27	27.01	18.00
20.00	0.85748	610.2	0.14920	293.78	1480.16	1.3289	5.3759	4.745	3.030	1.453	1384	404.6	138.3	9.68	499.9	25.52	26.38	20.00
22.00	0.91369	607.2	0.14029	303.31	1481.53	1.3610	5.3529	4.760	3.071	1.460	1370	404.8	135.6	9.74	494.1	25.77	25.75	22.00
24.00	0.97268	604.3	0.13201	312.87	1482.82	1.3929	5.3301	4.776	3.113	1.468	1355	404.9	133.0	9.80	488.4	26.03	25.12	24.00
26.00	1.03450	601.3	0.12431	322.47	1484.02	1.4248	5.3075	4.793	3.158	1.475	1340	404.9	130.4	9.87	482.7	26.29	24.50	26.00
28.00	1.09930	598.2	0.11714	332.09	1485.14	1.4565	5.2853	4.810	3.203	1.484	1324	405.0	127.9	9.93	477.0	26.57	23.89	28.00
30.00	1.16720	595.2	0.11046	341.76	1486.17	1.4881	5.2631	4.828	3.250	1.492	1309	404.9	125.5	10.00	471.4	26.85	23.28	30.00
32.00	1.23820	592.1	0.10422	351.45	1487.11	1.5196	5.2412	4.847	3.299	1.501	1294	404.8	123.1	10.06	465.7	27.14	22.67	32.00
34.00	1.31240	589.0	0.09840	361.19	1187.95	1.5509	5.2194	4.867	3.349	1.510	1279	404.7	120.7	10.13	460.1	27.43	22.07	34.00
36.00	1.39000	585.8	0.09296	370.96	1488.70	1.5822	5.1978	4.888	3.401	1.520	1263	404.5	118.4	10.19	454.6	27.74	21.47	36.00
38.00	1.47090	582.6	0.08787	380.78	1489.36	1.6134	5.1763	4.909	3.455	1.530	1248	404.3	116.2	10.26	449.1	28.05	20.88	38.00

续表

温度/℃	压力/MPa	液体密度/(kg/m³)	蒸气比容/(m³/kg)	比焓/(kJ/kg)		比熵/[kJ/(kg·K)]		比热容 c_p/[kJ/(kg·K)]		蒸气 c_p/c_v	声速/(m/s)		黏度 μ/(Pa·s)		热导率/[mW/(m·K)]		表面张力/(mN/m)	温度/℃
				液体	蒸气	液体	蒸气	液体	蒸气		液体	蒸气	液体	蒸气	液体	蒸气		
40.00	1.55540	579.4	0.08310	390.64	1489.91	1.6446	5.1549	4.932	3.510	1.541	1232	404.0	114.0	10.33	443.5	28.38	20.29	40.00
42.00	1.64350	576.2	0.07863	400.54	1490.36	1.6756	5.1337	4.956	3.568	1.553	1216	403.7	111.9	10.39	438.0	28.71	19.71	42.00
44.00	1.73530	572.9	0.07445	410.48	1490.70	1.7065	5.1126	4.981	3.628	1.565	1201	403.3	109.8	10.46	432.6	29.06	19.13	44.00
46.00	1.83100	569.6	0.07052	420.48	1490.94	1.7374	5.0915	5.007	3.691	1.577	1185	402.9	107.8	10.53	427.1	29.41	18.56	46.00
48.00	1.93050	566.3	0.06682	430.52	1491.06	1.7683	5.0706	5.034	3.756	1.591	1169	402.4	105.8	10.60	421.7	29.78	17.99	48.00
50.00	2.03400	562.9	0.06335	440.62	1491.07	1.7990	5.0497	5.064	3.823	1.605	1153	401.9	103.8	10.67	416.3	30.16	17.43	50.00
55.00	2.31110	554.2	0.05554	466.10	1490.57	1.8758	4.9977	5.143	4.005	1.643	1112	400.3	99.0	10.86	402.9	31.16	16.04	55.00
60.00	2.61560	545.2	0.04880	491.97	1489.27	1.9523	4.9458	5.235	4.208	1.687	1070	398.3	94.5	11.05	389.6	32.26	14.69	60.00
65.00	2.94910	536.0	0.04296	518.26	1487.09	2.0288	4.8939	5.341	4.438	1.739	1028	396.0	90.1	11.25	376.4	33.47	13.37	65.00
70.00	3.31350	526.3	0.03787	545.04	1483.94	2.1054	4.8415	5.465	4.699	1.799	984	393.3	85.9	11.47	363.2	34.80	12.08	70.00
75.00	3.71050	516.2	0.03342	572.37	1479.72	2.1823	4.7885	5.610	5.001	1.870	940	390.1	81.9	11.70	350.2	36.30	10.83	75.00
80.00	4.14200	505.7	0.02951	600.34	1474.31	2.2596	4.7344	5.784	5.355	1.955	895	386.5	78.0	11.95	337.1	38.00	9.61	80.00
85.00	4.61000	494.5	0.02606	629.04	1467.53	2.3377	4.6789	5.993	5.777	2.058	848	382.5	74.2	12.23	324.1	39.95	8.44	85.00
90.00	5.11670	482.8	0.02300	658.61	1459.19	2.4168	4.6213	6.250	6.291	2.187	800	377.9	70.5	12.55	311.0	42.24	7.30	90.00
95.00	5.66430	470.2	0.02027	689.19	1449.01	2.4973	4.5612	6.573	6.933	2.349	751	372.7	66.8	12.91	297.9	44.99	6.20	95.00
100.00	6.25530	456.6	0.01782	721.00	1436.63	2.5797	4.4975	6.991	7.762	2.562	701	367.0	63.2	13.32	284.8	48.36	5.15	100.00
105.00	6.89230	441.9	0.01561	754.35	1421.57	2.6647	4.4291	7.555	8.877	2.851	649	360.5	59.6	13.82	271.5	52.65	4.15	105.00
110.00	7.57830	425.6	0.01360	789.68	1403.08	2.7533	4.3542	8.360	10.46	3.26	594	353.3	56.0	14.42	258.1	58.33	3.20	110.00
115.00	8.31700	407.2	0.01174	827.74	1379.99	2.8474	4.2702	9.630	12.91	3.91	538	345.0	52.3	15.19	244.6	66.28	2.31	115.00
120.00	9.11250	385.5	0.00999	869.92	1350.23	2.9502	4.1719	11..940	17.21	5.04	477	335.4	48.3	16.21	231.2	78.40	1.50	120.00
125.00	9.97002	357.8	0.00828	919.68	1309.12	3.0702	4.0483	17.660	27.00	7.62	411	323.6	43.8	17.73	219.1	100.01	0.77	125.00
130.00	10.89770	312.3	0.00638	992.02	1239.32	3.2437	3.8571	54.210	76.49	20.66	334	306.6	37.3	20.63	221.9	160.39	0.18	130.00
132.25[c]	11.33300	225.0	0.00444	1119.22	1119.22	3.5542	3.5542	∞	∞	∞	0	0.0	—	—	∞	∞	0.00	132.25

温度按 ITS-90 分度　　正常沸点　　临界点